国家自然科学基金委员会资助出版

《现代数学基础丛书》编委会

现代数学基础丛书·典藏版 47

Gel′fond –Baker 方法在丢番图方程中的应用

乐茂华 著

科学出版社

北 京

内 容 简 介

本书系统论述 Gel'fond-Baker 方法在 Thue 方程、Thue-Mahler 方程、广义 Ramanujan-Nagell 方程、椭圆方程、超椭圆方程以及有理数域上的 S-单位方程中的应用，并对上述方程的历史背景、最新成果和尚待解决的问题作了全面的阐述。书中附有详细的文献目录，以便读者做进一步的研究.

本书可供高等学校数学系学生和教师阅读和参考。

图书在版编目(CIP)数据

Gel' fond-Baker 方法在丢番图方程中的应用/乐茂华著.—北京：科学出版社，1998.10

(现代数学基础丛书·典藏版；47)

ISBN 978-7-03-006623-7

I. G⋯　II. 乐⋯　III. 盖嘞范德–贝克法–应用–丢番图方程　IV. O156.7

中国版本图书馆 CIP 数据核字(98)第 07908 号

责任编辑：吕　虹／责任校对：钟　洋
责任印制：徐晓晨／封面设计：陈　敬

科学出版社 出版

北京东黄城根北街 16 号
邮政编码：100717
http://www.sciencep.com

北京厚诚则铭印刷科技有限公司印刷

科学出版社发行　　各地新华书店经销

*

2007 年 5 月第 一 版　　开本：B5(720×1000)
2015 年 7 月印　　刷　　印张：16 1/2
字数：207 000

定价：118.00 元

(如有印装质量问题，我社负责调换)

前　言

　　1966 年,英国数学家 A. Baker 在超越数论方面作出了杰出的贡献. 他成功地将 Gel′fond 和 Schneider 有关 Hilbert 第七问题的著名结果推广到了一般的情况,并且对代数数对数线性型给出了可有效计算的下界. Baker 的出色工作不但推动了超越数论的发展,同时也给数论中包括丢番图方程在内的很多研究领域带来了突破性的进展. 近 30 年来,以上述工作为基础的 Gel′fond-Baker 方法在丢番图方程的研究中取得了一系列重要结果,日益成为该领域中的一个强有力的研究方法. 目前,这一趋势在国内已经受到越来越多的关注. 鉴于国内至今还没有这方面的专门书籍,作者根据多年来收集的资料以及为此而写的札记,在湛江师范学院数学系“数论与组合高级研讨班”部分讲义的基础上编写了本书,以供对此感兴趣的读者参考.

　　丢番图方程是一个非常活跃的研究领域,与此有关的文献资料浩如烟海. 本书在力求内容的完整性和关联性的前提下,根据各类方程之间的内在联系,将有关的文献资料贯穿起来,以便读者能够对问题有个全面的了解. 阅读本书除了需要具备大学数学系的代数、分析和初等数论的知识以外,还需要了解部分代数数论和超越数论方面的知识. 这些内容在讨论丢番图方程时是必不可少的. 本书的第一章对此作了简要的介绍,其中经常被引用的结果将以引理的形式给出. 本书的其余各章依次介绍了 Gel′fond-Baker 方法在 Thue 方程、Thue-Mahler 方程、广义 Ramanujan-Nagell 方程、椭圆方程、超椭圆方程、指数型超椭圆方程以及有理数域上的 S-单位方程中的应用情况,其中的主要结果都以定理的形式给出. 由于在一般情况下,有关各类方程的最好结果的证明总是十分繁琐的,需要高度复杂的技巧和计算. 因此,为了突出 Gel′fond-Baker 方法所起到的关键作用，书中省略了定理的证明中对辅助性结果的讨论. 同时，为了使读者对问题有个整体的了解，书中每小节都对所讨论方程的历史背景、最新结果以及尚待解决的问题进行了系统的阐述. 另外，各章的末尾都附有详细的参考文献，以便读者作进一步的研究. 本书除绪论部分以外，所有的公式、引理、定理、推论、问题和猜想分别按其所在的章节编号，参考文献按每章编号.

作者在学习和研究数论的过程中，得到了中国科学院王元院士、波兰科学院 A. Schinzel 院士、北京大学潘承彪教授、同济大学陆洪文教授和中国科学院数学研究所徐广善教授的热情帮助和指教；本书的写作受到了中山大学林伟教授和邓东皋教授、广州师范学院裴定一教授以及湛江师范学院暨数学系各位领导和老师的鼓励和支持. 作者谨在此向他们表示衷心的感谢. 同时，作者还要感谢法国 Paris VI 大学 M. Waldschmidt 教授、法国 Louis Pasteur 大学 M. Mignotte 教授、匈牙利 Kossuth Lajos 大学 K. Györy 教授、荷兰 Leiden 大学 R. Tijdeman 教授和印度 Tata 研究所 T. N. Shorey 教授提供的大量论文预印本和抽印本. 这些宝贵的资料帮助作者及时了解到有关丢番图方程这一研究领域的最新动态.

本书的写作和出版分别得到国家自然科学基金、广东省自然科学基金和国家自然科学基金委员会出版基金的资助.

最后，作者希望本书的出版能够有助于国内读者对丢番图方程及其研究方法的了解. 同时，由于作者的水平所限，书中的缺点和不妥之处在所难免，切望读者不吝赐教.

乐茂华

1997 年 8 月于湛江师范学院

常 用 符 号 表

以下列出书中常用符号的定义. 如果符号在个别地方有不同的含意，则将明确说明；未列入本表的符号均在使用时另行说明.

$\mathbb{N}$	全体正整数的集合
$\mathbb{Z}$	整数环
$\mathbb{Q}$	有理数域
$\mathbb{R}$	实数域
$\mathbb{C}$	复数域
$\mathbb{A}$	全体代数数的集合
$\mathbb{P}$	全体素数的集合
$\mathbb{P}'$	全体奇素数的集合
$\mathbb{P}^*$	全体素数及其方幂的集合
$\mathbb{F}_q$	q 元有限域
$R[X_1, X_2, \cdots, X_n]$	数环 R 上关于未定元 $X_1, X_2, \cdots, X_n$ 的 n 元多项式环
$a \mid b$	整数 a 整除 b
$a \nmid b$	整数 a 不能整除 b
$p^k \parallel b$	对于素数 p、正整数 k 以及整数 b，$p^k \mid b$ 且 $p^{k+1} \nmid b$
$\gcd(a_2, a_2, \cdots, a_n)$	整数 $a_1, a_2, \cdots, a_n$ 的最大公因数
$\mathrm{lcm}(a_1, a_2, \cdots, a_n)$	整数 $a_1, a_2, \cdots, a_n$ 的最小公倍数
$a \equiv b \pmod{m}$	整数 a 与 b 对模 m 同余
$a \not\equiv b \pmod{m}$	整数 a 与 b 对模 m 不同余
$[a]$	不超过实数 a 的最大整数
$\exp z$	指数函数 e^z

$C_i(i=1,2,\cdots)$	可有效计算的绝对正常数
$C_i^*(i=1,2,\cdots)$	不可有效计算的绝对正常数
$C_i(a,b,\cdots,c)(i=1,2,\cdots)$	仅与参数 $a,b,\cdots,c$ 有关的可有效计算的正常数
$C_i^*(a,b,\cdots,c)(i=1,2,\cdots)$	仅与参数 $a,b,\cdots,c$ 有关的不可有效计算的正常数

目　　录

绪　　论

在数论中，通常将未知数个数多于方程个数，并且对未知数的取值加以某些限制（例如，限制为整数、正整数或有理数等）的方程和方程组统称为丢番图方程. 早在公元三世纪初，古希腊数学家 Diophantus 就已经比较系统地研究过此类方程. 我国最早的数学文献《周髀算经》也曾有过这方面的记载. 因此，丢番图方程是数论中最古老的分支，历史上的很多著名数学问题（例如 Fermat 猜想）都与此类方程有关. 几百年来，Fermat，Euler，Legendre，Gauss，Dirichlet，Hilbert 等数学大师都曾对丢番图方程的研究有过卓越的贡献. 这些开拓者的重要工作，不但丰富了丢番图方程的内容，同时也给代数数论、超越数论、代数几何等目前非常活跃的现代数学分支的产生和发展奠定了基础.

由于丢番图方程对解的特殊限制，在数论、代数、组合数学等讨论各种有限结构的数学分支中，有许多亟待解决而又相当困难的问题最终都可归结为某些丢番图方程的求解问题. 因此，丢番图方程与上述数学分支之间的紧密联系是十分自然的. 正是因为存在这种联系，关于丢番图方程的研究在本世纪，特别是近 30 年来，取得了前所未有的进展.

丢番图方程的种类异常繁多. 1920 年，Dickson[7]用了 800 多面的篇幅专门介绍了到本世纪初为止有关这方面的主要工作，其复杂程度可见一斑. 尽管如此，迄今讨论较多的单个的丢番图方程基本上都属于以下两个类型. 一类是多项式方程，它通常可表成

$$f(x_1, x_2, \cdots, x_m) = 0, x_1 \in \Phi_1, x_2 \in \Phi_2, \cdots, x_m \in \Phi_m, \quad (1)$$

其中 $f(X_1, X_2, \cdots, X_m)$ 是未定元 $X_1, X_2, \cdots, X_m$ 的整系数多项式，$\Phi_i (i=1,2,\cdots,m)$ 是未知数 $x_i (i=1,2,\cdots,m)$ 取值的集合. 如果当 $(x_1, x_2, \cdots, x_m) = (a_1, a_2, \cdots, a_m)$ 时(1)成立，则称它是方程(1)的一

组解. 当多项式 $f(X_1, X_2, \cdots, X_m)$ 的次数等于 n 时,方程(1)称为 m 元 n 次方程. 例如,运用丢番图方程的语言,著名的 Fermat 猜想可表述为:

猜想 A 当 n 是大于 2 的正整数时,方程

$$x^n + y^n = z^n, x, y, z \in \mathbb{N} \tag{2}$$

无解 (x, y, z).

当方程(1)的元数或次数大于 2 时,该方程通常称为多元方程或高次方程. 猜想 A 中的方程(2)是三元 n 次方程,它是一个典型的多元高次方程. 在一般情况下,方程的元数越多、次数越高,就越不容易解决.

如果方程(1)中多项式 $f(X_1, X_2, \cdots, X_m)$ 的某些项的指数位置也含有未知数,则称它是指数型方程. 这是另一类讨论较多的丢番图方程. 例如,Catalan[5] 在 1844 年曾经猜测:在全体正整数中,连续的完全方幂仅有 8 和 9. 上述猜想可表述为:

猜想 B 方程

$$x^m - y^n = 1, x, y, m, n \in \mathbb{N}, m > 1, n > 1 \tag{3}$$

仅有解 $(x, y, m, n) = (3, 2, 2, 3)$.

此后,Cassels[4] 又对方程(3)提出了以下较弱的猜想:

猜想 C 方程(3)仅有有限多组解 (x, y, m, n).

上述两个猜想中的方程(3)是一个典型的指数型方程. 显然,指数型方程通常要比相应的多项式方程更难解决.

对于一个具体的丢番图方程(1),我们通常需要解决下列问题:

问题 A 方程(1)是否有解 $(x_1, x_2, \cdots, x_m)$?

问题 B 当方程(1)有解时,它是否有无限多组解?

问题 C 当方程(1)有无限多组解时,是否能找到可表出它的所有解的公式?

问题 D 当方程(1)仅有有限多组解时,是否能具体求出它的全部解?

1900 年,Hilbert 在巴黎召开的第二次国际数学家大会上作

的著名演讲中提出了 23 个重要的数学问题,其中的第 10 问题就与上述的问题 A 有关.该问题可表述为:

问题 E 对于一般的整系数多项式 $f(X_1, X_2, \cdots, X_m)$,能不能给出仅有有限步运算的算法来判定方程

$$f(x_1, x_2, \cdots, x_m) = 0, x_1, x_2, \cdots, x_m \in \mathbb{Z} \qquad (4)$$

是否有解 $(x_1, x_2, \cdots, x_m)$?

1970 年,Matijasevič[18]运用数理逻辑方法对问题 E 给出了否定的回答,即证明了这样的算法是不存在的.上述结果从一个侧面说明了求解丢番图方程的困难程度.

直到本世纪初,人们讨论丢番图方程的方法主要是以整除性、同余式、连分数、平方剩余、原根与指数等内容为基础的初等数论方法和以代数数域中代数整数环上理想数的基本性质为基础的代数数论方法(参见文献[19]).从本世纪初开始,两类新的数论方法在丢番图方程的研究中崭露头角,并且逐渐成为该领域的主要研究方法.它们分别是以代数数的有理逼近为基础的丢番图逼近方法和以代数数对数线性型的下界估计为基础的超越数论方法.以下我们简要地回顾一下这两类方法的起源.

设 α 是 $d(d \geqslant 2)$ 次代数数.1844 年,Liouville[17]证明了:对于任何正数 δ,不等式

$$\left| \alpha - \frac{x}{y} \right| < \frac{1}{y^{d+\delta}}, x, y \in \mathbb{Z}, y > 0, \gcd(x, y) = 1 \qquad (5)$$

仅有有限多组解 (x, y).上述结果称为 Liouville 定理.它揭示了代数数有理逼近的基本特性:对于任何给定的代数数,不会有很多的有理数能很好地逼近它.设 κ 是使得当 $\upsilon > \kappa$ 时,不等式

$$\left| \alpha - \frac{x}{y} \right| < \frac{1}{y^{\upsilon}}, x, y \in \mathbb{Z}, y > 0, \gcd(x, y) = 1 \qquad (6)$$

仅有有限多组解 (x, y) 的最小正数.根据 Liouville 定理可知 $\kappa \leqslant d$.在此后的一段相当长的时间里,关于 κ 的上界一直是丢番图逼近方面的中心课题.1909 年,Thue[29]进一步证明了:$\kappa \leqslant d/2 + 1$.根据这一结果可以推知:Thue 方程

$$f(x,y) = k, x, y \in \mathbb{Z} \tag{7}$$

仅有有限多组解 (x,y),这里 $f(X,Y)$ 是二元 $n(n \geqslant 3)$ 次型,k 是非零整数.1955 年,Roth[21] 最终解决了上述问题.他证明了:$\kappa \leqslant 2$.由于已知任何无理数 α 都有无限多个渐近分数 x/y 满足

$$\left| \alpha - \frac{x}{y} \right| < \frac{1}{y^2}, x, y \in \mathbb{Z}, y > 0, \gcd(x,y) = 1, \tag{8}$$

因此 Roth 的结果是臻于至善的.该结果通常称为 Roth 定理.1970 年,Schmidt[22] 将 Roth 定理推广到了多维的情况,由此可以得出一大类多元高次方程解数的有限性结果.此类方法通常称为 Thue-Siegel-Roth-Schmidt 方法,有关它的基本原理可参考文献 [23,24],本书第 1.8 节将简要地介绍这方面的结果.这里应该指出,Thue-Siegel-Roth-Schmidt 方法在本质上是非实效的.例如,运用 Roth 定理可以估计出 Thue 方程(7)的解数的可有效计算的上界[6],但不能得出它的解 (x,y) 的上界.

早在 1748 年,Euler[8] 就已经预见到某些指数函数值和对数函数值的超越性.然而直到百年之后,人们才能借助 Liouville 定理构造出超越数的具体例子.此后,Hermite[13] 和 Lindemann[16] 分别证明了 Napier 常数 e 和圆周率 π 是超越数,其中后一结果解决了古希腊人提出的"化圆为方"问题.这些研究成果为近代数论的一个重要分支——超越数论奠定了基础.超越数论的进一步发展也与 Hilbert 的著名问题有关.Hilbert 的第七问题可表述为:

问题 F 当 α 为不等于 0 或 1 的代数数,β 为非有理数的代数数时,α^β 是不是超越数?

同时,Hilbert 还具体问及数 $2^{\sqrt{2}}$ 和 $e^\pi = (-1)^{\sqrt{-1}}$ 的超越性.由于当时对超越数的性质还知之甚少,所以人们普遍认为上述问题的解决要比 Fermat 猜想和 Riemann 猜想更晚.但是,事实却大大出乎人们的预料.1929 年,Gel'fond[9] 首先证明了 e^π 是超越数,并且指出他的方法可以解决问题 F 在 β 属于虚二次域时的情况.次年,Kuzmin[14] 将 Gel'fond 的方法推广到 β 属于实二次域的情况,从而证明了 $2^{\sqrt{2}}$ 是超越数.1934 年,Gel'fond[10] 和

Schneider[22]分别独立地解决了问题 F. 然而,Fermat 猜想直到最近才由 Wiles[39]给出了证明,至于 Riemann 猜想则至今尚未见到解决的迹象.

设 𝔸 是全体代数数的集合. Gel′fond 和 Schneider 的结果可以等价地表述为:

命题 A　对于非零代数数 α_1, α_2,如果 $\log\alpha_1, \log\alpha_2$ 有理数域 ℚ 上线性无关,则它们在 𝔸 上也线性无关.

上述结果称为 Gel′fond-Schneider 定理. 在方法上,Gel′fond 和 Schneider 关于该结果的证明是不同的,前者利用了指数函数的微分特性,后者则基于指数函数的乘法性质. 这两种不同的思路及其推广形式分别称为 Gel′fond 途径和 Schneider 途径. 它们对后来许多重要结果的产生有着深远的影响,Waldschmidt[35−38]对此作了详细的分析和比较.

1952 年,Gel′fond[12]提出了以下问题:

问题 G　是否可将命题 A 中的结果推广到任意多个非零代数数的情况?

Gel′fond 指出这是一个相当困难而又非常有意义的问题,它的解决将对数论中的很多分支带来深刻的影响. 1966 年,Baker[1,1,ᴵᴵ]完整地解决了问题 G,并且得到了更强的结果. 他用多变量辅助函数代替 Gel′fond[10]原来使用的单变量函数,并且引入了一种新的外插技巧,从而证明了:

命题 B　设 $\alpha_1, \cdots, \alpha_n$ 是非零代数数. 如果 $\log\alpha_1, \cdots, \log\alpha_n$ 在 ℚ 上线性无关,则 $1, \log\alpha_1, \cdots, \log\alpha_n$ 在 𝔸 上同样线性无关.

上述命题称为 Baker 定理,它是超越数论中最重要的结果之一. 设 $\beta_0, \beta_1, \cdots, \beta_n$ 是非零代数数. 此时,

$$\Lambda = \beta_0 + \beta_1\log\alpha_1 + \cdots + \beta_n\log\alpha_n \tag{9}$$

称为关于代数数 $1, \alpha_1, \cdots, \alpha_n$ 的对数线性型. 从命题 B 可知:当 $\log\alpha_1, \cdots, \log\alpha_n$ 在 ℚ 上线性无关时,必有 $\Lambda \neq 0$. 在此条件下,Gel′fond[11]首先对 $n=2$ 的情况给出了 $|\Lambda|$ 的可有效计算的下界. 他证明了:当 $n=2$ 且 $\beta_0 = 0$ 时,对于任何正数 δ 必有

$$\log|\Lambda| > -C_1(\delta,d,A)(\log B)^{5+\delta}, \tag{10}$$

其中 $d=[\mathbb{Q}(\alpha_1,\alpha_2,\beta_1,\beta_2):\mathbb{Q}]$，$A,B$ 分别是两组代数数 α_1,α_2 以及 β_1,β_2 的高的最大值，$C_1(\delta,d,A)$ 是仅与 δ,d,A 有关的可有效计算的正常数. 1968 年，Baker[1,3] 将上述结果推广到了一般的情况. 他证明了：

命题 C 当 $\Lambda\neq 0$ 时，对于任何正数 δ 必有

$$\log|\Lambda| > -C_2(\delta,n,d,A)(\log B)^{n+1+\delta}, \tag{11}$$

其中 $d=[\mathbb{Q}(\alpha_1,\cdots,\alpha_n,\beta_0,\beta_1,\cdots,\beta_n):\mathbb{Q}]$，$A,B$ 分别是代数数 $\alpha_1,\cdots,\alpha_n$ 以及 $\beta_0,\beta_1,\cdots,\beta_n$ 的高的最大值，$C_2(\delta,n,d,A)$ 是仅与 δ,n,d,A 有关的可有效计算的正常数.

上述结果在包括丢番图方程在内的许多数论问题中有着广泛的应用(参见文献[3]). 此类方法通常称为 Gel′fond-Baker 方法，它是一类具有实效性的方法. 例如，Baker[2] 将命题 C 运用于 Thue 方程(7)，得到了该方程的解的可有效计算的上界. 又如，Tijdeman[30] 利用命题 C 的一个改进形式，解决了有关 Catalan 方程(3)的猜想 C. 他证明了：方程(3)仅有有限多组解 (x,y,m,n)，而且这些解都满足 $\max(x,y,m,n)<C_3$，其中 C_3 是可有效计算的绝对正常数. 从上述例子可知，Gel′fond-Baker 方法可以把很多目前人们最感兴趣的丢番图方程的求解范围，由无限缩小到可以有效计算的有限范围之内；也就是说它解决了有关这些方程的求解问题 B，并且为最终解决问题 D 创造了条件. 由此可见，Gel′fond-Baker 方法是研究丢番图方程的一个强有力的工具.

近 30 年来，Gel′fond-Baker 方法在丢番图方程，特别是指数型方程的研究中不断获得卓有成效的应用. 10 年前，Shorey 和 Tijdeman[24] 曾经对此有过系统的论述. 此外，文献[15]，[20]，[26]，[28]，[31]，[32]，[33]和[34]分别对近期各个阶段的工作进行了综述和总结. 本书将在上述文献的基础上，着重介绍这方面的最新成果和尚待解决的问题. 纵观 30 年来的发展历程，我们不难看到：在早期的工作中，直接利用 Gel′fond-Baker 方法得到的上界通常是相当大的，远远超出了现有的计算能力. 因而，这些结果虽

然能够说明所讨论的方程的解的有限性,但是对解的完全确定则帮助不大. 近年来,随着该方法的基本原理中关键数据的不断改进、综合运用各类方法的技巧不断提高以及各种高效率的计算手段的普及,已经有越来越多的丢番图方程问题获得了彻底的解决. 因此,这是现代数论中的一个前景十分广阔的研究领域.

参 考 文 献

[1] Baker A. ,Linear forms in the logarithms of algebraic numbers Ⅰ ,Mathematika, 1966,13:204—216; Ⅱ :ibid,1967,14:102—107; Ⅲ :ibid,1967,14:220—228; Ⅳ : ibid,1968,15:204—216.

[2] Baker A. , Contribution to the theory of diophantine equation Ⅰ : On the representation of integers by binary forms,Philos Trans Roy Soc London,1968, A263:173—191.

[3] Baker A. , Transcendental Number Theory, Cambridge: Cambridge University Press,1975.

[4] Cassels,J. W. S. ,On the equation $a^x - b^y = 1$,Amer J Math,1953,75:159—162.

[5] Catalan E. ,Note extraite d'une lettre adressée á l'èditeur,J Reine Angew Math, 1844,27:192.

[6] Davenport H. , Roth K. F. , Rational approximation to algebraic number, Mathematika,1955,2:160—167.

[7] Dickson L. E. ,History of the Theory of Numbers,Vol. 2,Carnegie Institution of Washington,1920.

[8] Euler L. , Introduction to Analysis of the Infinite, Book Ⅰ, Berlin: Springer-Verlag,1988:80.

[9] Gel'fond A. O. ,Sur les nombres transcendants,C R Acad Sci Paris,1929,189: 1224—1226.

[10] Gel'fond A. O. ,Sur le septième problème de Hilbert,Izv Akad Nauk SSSR, 1934,7:623—630.

[11] Gel'fond A. O. ,On the approximation of transcendental numbers by algebraic numbers,Dokl Akad Nauk SSSR,1935,2:177—182.

[12] Gel'fond A. O. ,Transcendental and Algebraic Numbers,New York:Dover Publ, 1960.

[13] Hermite Ch,Sur la fonction exponentielle,C R Acad Sci Paris,1873,77:18—24, 74—79,226—233,285—293.

[14] Kuzmin R. O. , On a new class of transcendental numbers, Izv Akad Nauk SSSR, 1930,3:583—597.

[15] 乐茂华,关于指数型丢番图方程的整数解,数学进展,1994,23:385—395.

[16] Lindemann F. , Über die Zahl π, Math Ann, 1882,20:213—225.

[17] Liouville J. , Sur des classes très-étendues de quantités dont la valeur n'est ni algébrique, ni même reductible à des irrationnelles algébriques, C R Acad Sci Paris, 1844,18:883—885,910—911.

[18] Matijasević Yu. , On Hilbert's tenth problem, Dokl Akad Nauk SSSR, 1970,191, 270—282.

[19] Mordell L. J. , Diophantine Equations, London: Academic Press, 1969.

[20] Ribenboim P. , Catalan's Conjecture, Boston, MA: Academic Press Inc, 1994.

[21] Roth K. F. , Rational approximations to algebraic numbers. Mathematika, 1955, 2:1—20.

[22] Schmidt W. M. , Simultaneous approximation to algebraic numbers by rationals, Acta Math, 1970,125:189—201.

[23] Schmidt W. M. , Diophantine Approximation, Lecture Notes in Math 785, Berlin: Springer-Verlag, 1980.

[24] Schmidt W. M. , Diophantine Approximation and Diophantine Equations, Lecture Notes in Math 1467, Berlin: Springer-Verlag, 1991.

[25] Schneider Th. , Transzendenzuntersuchungen periodischer Funktion, J Reine Angew Math, 1934,72:65—69.

[26] Shorey T. N. , Applications of Baker's theory of linear forms in logarithms to exponential diophantine equations, In: Analytic Number Theory (Kyoto, 1993), Kyoto University, Kyoto, 1994:48—60.

[27] Shorey T. N. , Tijdeman R. , Exponential Diophantine Equations, Cambridge: Cambridge University Press, 1986.

[28] Sprindžuk V. G. , Classical Diophantine Equations, Lecture Notes in Math 1559, Berlin: Springer-Verlag, 1993.

[29] Thue A. , Über Annäherungswerte algebraischer Zahlen, J Reine Angew Math, 1909,135:284—305.

[30] Tijdeman R. , On the equation of Catalan, Acta Arith, 1976,29:197—209.

[31] Tijdeman R. , The number of solutions of diophantine equations, In: Number Theory(Mollin R A, ed), Berlin: Walter de Gruyter, 1990:979—1001.

[32] Tijdeman R. , Diophantine equations and diophantine approximations, In: Number Theory and Applications (Banff, AB, 1988), NATO Adv Sci Inst Ser C Math Phys Sci, 265, Dordrecht: Kluwer Acad Publ, 1989:215—243.

[33] Tijdeman R. , Diophantine approximation and its applications, In: Diophantine Approximation and Abelian Varieties(Soesterberg, 1992), Lecture Notes in Math 1566, Berlin: Springer-Verlag, 1993: 13—20.

[34] Tijdeman R. , Roth's theorem, In: Diophantine Approximation and Abelian Varieties (Soesterberg, 1992), Lecture Notes in Math 1566, Berlin: Springer-Verlag, 1993: 21—30.

[35] Waldschmidt M. , Sur les méthodes de Schneider, Gel'fond et Baker, In: Séminaire de Théorie des Nombres, 1987—1988(Talence, 1987—1988), Univ Bordeaux I, Talence, Exp No 30, 13pp.

[36] Waldschmidt M. , On the transcendence methods of Gel'fond and Schneider in several variables, In: New Advances in Transcendence Theory (Durham, 1986), Cambridge: Cambridge University Press, 1988: 375—398.

[37] Waldschmidt M. , Nouvelles méthodes pour minorer des combinaisons linéares de logarithmes de nombres algébriques, Sém Théor Nombres Bordeaux (2), 1991, 3: 129—185; Erratum: ibid, 1991, 3: 467.

[38] Waldschmidt M. , Constructions de fonctions auxiliairs, In: Approximations diophantinnes et nombres transcendants (Luminy, 1990), Berlin: de Gruyter, 1992: 285—307.

[39] Wiles A. , Modular elliptic curves and Fermat's last theorem, Ann of Math(2), 1995, 141: 443—551.

第一章 预备知识

本章简要介绍代数数论和超越数论中的部分内容,其中除了已经注明出处的结果以外,其余内容的详细证明可参考文献[7],[49],[66]和[108]中的有关章节.

§1.1 代数数

设 d 是正整数,
$$f(X) = a_0 X^d + a_1 X^{d-1} + \cdots + a_d, a_0 \neq 0 \quad (1.1.1)$$
是整系数多项式. 此时,d 称为 $f(X)$ 的次数,记作 $\deg(f)$;a_0 和 a_d 分别称为 $f(X)$ 的首项系数和末项系数;$f(X)$ 的所有系数的绝对值 $|a_0|, |a_1|, \cdots, |a_d|$ 中的最大值称为 $f(X)$ 的高,记作 H_f. 当 $f(X)$ 的系数满足 $\gcd(a_0, a_1, \cdots, a_d) = 1$ 时,$f(X)$ 称为本原多项式.

如果 $f(X)$ 可表成两个次数小于 d 的有理系数多项式的乘积,则称 $f(X)$ 在 $\mathbb{Q}$ 上是可约的(简称可约的),否则是不可约的. 已知当 $f(X)$ 可约时,$f(X)$ 必可表成两个次数小于 d 的整系数多项式的乘积. 在一般情况下,目前还没有判定整系数多项式是否可约的简便方法. 以下给出一个常用的判定可约性的结果,称为 Eisenstein 定理.

引理 1.1.1 如果存在素数 p 可使 $p \nmid a_0, p \mid a_i (i=1,2,\cdots,d)$ 以及 $p^2 \nmid a_d$,则 $f(X)$ 必定是不可约的.

当 $f(X)$ 不可约时,如果 $x=\alpha$ 是代数方程
$$f(x) = 0 \quad (1.1.2)$$
的根,则称 α 是 d 次代数数. 此时,d 称为 α 的次数,记作 $\deg(a)$. 显然,一次代数数即为全体有理数.

设
$$g(X) = b_0 X^d + b_1 X^{d-1} + \cdots + b_d, \quad (1.1.3)$$
其中
$$b_i = \mathrm{sgn}(a_0) \frac{a_i}{\gcd(a_0, a_1, \cdots, a_d)}, i = 0, 1, \cdots, d, \quad (1.1.4)$$
$\mathrm{sgn}(a_0)$表示a_0的符号. 从(1.1.4)可知$g(X)$是适合$b_0 > 0$以及$\gcd(b_0, b_1, \cdots, b_d) = 1$的$d$次整系数不可约多项式,又从(1.1.2)可知$x = \alpha$也是代数方程
$$g(x) = 0 \quad (1.1.5)$$
的根. 如此的$g(X)$称为代数数α的定义多项式,它是唯一确定的.

如果(1.1.3)中的$g(X)$是d次代数数的定义多项式,则它的所有系数的绝对值$|b_0|, |b_1|, \cdots, |b_d|$中的最大值称为$\alpha$的高,记作$H(\alpha)$. 当$\alpha \neq 0$时,显然有$\deg(\alpha) = \deg(1/\alpha)$以及$H(\alpha) = H(1/\alpha)$. 设$m$是正整数. 从(1.1.3)和(1.1.5)可得$b_0(m\alpha)^d + b_1 m (m\alpha)^{d-1} + \cdots + b_d m^d = 0$. 由此可知$m\alpha$也是$d$次代数数,而且它的高满足
$$H(m\alpha) \leqslant m^d H(\alpha). \quad (1.1.6)$$

当d次代数数α的定义多项式的首项系数等于1时,α称为d次代数整数. 显然,一次代数整数即为全体整数. 在一般情况下,从(1.1.3)和(1.1.5)可得$(b_0\alpha)^d + b_0 b_1 (b_0\alpha)^{d-1} + \cdots + b_0^{d-1} b_d = 0$,所以$b_0\alpha$必为代数整数. 由此可知:对于任何代数数$\alpha$,必有适当的正整数$m$,可使$m\alpha$是代数整数. 适此条件的最小正整数$m$称为$\alpha$的代数分母,记作$\mathrm{den}(\alpha)$. 从以上分析可知
$$\mathrm{den}(\alpha) \leqslant b_0 \leqslant H(\alpha). \quad (1.1.7)$$

当$\alpha, 1/\alpha$都是代数整数时,α称为单位数. α是单位数的充要条件是它的定义多项式的首项系数等于1,末项系数等于1或-1.

当$g(X)$是d次代数数α的定义多项式时,代数方程(1.1.5)的d个根$x = \sigma_i \alpha (i = 1, 2, \cdots, d)$互不相同,它们称为$\alpha$的共轭数. 此时$g(X)$可表成

$$g(X)=b_0(X-\sigma_1\alpha)(X-\sigma_2\alpha)\cdots(X-\sigma_d\alpha). \qquad (1.1.8)$$

α 的所有共轭数的模 $|\sigma_1\alpha|,|\sigma_2\alpha|,\cdots,|\sigma_d\alpha|$ 中的最大值记 $\overline{|\alpha|}$

对于代数数 α,β,必有 $\overline{|\alpha+\beta|}\leqslant\overline{|\alpha|}+\overline{|\beta|}$ 以及 $\overline{|\alpha\beta|}\leqslant\overline{|\alpha|}$ $\overline{|\beta|}$.

当 α 是非零代数数时,设 $d=\deg(\alpha),m=\mathrm{den}(\alpha),\alpha_i=\sigma_i\alpha(i=1,2,\cdots,d)$,其中 $\alpha_1=\alpha$. 此时 $m\alpha_i(i=1,2,\cdots,d)$ 都是代数整数,故有

$$\left|\prod_{i=1}^{d}m\alpha_i\right|\geqslant 1; \qquad (1.1.9)$$

又因

$$\left|\prod_{i=1}^{d}m\alpha_i\right|\leqslant m^d|\alpha|\,\overline{|\alpha|}^{d-1}, \qquad (1.1.10)$$

故从(1.1.9)和(1.1.10)立得

$$|\alpha|\geqslant m^{-d}\,\overline{|\alpha|}^{-d+1}. \qquad (1.1.11)$$

另外,由于

$$\overline{|\alpha|}\leqslant dH(\alpha), \qquad (1.1.12)$$

所以当 $\alpha\neq 0$ 时,从 $|1/\alpha|\leqslant\overline{|1/\alpha|}\leqslant dH(1/\alpha)=dH(\alpha)$ 可知

$$|\alpha|\geqslant\frac{1}{dH(\alpha)}. \qquad (1.1.13)$$

设 α 是非零代数整数,$g(X)$ 是它的定义多项式. 由于此时 $b_0=1$,并且从(1.1.3)和(1.1.8)可知

$$|b_j|\leqslant\binom{d}{j}\overline{|\alpha|}^j\leqslant\left(2\,\overline{|\alpha|}\right)^d,j=1,2,\cdots,d, \qquad (1.1.14)$$

故有

$$H(\alpha)\leqslant\left(2\,\overline{|\alpha|}\right)^d. \qquad (1.1.15)$$

从(1.1.15)可知:对于给定的正整数 d 以及正数 A,适合 $\overline{|\alpha|}\leqslant A$ 且次数不超过 d 的代数整数 α 仅有有限多个.

设 $\zeta_d=e^{2\pi\sqrt{-1}/d}$. 此时 $x=\zeta_d^k(k=0,1,\cdots,d-1)$ 是代数方程

$$x^d-1=0 \qquad (1.1.16)$$

的 d 个不同的根,统称为 d 次单位根. 由于当 $\gcd(k,d)=1$ 时,对于任何小于 d 的正整数 t 都有 $\zeta_d^{kt}-1\neq 0$,所以如此的 ζ_d^k 称为 d 次本原单位根. 当 α 是非零代数整数时,如果 α 是单位根,则从 (1.1.16) 可知 $\overline{|\alpha|}=1$,否则必有 $\overline{|\alpha|}>1$. 关于 $\overline{|\alpha|}$ 的下界,Schinzel 和 Zassenhaus[94]曾经提出:

猜想 1.1.1 如果 d 次非零代数整数 α 不是单位根,则必有 $\overline{|\alpha|}>1+C_1/d$.

这是一个迄今尚未解决的问题,有关这方面的结果在丢番图方程的研究中有着重要的应用(参见文献[17],[18]). 对此,Schinzel 和 Zassenhaus[94]已经证明了:当 $d\geqslant 2$ 时,$\overline{|\alpha|}>1+C_2/2^d$. Blenksby 和 Montgomery[13],Stewart[116]分别将上述结果改进为 $\overline{|\alpha|}>1+1/52d^2\log 6d$ 以及 $\overline{|\alpha|}>1+1/10^4 d^2\log d$. 1979 年,Dobrowolski[28]进一步证明了:对于任何正数 δ,当 $d>C_3(\delta)$ 时,必有

$$\overline{|\alpha|}>1+\frac{1-\delta}{d}\left(\frac{\log\log d}{\log d}\right)^3; \qquad (1.1.17)$$

并且由此推出

$$\overline{|\alpha|}>1+\frac{1}{1200d}\left(\frac{\log\log d}{\log d}\right)^3. \qquad (1.1.18)$$

此后,Cantor 和 Straus[20],Louboutin[81]分别将(1.1.17)中的"1-δ"改进为"2-δ"以及"9/4-δ". 1993 年,Dubickas[32]进一步改进为"$64/\pi^2-\delta$". 这是目前已知的最好结果.

对于一般的代数数 α,当 $g(X)$ 是它的定义多项式时,

$$M(\alpha)=b_0\prod_{i=1}^{d}\max(1,|\alpha_i|),\quad h(\alpha)=\frac{1}{d}\log M(\alpha),$$

$$(1.1.19)$$

分别称为 α 的 Mahler 测度和 Weil 高. 从(1.1.15),(1.1.19)可知,α 的高 $H(\alpha)$ 与 Weil 高 $h(\alpha)$ 之间有以下关系

$$\frac{1}{d}\log H(\alpha)-\log 2\leqslant h(\alpha)\leqslant\frac{1}{d}\log H(\alpha)+\frac{1}{2d}\log(d+1).$$

$$(1.1.20)$$

对于任何非负整数 m,都有

$$h(\alpha^m) = |m|h(\alpha);\qquad(1.1.21)$$

对于代数数 α,β,必有

$$h(\alpha + \beta) \leqslant \log 2 + h(\alpha) + h(\beta), h(\alpha\beta) \leqslant h(\alpha) + h(\beta).$$
$$(1.1.22)$$

从 (1.1.19) 可知:当且仅当代数整数 $\alpha=0$ 或 α 是单位根时,$h(\alpha)=0$. 对于正整数 d,设 $L(d)=\min\{h(\alpha)\,|\,\alpha$ 是非零且非单位根的 d 次代数整数}. 由于已知 $2^{1/d}$ 是 d 次代数整数,$h(2^{1/d})=(\log 2)/d$,故有 $L(d)\leqslant(\log 2)/d$. 1993 年,Lehmer 曾经提出(参见文献[69]):

问题 1.1.1 对于任何正整数 d,是否都有 $L(d) > C_4/d$?

显然,上述问题与 $\overline{|\alpha|}$ 的下界有关. 1996 年,Voutier[126] 证明了:当 $d\geqslant 2$ 时,

$$L(d) > \frac{2}{d(\log 3d)^2}.\qquad(1.1.23)$$

这是目前有关问题 1.1.1 的最好结果.

§1.2 代 数 数 域

设 F 是由复数构成的非空集合. 如果 F 对于数的加法和乘法构成域,则称 F 是数域. 当 F,G 都是数域时,如果 F 是 G 的子域,则称 G 是 F 的扩张,记作 G/F.

设 L 是 G 的子集. G 中包含 L 的最小子域称为 G 中由集合 L 生成的子域. 当 F 是数域 G 的子域而且 L 是 G 的子集时,G 中由集合 $F\cup L$ 生成的子域称为 L 在数域 F 上生成的数域,记作 $F(L)$. 如果 $L=\{\alpha_1,\alpha_2,\cdots,\alpha_n\}$ 是有限集合,则 $F(L)$ 称为 F 的有限生成扩张,记作 $F(\alpha_1,\alpha_2,\cdots,\alpha_n)$;特别是当 $n=1$ 时,$F(\alpha_1)$ 称为 F 的单扩张.

如果 G/F 是数域 F 的扩张,则 G 是 F 上的向量空间,它的维数记作 $[G:F]$. 当 $[G:F]$ 有限时,G/F 称为有限次扩张. 已知任

何有限次的有限扩张都是单扩张.

设 α 是 d 次代数数,集合

$$K = \{a_0 + a_1\alpha + \cdots + a_{d-1}\alpha^{d-1} \,|\, a_0, a_1, \cdots, a_{d-1} \in \mathbb{Q}\}.$$

(1.2.1)

此时 K 是数域.从(1.2.1)可知 K 是有理数域 $\mathbb{Q}$ 的有限次扩张,它的次数 $[K:\mathbb{Q}]=d$.因此,K 称为由 α 生成的 d 次代数数域,记作 $\mathbb{Q}(\alpha)$.当 $K \subseteq \mathbb{R}$ 时,K 称为实域,否则称为虚域.另外,当 $\sigma_1\alpha$,$\sigma_2\alpha, \cdots, \sigma_d\alpha$ 是 α 的全体共轭数时,如果其中恰有 r_1 个实数和 r_2 对共轭复数,则称 K 是 $r_1 + 2r_2$ 型数域.

对于有限多个代数数 $\alpha_1, \alpha_2, \cdots, \alpha_n$,集合 $L = \mathbb{Q}(\alpha_1, \alpha_2, \cdots, \alpha_n)$ 是 $\mathbb{Q}$ 的有限次扩张,所以 $L/\mathbb{Q}$ 必为单扩张,即存在适当的代数数 α 可使 $L = \mathbb{Q}(\alpha)$.

以下设 $K = \mathbb{Q}(\alpha)$ 是 d 次代数数域.此时,K 中的任何一个数 θ 都可唯一地表成

$$\theta = a_0 + a_1\alpha + \cdots + a_{d-1}\alpha^{d-1}, a_0, a_1, \cdots, a_{d-1} \in \mathbb{Q}.$$

(1.2.2)

如此的 θ 仍为代数数,它的次数必为 d 的约数.若将(1.2.2)中的 θ 看作是 α 的有理系数多项式,即 $\theta = \theta(\alpha)$.设 K 到复数域 $\mathbb{C}$ 的 d 个映射 $\sigma_i (i=1,2,\cdots,d)$ 满足

$$\sigma_i: \sigma_i(\theta(\alpha)) = \theta(\sigma_i\alpha), i = 1, 2, \cdots, d. \qquad (1.2.3)$$

此时 $\sigma_i (i=1,2,\cdots,d)$ 称为 K 在 $\mathbb{C}$ 中的 d 个嵌入.由(1.2.3)定义的 d 个数 $\theta(\sigma_i\alpha)(i=1,2,\cdots,d)$ 通常记作 $\theta^{(i)}(i=1,2,\cdots,d)$.显然,$\theta^{(i)}(i=1,2,\cdots,d)$ 都是代数数,它们的次数都是 d 的约数.对于给定的 $\theta^{(j)} (1 \leqslant j \leqslant d)$,它在 $\theta^{(1)}, \theta^{(2)}, \cdots, \theta^{(d)}$ 中恰好出现 $d/\deg(\theta^{(j)})$ 次.当 $\deg(\theta)=d$ 时,θ 称为 K 中的本原元.

对于 K 的两个嵌入 $\sigma_i, \sigma_j (1 \leqslant i, j \leqslant d)$,定义它们的乘积 $\sigma_i\sigma_j$ 是适合

$$\sigma_i\sigma_j(\theta) = \sigma_i(\sigma_j(\theta)), \theta \in K \qquad (1.2.4)$$

的映射.显然,K 的 d 个嵌入对于嵌入的乘法构成群,称为 K 的 Galois 群,记作 $\mathrm{Gal}(K/\mathbb{Q})$.当 K 的 Galois 群是 Abel 群时,K 称

为 Abel 数域.

对于 K 中的数 θ,

$$T_{K/\mathbb{Q}}(\theta) = \sum_{i=1}^{d} \sigma_i(\theta), \quad N_{k/\mathbb{Q}}(\theta) = \prod_{i=1}^{d} \sigma_i(\theta) \qquad (1.2.5)$$

分别称为 θ 的迹和范数. 已知 $T_{K/\mathbb{Q}}(\theta)$ 和 $N_{K/\mathbb{Q}}(\theta)$ 都是有理数;特别是当 θ 为代数整数时,它们都是整数. 当 θ 是非零代数整数时,如果 θ 是 K 中的单位数,则必有 $|N_{K/\mathbb{Q}}(\theta)| = 1$,否则 $|N_{K/\mathbb{Q}}(\theta)| \geqslant 2$.另外,从 (1.2.5)可知

$$T_{K/\mathbb{Q}}(\theta_1 + \theta_2) = T_{K/\mathbb{Q}}(\theta_1) + T_{K/\mathbb{Q}}(\theta_2), \quad N_{K/\mathbb{Q}}(\theta_1\theta_2)$$
$$= N_{K/\mathbb{Q}}(\theta_1) \cdot N_{K/\mathbb{Q}}(\theta_2), \theta_1, \theta_2 \in K \qquad (1.2.6)$$

以及

$$|N_{K/\mathbb{Q}}(\theta)| \leqslant \overline{|\theta|}^d, \theta \in K. \qquad (1.2.7)$$

对于 K 中的 d 个数 $\theta_1, \theta_2, \cdots, \theta_d$,

$$\Delta(\theta_1, \theta_2, \cdots, \theta_d) = \begin{vmatrix} \sigma_1(\theta_1) & \sigma_1(\theta_2) \cdots \sigma_1(\theta_d) \\ \sigma_2(\theta_1) & \sigma_2(\theta_2) \cdots \sigma_2(\theta_d) \\ \cdots\cdots\cdots\cdots\cdots\cdots\cdots\cdots\cdots\cdots \\ \sigma_d(\theta_1) & \sigma_d(\theta_2) \cdots \sigma_d(\theta_d) \end{vmatrix}^2 \qquad (1.2.8)$$

称为它们的判别式. $\Delta(\theta_1, \theta_2, \cdots, \theta_d)$ 必为有理数;特别是当 $\theta_i(i = 1, 2, \cdots, d)$ 均为代数整数时,它是整数. 如果 K 中的两组数 $\theta_i(i = 1, 2, \cdots, d)$ 和 $\eta_i(i = 1, 2, \cdots d)$ 适合

$$\theta_i = \sum_{j=1}^{d} a_{ij}\eta_j, i = 1, 2, \cdots, d, \qquad (1.2.9)$$

则它们的判别式有以下关系

$$\Delta(\theta_1, \theta_2, \cdots, \theta_d) = |\det A|^2 \Delta(\eta_1, \eta_2, \cdots, \eta_d), \qquad (1.2.10)$$

其中 $a_{ij}(i, j = 1, 2, \cdots, d)$ 均为有理数,$\det A$ 是 d 阶矩阵 $A = (a_{ij})_d$ 的行列式.

设 $\theta_1, \theta_2, \cdots, \theta_n$ 是 K 中的 n 个数. 如果 K 中的每个数都可唯一地表成 $\theta_1, \theta_2, \cdots, \theta_n$ 在 $\mathbb{Q}$ 上的线性组合,则称数组 $\{\theta_1, \theta_2, \cdots, \theta_n\}$ 是 K 的一组基.$\theta_1, \theta_2, \cdots, \theta_n$ 能够构成 K 的基的充要条件是:$n = d$ 且 $\Delta(\theta_1, \theta_2, \cdots, \theta_d) \neq 0$.

设 $\tau_1, \tau_2, \cdots, \tau_d$ 是 K 中的代数整数. 如果 $\{\tau_1, \tau_2, \cdots, \tau_d\}$ 是 K 的基,而且 K 中的每个代数整数都可唯一地表成 $\tau_1, \tau_2, \cdots, \tau_d$ 在 $\mathbb{Z}$ 上的线性组合,则称它是 K 的一组整基. 已知 K 中必有整基,而且它的所有整基的判别式都相同,称为 K 的判别式,记作 Δ_K. 由于整基的存在,K 中全体代数整数对于数的加法和乘法构成环,称为 K 中的代数整数环,记作 O_K. 从本书以后各章的内容可知,很多丢番图方程问题的讨论,都要考虑 O_K 中代数整数的分解.

对于 K 中的数 θ,

$$\Delta(\theta) = \prod_{1 \leqslant i < j \leqslant d} (\sigma_i(\theta) - \sigma_j(\theta))^2 \qquad (1.2.11)$$

称为 θ 的判别式. 从 (1.2.11) 可知:当且仅当 θ 是 K 中的本原元时,$\Delta(\theta) \neq 0$;$\Delta(\theta)$ 必为有理数;特别是当 θ 是代数整数时,$\Delta(\theta)$ 是适合 $\Delta_K | \Delta(\theta)$ 的整数.

设 τ 是 K 中的代数整数. 此时,

$$D(\tau) = \max_{1 \leqslant i < j \leqslant d} |\sigma_i(\tau) - \sigma_j(\tau)| \qquad (1.2.12)$$

称为 τ 的直径. 对于正整数 d,设

$$D_d = \min_{\deg(\tau) = d} D(\tau). \qquad (1.2.13)$$

对此,Favard 曾经猜测:当 $d \geqslant 2$ 时,必有 $D(\tau) \geqslant \sqrt{3}$,而且 $\lim\limits_{d \to \infty} D_d = 2$. 这两个猜想已经分别被 Langevin,Reyssat 和 Rhin[72] 以及 Langevin[71] 证实.

对于给定的 K,O_K 中所有的单位数对于数的乘法构成群,称为 K 的单位群,记作 U_K. 另外,K 中所有的单位根对于数的乘法构成有限循环群,称为 K 的单位根群,记作 W_K. 它是 U_K 的子群,通常用 ω_K 表示其中单位根的个数.

当 K 是 $r_1 + 2r_2$ 型数域时,设 $r_K = r_1 + r_2 - 1$. 此时存在 U_K 中 r_K 个单位数 $\eta_i (i = 1, 2, \cdots, r_K)$,可使 U_K 中的每个单位数 ρ 都可唯一地表成

$$\rho = \zeta \eta_1^{k_1} \eta_2^{k_2} \cdots \eta_{r_K}^{k_{r_K}}, \zeta \in W_K, k_1, k_2, \cdots, k_{r_K} \in \mathbb{Z}. \quad (1.2.14)$$

上述结果称为 Dirichler-Minkowski 单位定理,它在代数整数的分

解中有着重要的意义.(1.2.14)中的单位数组$\{\eta_1,\eta_2,\cdots,\eta_{r_K}\}$称为$K$的一个基本单位组,$r_K$称为单位群$U_K$的秩.

在α的全体共轭数$\sigma_i\alpha(i=1,2,\cdots,d)$中,设$\sigma_1\alpha,\cdots,\sigma_{r_1}\alpha$是实数,$\sigma_{r_1+1}\alpha,\cdots,\sigma_{r_1+r_2}\alpha$分别与$\sigma_{r_1+r_2+1}\alpha,\cdots,\sigma_{r_1+2r_2}\alpha$是共轭复数.对于$K$的任何一个基本单位组$\{\eta_1,\eta_2,\cdots,\eta_{r_K}\}$,$r_K$阶行列式

$$\begin{vmatrix} \log|\sigma_1(\eta_1)| & \log|\sigma_1(\eta_2)|\cdots\log|\sigma_1(\eta_{r_K})| \\ \log|\sigma_2(\eta_1)| & \log|\sigma_2(\eta_2)|\cdots\log|\sigma_2(\eta_{r_K})| \\ \cdots\cdots\cdots\cdots\cdots\cdots\cdots\cdots\cdots \\ \log|\sigma_{r_K}(\eta_1)| & \log|\sigma_{r_K}(\eta_2)|\cdots\log|\sigma_{r_K}(\eta_{r_K})| \end{vmatrix} \tag{1.2.15}$$

的绝对值都是相等的,称为K的调整子,记作R_K.已知当$r_K>0$时,必有$R_K>0$.

关于R_K的下界,Zimmert[135]曾经证明:当$r_K>0$时,$R_K>0.056$.目前这方面的最好结果是由Slavutskii[110]得到的,他证明了:当K是适合$r_K>0$的r_1+2r_2型数域时,

$$R_K \geqslant 0.00136\omega_K e^{0.81r_1+0.57r_2}. \tag{1.2.16}$$

另外,由于K的类数h_K必为正整数,故从(1.4.4)和(1.4.5)分别可得R_K的上界

$$R_k < \frac{24\omega_K}{2^{r_1+r_2}\pi^{r_2}}\left[\frac{e}{(d-1)\left(1+\frac{1}{2}\log\pi+\frac{r_2}{d}\log2\right)}\right]^{d-1}$$

$$\cdot \sqrt{|\Delta_K|}(\log|\Delta_K|)^{d-1} \tag{1.2.17}$$

以及

$$R_K < \frac{2^{r_2}\sqrt{|\Delta_K|}}{\pi^{r_2}(d-1)!}\left[\log\frac{2^{r_2}\sqrt{|\Delta_K|}}{\pi^{r_2}}\right]^{d-2}$$

$$\cdot \left(d-1+\log\frac{2^{r_2}\sqrt{|\Delta_K|}}{\pi^{r_2}}\right)^{r_2}. \tag{1.2.18}$$

已知在K中存在适合

$$\max_{\substack{i=1,2,\cdots,d \\ j=1,2,\cdots,r_K}}|\log|\sigma_i(\eta_j)|| < C_1(d)R_K \tag{1.2.19}$$

的基本单位组 $(\eta_1, \eta_2, \cdots, \eta_{r_k})$. 从 $(1.2.19)$ 可知该基本单位组满足

$$\max\left(\overline{|\eta_1|}, \overline{|\eta_2|}, \cdots, \overline{|\eta_{r_K}|}\right) < C_2(d, R_K). \qquad (1.2.20)$$

对于 K 中的非零代数整数 θ, τ, 如果存在 K 中单位数 ρ, 可使

$$\tau = \theta\rho, \qquad (1.2.21)$$

则称 θ 与 τ 是相伴的, τ 是 θ 的相伴数. 显然, 相伴关系是一种等价关系. 从 $(1.2.14)$, $(1.2.19)$, $(1.2.21)$ 可知: θ 必有满足

$$\max_{i=1,2,\cdots,d} \log\left|\frac{|\sigma_i(\tau)|}{|N_{K/}(\theta)|^{1/d}}\right| < C_3(d)R_K \qquad (1.2.22)$$

的相伴数 τ.

§1.3　理想数

设 $K = \mathbb{Q}(\alpha)$ 是 d 次代数数域. 由于在一般情况下, K 中代数整数的分解不是唯一的, 因此有必要引入理想数的概念.

对于 K 中的代数整数 $\theta_1, \theta_2, \cdots, \theta_n$, 集合

$$\{\theta_1\eta_1 + \theta_2\eta_2 + \cdots + \theta_n\eta_n \mid \eta_1, \eta_2, \cdots, \eta_n \in O_K\} \qquad (1.3.1)$$

称为 O_K 中由 $\theta_1, \theta_2, \cdots, \theta_n$ 生成的理想数, 记作 $[\theta_1, \theta_2, \cdots, \theta_n]$. 单由一个代数整数 θ 生成的理想数 $[\theta]$ 称为主理想数. 显然, K 中代数整数生成的理想数都是 O_K 的子集, 所以通常称为 O_K 中的理想数. 从 $(1.3.1)$ 可知, 主理想数 $[1]$ 实际上就是 O_K 本身, 称为单位理想数, 记作 I. 由零生成的主理想数 $[0]$ 称为零理想数. 以下仅考虑同一 O_K 中的非零理想数.

设 $A = [\theta_1, \theta_2, \cdots, \theta_n], B = [\tau_1, \tau_2, \cdots, \tau_m]$. 当且仅当存在 O_K 中代数整数 $u_{ij}, v_{ij}(i=1,2,\cdots,n, j=1,2,\cdots,m)$ 可使

$$\theta_i = \sum_{j=1}^{m} u_{ij}\tau_j, \tau_j = \sum_{i=1}^{n} v_{ij}\theta_i, i = 1,2,\cdots,n, j = 1,2,\cdots,m$$

$$(1.3.2)$$

时, A 与 B 称为是相等的, 记作 $A = B$. 从 $(1.3.2)$ 可知: 两个主理想数 $[\theta]$ 和 $[\tau]$ 相等的充要条件是

$$\tau = \theta\rho, \rho \in U_K. \tag{1.3.3}$$

对于上述的理想数 A, B, 理想数 $[\theta_1\tau_1, \theta_1\tau_2, \cdots, \theta_1\tau_m, \cdots, \theta_n\tau_1,$ $\theta_n\tau_2, \cdots, \theta_n\tau_m]$ 称为 A 与 B 的乘积,记作 AB. 理想数的乘法满足交换律和结合律. k 个相同的理想数 A 的乘积记作 A^k,并且规定 A^0 $= I$. 对于 O_K 中的任何理想数 A,都有

$$AI = IA = A. \tag{1.3.4}$$

对于理想数 A, B,如果存在理想数 C 可使 $A = BC$,则称 B 能整除 A,记作 $B \mid A$,否则 $B \nmid A$. 当 $B \mid A$ 时,B 称为 A 的因子. 理想数 B 能整除 A 的充要条件是 $A \subseteq B$. 从(1.3.4)可知:任何理想数 A 都有因子 A 和 I,它们称为 A 的平凡因子. 仅有平凡因子的非单位理想数称为素理想数. 当 P 是素理想数时,如果 $P \mid AB$,则必有 $P \mid A$ 或 $P \mid B$.

任何非单位理想数都可分解成为有限多个素理想数的乘积,如果不计乘积中素理想数的排列次序,则这种分解是唯一的. 上述结果称为理想数的唯一分解定理.

当 $A = [\theta_1, \theta_2, \cdots, \theta_n]$, $B = [\tau_1, \tau_2, \cdots, \tau_m]$ 时,理想数 $D = [\theta_1, \theta_2, \cdots, \theta_n, \tau_1, \tau_2, \cdots, \tau_m]$ 具有下列性质:

(i) $D \mid A$ 且 $D \mid B$;

(ii) 如果理想数 C 满足 $C \mid A$ 以及 $C \mid B$,则必有 $C \mid D$;

(iii) D 中的每个数 η 都可表成 $\eta = \theta + \tau$,其中 θ, τ 分别是 A, B 中的数.

如此的 D 称为理想数 A 与 B 的最大公因子,记作 $\gcd(A, B)$. 如果 $\gcd(A, B) = I$,则称 A 与 B 是互素的. 另外,根据理想数的唯一分解定理也可定义最大公因子. 设 $P_1, P_2, \cdots, P_k$ 是 A 和 B 的所有不同的素理想因子. 此时有

$$A = P_1^{s_1} P_2^{s_2} \cdots P_k^{s_k}, B = P_1^{t_1} P_2^{t_2} \cdots P_k^{t_k}, \tag{1.3.5}$$

其中 $s_i, t_i (i = 1, 2, \cdots, k)$ 是适当的非负整数. 从(1.3.5)可知

$$\gcd(A, B) = P_1^{l_1} P_2^{l_2} \cdots P_k^{l_k}, \tag{1.3.6}$$

其中 $l_i = \min(s_i, t_i) (i = 1, 2, \cdots, k)$.

每个理想数 A 中都存在 d 个数 $\eta_1, \eta_2, \cdots, \eta_d$, 可使 A 中的任何一数 θ 都可唯一地表成

$$\theta = a_1\eta_1 + a_2\eta_2 + \cdots + a_d\eta_d, a_1, a_2, \cdots, a_d \in \mathbb{Z}. \quad (1.3.7)$$

如此的数组 $\{\eta_1, \eta_2, \cdots, \eta_d\}$ 称为 A 的一组基. 已知理想数 A 的基必为 K 的基, 而且同一理想数 A 的基有相同的判别式, 它称为 A 的判别式, 记作 $\Delta(A)$.

设 $\{\omega_1, \omega_2, \cdots, \omega_d\}$ 是 K 的一组整基, $\{\eta_1, \eta_2, \cdots, \eta_d\}$ 是理想数 A 的一组基. 由于 $\eta_1, \eta_2, \cdots, \eta_d$ 都是 O_K 中的代数整数, 故有整数 a_{ij} $(i, j = 1, 2, \cdots, d)$ 可使

$$\eta_i = \sum_{j=1}^{d} a_{ij}\omega_j, i = 1, 2, \cdots, d. \quad (1.3.8)$$

此时, 矩阵 $M = (a_{ij})_d$ 的行列式的绝对值与 K 的整基以及 A 的基的选择无关, 它称为理想数 A 的范数, 记作 $N(A)$. 当 $A = [\theta]$ 是主理想数时,

$$N([\theta]) = |N_{K/\mathbb{Q}}(\theta)|. \quad (1.3.9)$$

对于理想数 A、B, 必有 $N(AB) = N(A)N(B)$. 同时从 (1.2.10), (1.3.8) 可得

$$\Delta(A) = (N(A))^2 \Delta_K. \quad (1.3.10)$$

如果 O_K 中的代数整数 η, τ 满足 $A \mid [\eta - \tau]$, 则称 η 与 τ 对模 A 同余, 记作 $\eta \equiv \tau \pmod{A}$. 根据上述的同余关系, 可将 O_K 中的全体代数整数分成 $N(A)$ 类, 使得同类的数彼此对模 A 同余, 不同类的数互不同余. 这些类统称为模 A 的剩余类.

对于理想数 A, 必有正整数 a 可使

$$A \mid [a]. \quad (1.3.11)$$

当 $A = I$ 时, (1.3.11) 中的 $a = 1$; 当 $A \neq I$ 时, $a > 1$. 对于素理想数 P, 必有唯一的素数 p 适合 $P \mid [p]$. 如此的 p 称为 P 的相关素数. 此时存在正整数 f 可使

$$N(P) = p^f. \quad (1.3.12)$$

因为对于 O_K 中任何代数整数 θ 都有

$$\theta^{N(P)} \equiv \theta \pmod{P}, \quad (1.3.13)$$

所以(1.3.12)中的 f 称为素理想数 P 的剩余类域次数.

设 p 是素数. O_K 中的主理想数$[p]$有以下分解式

$$[p] = P_1^{e_1}P_2^{e_2}\cdots P_g^{e_g}, e_1, e_2, \cdots, e_g \in \mathbb{N}, \qquad (1.3.14)$$

其中 $P_1, P_2, \cdots, P_g$ 是不同的素理想数. (1.3.14)中的 g 称为 p 的分裂次数, $e_i(i=1,2,\cdots,g)$ 分别是 $P_i(i=1,2,\cdots,g)$ 的分岐指数. 当 $g=1$ 且 $e_1=1$ 时, $[p]$本身就是素理想数, 此时称 p 在 K 中是惯性的. 当 $e_1, e_2, \cdots, e_g$ 中至少有一数大于 1 时, 称 p 在 K 中是分岐的. 素数 p 在 K 中分岐的充要条件是 $p \mid \Delta_K$. 由于从(1.3.10)可知 $N([p]) = p^d$, 故从(1.3.14)可得 $N(P_i) = p^{f_i}(i=1,2,\cdots,g)$, 其中 $f_i(i=1,2,\cdots,g)$是适合

$$\sum_{i=1}^{g} e_i f_i = d. \qquad (1.3.15)$$

的正整数. 当 $g=d$ 时, 从(1.3.15)可得 $e_i=f_i=1(i=1,2,\cdots,g)$. 此时称 p 在 K 中是完全分裂的.

对于给定的非零整数 a 以及素数 p, 存在唯一的非负整数 k, 可使 $p^k \mid a$ 且 $p^{k+1} \nmid a$. 如此的 k 称为素数 p 在整数 a 中的阶, 记作 $\mathrm{ord}_p(a)$, 并且规定 $\mathrm{ord}_p(0)=\infty$. 根据理想数的唯一分解定理, 阶的概念可以推广到素理想数的情况. 对于给定的非零理想数 A 以及素理想数 P, 存在唯一的非负整数 k, 可使

$$A = P^k A', \qquad (1.3.16)$$

其中 A' 是适合 $\gcd(P, A')=I$ 的理想数. (1.3.16)中的 k 称为素理想数 P 在理想数 A 中的阶, 记作 $\mathrm{ord}_P(A)$, 并且规定 $\mathrm{ord}_P([0])=\infty$. 对于理想数 A、B 以及正整数 n, 显然有

$$\mathrm{ord}_P(AB) = \mathrm{ord}_P(A) + \mathrm{ord}_P(B), \mathrm{ord}_P(A^n)$$
$$= n\mathrm{ord}_P(A). \qquad (1.3.17)$$

设 η 是 O_K 中的非零代数整数. 对于主理想数$[\eta]$, 阶 $\mathrm{ord}_P([\eta])$通常记作 $\mathrm{ord}_P(\eta)$. 因此从前面的规定可得 $\mathrm{ord}_P(0)=\infty$. 显然, 当且仅当 η 是单位数时, 对于任何素理想数 P 都有 $\mathrm{ord}_P(\eta)=0$. 从(1.3.14)可知, 当 η 是整数时,

$$\mathrm{ord}_P(\eta) = e\,\mathrm{ord}_p(\eta), \qquad (1.3.18)$$

其中 p 是 P 的相关素数，e 是 P 的分歧指数.

设 θ 是 K 中代数数，$v=\text{den}(\theta)$. 已知 $v\theta$ 是 O_K 中的代数整数. 此时，

$$\text{ord}_P(\theta) = \text{ord}_P(v\theta) - \text{ord}_P(v) \qquad (1.3.19)$$

称为素理想数 P 在 θ 中的阶. 根据定义 (1.3.19) 可知：阶 $\text{ord}_P(\theta)$ 可以取负整数值. 当 $\text{ord}_P(\theta) \geqslant 0$ 时，θ 称为 P-adic 整数；特别是当 $\text{ord}_P(\theta)=0$ 时，θ 称为 P-adic 单位.

对于 O_K 中的非零代数整数 η，从 (1.1.12)，(1.2.7) 和 (1.3.9) 可知

$$N([\eta]) = |N_{K/\mathbb{Q}}(\eta)| \leqslant \overline{|\eta|}^d \leqslant (dH(\eta))^d; \qquad (1.3.20)$$

又从 (1.3.12) 可知

$$N([\eta]) \geqslant (N(P))^{\text{ord}_P(\eta)} \equiv p^{f\text{ord}_P(\eta)}. \qquad (1.3.21)$$

结合 (1.3.20) 和 (1.3.21) 立得

$$\text{ord}_P(\eta) \leqslant \frac{d\log dH(\eta)}{f\log p}. \qquad (1.3.22)$$

于是，从 (1.3.19)，(1.3.22) 可知：对于任何非零代数数 θ，必有

$$\text{ord}_P(\theta) < C_1(d)\log H(\theta). \qquad (1.3.23)$$

§1.4　理想类、理想类群

设 $K=\mathbb{Q}(\alpha)$ 是 d 次代数数域. 对于 O_K 中的理想数 A, B'，如果存在主理想数 $[\eta], [\tau]$，可使

$$[\eta]A = [\tau]B, \qquad (1.4.1)$$

则称 A 与 B 是相似的，记作 $A \sim B$. 理想数的相似是一种等价关系. 理想数 A 是主理想数的充要条件是 $A \sim I$. 当 $A \sim B$ 且 $A' \sim B'$ 时，必有 $AA' \sim BB'$. 当 $AC \sim BC$ 时，可得 $A \sim B$.

根据相似性，可将 O_K 中的全体理想数分成若干类，使得同类的理想数皆相似，不同类的理想数互不相似. 由相似的理想数组成的类称为理想类，包含单位理想数 I 的理想类称为主理想类.

当 K 是 r_1+2r_2 型数域时，O_K 中的每个理想类中都有适当的

理想数 A 满足

$$N(A) \leqslant M_K, \tag{1.4.2}$$

其中

$$M_K = \left(\frac{4}{\pi}\right)^{r_2} \frac{d!}{d^d} \sqrt{|\Delta_K|} \tag{1.4.3}$$

称为 K 的 Minkowski 常数. 由于范数 $N(A)$ 都是正整数,而且仅有有限多个不同的理想数有相同的范数,故从(1.4.2),(1.4.3)可知 O_K 中不同理想类的个数是有限的. 不同理想类的个数称为 K 的类数,记作 h_K.

显然,当且仅当 $h_K=1$ 时,O_K 是主理想整环. 此时 O_K 中的理想数都是主理想数,唯一分解定理在 O_K 中成立. 由此可知,类数的大小是衡量 O_K 中代数整数分解的复杂性的重要标准. 因此,关于类数的上下界的估计一直是一个引人注目的课题. 1969 年,Siegel[109]证明了:当 K 是 r_1+2r_2 型数域时,

$$h_K R_K < \frac{4\omega_K}{2^{r_1+r_2}\pi^{r_2}} \left[\frac{e}{(d-1)\left(1 + \frac{1}{2}\log\pi + \frac{r_2}{d}\log 2\right)} \right]^{d-1}$$

$$\cdot \sqrt{|\Delta_K|}(\log|\Delta_K|)^{d-1}. \tag{1.4.4}$$

此后 Lenstra[78]将上述结果改进为

$$h_K R_K < \frac{2^{r_2}\sqrt{|\Delta_K|}}{\pi^{r_2}(d-1)!} \left[\log\frac{2^{r_2}\sqrt{|\Delta_K|}}{\pi^{r_2}} \right]^{d-2}$$

$$\cdot \left[d - 1 + \log\frac{2^{r_2}\sqrt{|\Delta_K|}}{\pi^{r_2}} \right]^{r_2}. \tag{1.4.5}$$

另外,Quême[91]还运用比较初等的方法证明了:

$$h_K < M_K^{1+(\log d)/\log 2}. \tag{1.4.6}$$

关于 h_K 的下界,Stark[115]证明了:当 K 是 r_1+2r_2 型 Abel 数域时,

$$h_K R_K > \frac{\omega_K \sqrt{|\Delta_K|}}{2^{r_1+r_2+1}\pi^{r_2}} e^{2\Gamma'(1/2)/8(\log 3)\Gamma(1/2)-21/8}$$

$$\min\left(\frac{1}{4\log|\Delta_K|},\frac{1}{\pi\,|\Delta_K|^{1/d}}\right),\qquad(1.4.7)$$

其中 $\Gamma(z),\Gamma'(z)$ 分别是 Euler Γ 函数及其导函数. 最近, 乐茂华[77]对于 $2\nmid d$ 的情况改进了上述结果. 他证明了:

$$h_K R_K > \frac{\omega_K\sqrt{|\Delta_K|}}{2^{r_1+r_2}33\pi^{r_2}\log 4\,|\Delta_K|}.\qquad(1.4.8)$$

如果对于 K 中任意两个代数整数 θ,τ, 必有代数整数 η,δ 可使

$$\theta=\eta\tau+\delta,\ |N_{K/\mathbb{Q}}(\delta)|<|N_{K/\mathbb{Q}}(\tau)|,\qquad(1.4.9)$$

则称 K 是 Euclid 数域. 当 K 是 Euclid 数域时, 必有 $h_K=1$. 然而当 $h_K=1$ 时, K 不一定是 Euclid 数域.

设 $\mathscr{A},\mathscr{B}$ 是 O_K 中的理想类. 如果存在理想类 $\mathscr{C}$, 可对任何的理想数 $A\in\mathscr{A}$ 以及 $B\in\mathscr{B}$ 都有 $AB\in\mathscr{C}$, 则称 $\mathscr{C}$ 是 $\mathscr{A}$ 与 $\mathscr{B}$ 的乘积, 记作 $\mathscr{A}\mathscr{B}$. 已知 O_K 中的所有理想类对于理想类的乘法构成 Abel 群, 称为 K 的理想类群, 记作 $C(K)$. 此时, 主理想类是 $C(K)$ 的单位元, 记作 $\mathscr{I}$.

根据 Abel 群的基本性质可知: 对于 O_K 中的任何理想类 $\mathscr{A}$, 必有

$$\mathscr{A}^{h_K}=\mathscr{I}.\qquad(1.4.10)$$

从(1.4.10)可知存在正整数 n 可使

$$\mathscr{A}^n=\mathscr{I}.\qquad(1.4.11)$$

满足(1.4.11)的最小正整数 n 称为理想类 $\mathscr{A}$ 的阶, 记作 $\langle\mathscr{A}\rangle$. 显然, 正整数 n 满足(1.4.11)的充要条件是 $\langle\mathscr{A}\rangle\,|\,n$.

§1.5 二次域、二元二次型

次数等于 2 的代数数域称为二次域, 它是除有理数域外最简单的代数数域. 二次域以及与它平行的二元二次型理论, 在丢番图方程的讨论中有着十分重要的意义.

设 D 是无平方因数整数, $K=\mathbb{Q}(\sqrt{D})$. 此时 K 是二次域. 当

$D<0$ 时, K 是虚域, 称为虚二次域; 当 $D>0$ 时, K 是实域, 称为实二次域. 由于任何二次代数数 α 都可表成 $\alpha=(a+b\sqrt{D})/c$, 其中 a,b,c 是整数, D 是适当的无平方因数整数, 所以当 D 取遍所有的无平方因数整数时, 相应的 $\mathbb{Q}(\sqrt{D})$ 取遍所有的二次域.

K 中的任何一数 θ 都可唯一地表成

$$\theta=\frac{a+b\sqrt{D}}{2}, a,b\in\mathbb{Q};\qquad(1.5.1)$$

θ 是 O_K 中的代数整数的充要条件是 (1.5.1) 中的 a,b 为满足

$$\begin{cases} a\equiv b(\mathrm{mod}2), & \text{当 } D\equiv 1(\mathrm{mod}4) \text{ 时}, \\ a\equiv b\equiv 0(\mathrm{mod}2), & \text{当 } D\not\equiv 1(\mathrm{mod}4) \text{ 时}, \end{cases}\qquad(1.5.2)$$

的整数. 设

$$\omega(D)=\begin{cases} \dfrac{1+\sqrt{D}}{2}, & \text{当 } D\equiv 1(\mathrm{mod}4) \text{ 时}, \\ \sqrt{D}, & \text{当 } D\not\equiv 1(\mathrm{mod}4) \text{ 时}. \end{cases}\qquad(1.5.3)$$

从 (1.5.1), (1.5.2) 可知 $\{1,\omega(D)\}$ 是 K 的一组整基. 于是从 (1.5.3) 可知 K 的判别式

$$\Delta_K=\begin{cases} D, & \text{当 } D\equiv 1(\mathrm{mod}4) \text{ 时}, \\ 4D, & \text{当 } D\not\equiv 1(\mathrm{mod}4) \text{ 时}. \end{cases}\qquad(1.5.4)$$

因为 $x=\sqrt{D}$ 是代数方程

$$x^2-D=0\qquad(1.5.5)$$

的根, 而且它的另一个根是 $x=-\sqrt{D}$, 所以 K 的 Galois 群 Gal $(K/\mathbb{Q})=\{\sigma_1,\sigma_2\}$, 其中嵌入 σ_1,σ_2 满足

$$\sigma_1: \sigma_1\left(\frac{a+b\sqrt{D}}{2}\right)=\frac{a+b\sqrt{D}}{2},$$

$$\sigma_2: \sigma_2\left(\frac{a+b\sqrt{D}}{2}\right)=\frac{a-b\sqrt{D}}{2}.\qquad(1.5.6)$$

从 (1.5.1), (1.5.6) 可知

$$T_{K/\mathbb{Q}}(\theta)=a, N_{K/\mathbb{Q}}(\theta)=\frac{1}{4}(a^2-Db^2).\qquad(1.5.7)$$

当 $D<0$ 时, 因为 $r_k=0$, 故有

$$U_K = W_K = \begin{cases} \left\{ \pm 1, \pm \dfrac{1 + \sqrt{-3}}{2}, \pm \dfrac{-1 + \sqrt{-3}}{2} \right\}, & \text{当 } \Delta_K = -3 \text{ 时,} \\ \left\{ \pm 1, \pm \sqrt{-1} \right\}, & \text{当 } \Delta_K = -4 \text{ 时,} \\ \left\{ \pm 1 \right\}, & \text{当 } \Delta_K < -4 \text{ 时.} \end{cases}$$

$$(1.5.8)$$

当 $D > 0$ 时,由于 K 是实域,故有

$$W_K = \{\pm 1\}. \qquad (1.5.9)$$

又因 $r_K = 1$,所以根据 Dirichlet-Minkowski 单位定理,从(1.5.9)可知此时

$$U_K = \{\pm \eta^k\}, k \in \mathbb{Z}, \qquad (1.5.10)$$

其中

$$\eta = \frac{u_1 + v_1 \sqrt{D}}{2}, \qquad (1.5.11)$$

这里 $(u, v) = (u_1, v_1)$ 是 Pell 方程

$$u^2 - Dv^2 = \pm 4, u, v \in \mathbb{Z} \qquad (1.5.12)$$

的一组适合 $u_1 > 0, v_1 > 0$ 以及 $u_1 + v_1 \sqrt{D} \leqslant u + v \sqrt{D}$ 的解,其中 (u, v) 过方程(1.5.12)的所有正整数解. 如此的 η 称为实二次域 K 的基本单位数.

已知当且仅当 $D = -1, -2, -3, -7, -11$ 时,虚二次域 $\mathbb{Q}(\sqrt{D})$ 是 Euclid 数域;当且仅当 $D = 2, 3, 5, 6, 7, 11, 13, 17, 19, 21, 29, 33, 37, 41, 57, 73$ 时,实二次域 $\mathbb{Q}(\sqrt{D})$ 是 Euclid 数域[25].

关于类数等于 1 的二次域,Gauss[50] 曾经提出以下三个著名的猜想:

猜想 1.5.1 当 $D \to -\infty$ 时,虚二次域 $K = \mathbb{Q}(\sqrt{D})$ 的类数 $h_K \to \infty$.

猜想 1.5.2 对于任何给定的正整数 t,仅有有限多个虚二次域 K 可使 $h_K = t$;特别是当 $t = 1, 2, 3$ 时,仅有下列情况满足 $h_K = t$:

$$\begin{cases} D=-1,\ -2,\ -3,\ -7,\ -11, & \\ \quad -19,\ -43,\ -67,\ -163, & \text{当 } t=1 \text{ 时,} \\ D=-5,\ -6,\ -10,\ -13,\ -15,\ -22,\ -35, & \\ \quad -37,\ -51,\ -58,\ -91,\ -115,\ -123, & \text{当 } t=2 \text{ 时,} \\ \quad -187,\ -235,\ -267,\ -403,\ -427, & \\ D=-23,\ -31,\ -59,\ -83,\ -107,\ -139, & \\ \quad -211,\ -283,\ -307,\ -331,\ -379, & \text{当 } t=3 \text{ 时,} \\ \quad -499,\ -547,\ -643,\ -883,\ -907, & \end{cases}$$

猜想 1.5.3 存在无限多个类数等于 1 的实二次域.

上述的猜想 1.5.1 已被 Hecke[62], Deuring[27], Mordell[86], Heilbronn[64] 等人证实；猜想 1.5.2 中 $t=1$ 和 2 的情况已由 Baker[4,5] 和 Stark[113,114] 分别独立地解决了,他们的证明用到了 Gel'fond-Baker 方法以及 Heegner[63] 的结果；猜想 1.5.2 的一般情况则是由 Goldfeld[56], Gross 和 Zagier[57] 等人运用算术代数几何方法解决的. 据此,Oesterlé[89] 证明了：当 $D<0$ 时,

$$h_K > C_1(\log|\Delta_K|) \prod_{\substack{p|\Delta_K \\ p \neq |\Delta_K|}} \left(1 - \frac{[2\sqrt{p}]}{p+1}\right), \quad (1.5.13)$$

其中 p 是素数,$[2\sqrt{p}]$ 表示不超过 $2\sqrt{p}$ 的最大整数. 关于 (1.5.13) 中的常数 C_1,Oesterlé[89] 具体算出：$C_1 \geqslant 1/7000$. 目前已知的最好结果是由陆洪文[82] 得到的,他证明了：$C_1 \geqslant 1/54$. 根据结果 (1.5.13),Mestre[84] 解决了猜想 1.5.2 中 $t=3$ 时的情况,Arno[1],Wagner[127] 相继找出了所有类数等于 4,5,6 或 7 的虚二次域. 另外,猜想 1.5.3 是一个至今远未解决的难题,有关这方面的详细情况可参见文献[83].

对于整数 a,设 $\chi(a)$ 是二次域 $K=\mathbb{Q}(\sqrt{D})$ 的特征函数,$L(s,\chi)$ 是 χ 的 Dirichlet L 函数. 已知 K 的类数 h_K 可表成

$$h_K = \begin{cases} \dfrac{\omega_K \sqrt{|\Delta_K|}}{2\pi} L(1,\chi), & \text{当 } D<0 \text{ 时,} \\[3mm] \dfrac{\sqrt{\Delta_K}}{2\log\eta} L(1,\chi), & \text{当 } D>0 \text{ 时,} \end{cases} \quad (1.5.14)$$

其中 $\omega_K = |W_K|$ 是 K 中不同单位根的个数. 由于从文献[66]的定理 12.13.3 可知

$$|L(1,\chi)| < 1 + \frac{1}{2}\log|\Delta_K|,$$

故从(1.5.14)立得类数 h_K 的上界

$$h_K < \begin{cases} \dfrac{\omega_K\sqrt{|\Delta_K|}}{2\pi}\left(1 + \dfrac{1}{2}\log|\Delta_K|\right), & \text{当 } D < 0 \text{ 时}, \\ \dfrac{\sqrt{\Delta_K}}{2\log\eta}\left(1 + \dfrac{1}{2}\log\Delta_K\right), & \text{当 } D > 0 \text{ 时}. \end{cases}$$

设 D' 是非平方整数. 此时有适当的正整数 l 以及无平方因数整数 D 可使 $D' = Dl^2$. 如果整数 a,b,c 满足 $b^2 - ac = D'$, 而且当 $D' < 0$ 时 $a > 0$, 则称整系数多项式 $f(X,Y) = aX^2 + 2bXY + cY^2$ 是判别式等于 $4D'$ 的二元二次型, 简称型, 记作 $f = \{a, 2b, c\}$. 当 $\gcd(a, 2b, c) = 1$ 时, f 称为原型, 否则为非原型.

设 $SL_2(\mathbb{Z})$ 是全体行列式等于 1 的二阶整数矩阵的集合. 对于矩阵 $T = \begin{pmatrix} r & s \\ t & u \end{pmatrix} \in SL_2(\mathbb{Z})$, 多项式

$$g(X,Y) = f(rX + sY, tX + uY)$$

也是判别式等于 $4D'$ 的型. 如此的型 f 与 g 称为狭义相似的, 记作 $f \approx g$. 型的狭义相似是一种等价关系. 当 $f \approx g$ 时, f 与 g 同为原型或非原型.

对于给定的判别式 $4D'$, 可将全体判别式等于 $4D'$ 的原型分成若干类, 使得同类诸型皆狭义相似, 不同类的型互不相似. 如此分类所得的类数是有限的, 记作 $h(4D')$. 已知二次域的代数整数环中的理想数与原型、二次型的类数与原型的类数之间有着对应的关系(参见文献[83]第二章).

以下通过原型表整数理论, 给出一类基本的指数型丢番图方程的解公式. 这些结果在以后各章的讨论中经常用到, 其详细证明可参考文献[75], [76].

设 D_1, D_2 是适合 $D_1 > 0$, $\gcd(D_1, D_2) = 1$ 以及 $D_1 D_2 = D'$ 的整

数；k 是适合 $\gcd(k,D')=1$ 的整数，$\omega(k)$ 是 k 的不同素因数的个数，

$$\delta = \begin{cases} 1, \\ 4, \end{cases} \quad \delta' = \begin{cases} 1, & \text{当 } 2 \nmid k \text{ 时}, \\ 2, & \text{当 } 2 \mid k \text{ 时}. \end{cases}$$

引理 1.5.1 当方程

$$D_1 U^2 - D_2 V^2 = 1, U, V \in \mathbb{Z} \tag{1.5.15}$$

有解 (U,V) 时，如果方程

$$D_1 x^2 - D_2 y^2 = \delta k^z, x, y, z \in \mathbb{Z}, \gcd(x,y)$$
$$= 1, z > 0 \tag{1.5.16}$$

有解 (x,y,z)，则它的所有解可分成 $2^{\omega(k)-1}$ 个解类，使得下列结果成立：

(i) 每个解类 S 中恰有 1 组解 $(x,y,z) = (x_1, y_1, z_1)$ 满足

$$x_1 > 0, y_1 > 0, z_1 \leqslant z, \tag{1.5.17}$$

$$1 < \left| \frac{x_1 \sqrt{D_1} + y_1 \sqrt{D_2}}{x_1 \sqrt{D_1} - y_1 \sqrt{D_2}} \right|$$
$$< (u_1 + v_1 \sqrt{D'})^2, D' > 0, \tag{1.5.18}$$

$$h(4D') \equiv 0 \pmod{z_1}, \tag{1.5.19}$$

其中 z 过解类 S 中的所有解 (x,y,z)，$u_1 + v_1 \sqrt{D'}$ 是 Pell 方程

$$u^2 - D'v^2 = 1, u, v \in \mathbb{Z} \tag{1.5.20}$$

的基本解. 如此的 (x_1, y_1, z_1) 称为解类 S 中的最小解.

(ii) 如果 (x_1, y_1, z_1) 是解类 S 中的最小解，则 S 中的任何一组解 (x,y,z) 都可表成

$$z = z_1 t,$$

$$\frac{x \sqrt{D_1} + y \sqrt{D_2}}{\delta'}$$

$$= \begin{cases} \left(\dfrac{x_1 \sqrt{D_1} + \lambda y_1 \sqrt{D_2}}{\delta'}\right)^t (u + v \sqrt{D'}), \\ \qquad \text{当 } D_1 = 1 \text{ 或 } D_1 > 1 \text{ 且 } 2 \nmid t \text{ 时}, \\ \left(\dfrac{x_1 \sqrt{D_1} + \lambda y_1 \sqrt{D_2}}{\delta'}\right)^t (U \sqrt{D_1} + V \sqrt{D_2}), \\ \qquad \text{当 } D_1 > 1 \text{ 且 } 2 \mid t \text{ 时}, \end{cases}$$

$$(1.5.21)$$

其中 t 是正整数，$\lambda \in \{-1, 1\}$，(u, v)，(U, V) 分别是方程 (1.5.20)，(1.5.15) 的解.

引理 1.5.2 当方程 (1.5.15) 无解时，如果方程 (1.5.16) 有解 (x, y, z)，则它的所有解可分成若干个解类，其类数不超过 $2^{\omega(k)-1}$，并且有：

(i) 每个解类 S 中恰有 1 组解 $(x, y, z) = (x_1, y_1, z_1)$ 满足 (1.5.17)，(1.5.18) 以及

$$h(4D') \equiv 0 \pmod{2z_1} \qquad (1.5.22)$$

(ii) 如果 (x_1, y_1, z_1) 是解类 S 中的最小解，则 S 中的任何一组解 (x, y, z) 都可表成

$$z = z_1 t', \quad \frac{x \sqrt{D_1} + y \sqrt{D_2}}{\delta'}$$

$$= \left(\frac{x_1 \sqrt{D_1} + \lambda y_1 \sqrt{D_2}}{\delta'}\right)^{t'} (u + v \sqrt{D'}), \quad (1.5.23)$$

其中 t' 是正奇数，$\lambda \in \{-1, 1\}$，(u, v) 是方程 (1.5.20) 的解.

当 k 是适合 $\gcd(k, D') = 1$ 的素数时，由于 $\omega(k) = 1$，故从引理 1.5.1 和 1.5.2 直接可得：

推论 1.5.1 当 D' 是奇数时，如果方程

$$D_1 x^2 - D_2 y^2 = 2^{z+2}, x, y, z \in \mathbb{Z}, \gcd(x, y)$$

$$= 1, z > 0 \qquad (1.5.24)$$

有解 (x, y, z)，则它有唯一的解 $(x, y, z) = (x_1, y_1, z_1)$ 满足 (1.5.17)，(1.5.18) 以及

$$h(4D') \equiv \begin{cases} 0(\mathrm{mod}z_1), & \text{当方程}(1.5.15)\text{有解时}, \\ 0(\mathrm{mod}2z_1), & \text{当方程}(1.5.15)\text{无解时}, \end{cases}$$

$$(1.5.25)$$

这里的 z 过方程 $(1.5.24)$ 的所有解 (x,y,z). 如此的 (x_1,y_1,z_1) 称为方程 $(1.5.24)$ 的最小解. 当方程 $(1.5.15)$ 有解时, 方程 $(1.5.24)$ 的任何一组解 (x,y,z) 都可表成

$$z = z_1 t, \frac{x\sqrt{D_1} + y\sqrt{D_2}}{2}$$

$$= \begin{cases} \left[\dfrac{x_1\sqrt{D_1} + \lambda y_1\sqrt{D_2}}{2} \right]^t (u + v\sqrt{D'}), \\ \qquad \text{当 } D_1 = 1 \text{ 或 } D_1 > 1 \text{ 且 } 2 \nmid t \text{ 时}, \\ \left[\dfrac{x_1\sqrt{D_1} + \lambda y_1\sqrt{D_2}}{2} \right]^t (U\sqrt{D_1} + V\sqrt{D_2}), \\ \qquad \text{当 } D_1 > 1 \text{ 且 } 2 \mid t \text{ 时}, \end{cases} \quad (1.5.26)$$

其中 t 是正整数, $\lambda \in \{-1,1\}$, (u,v), (U,V) 分别是方程 $(1.5.20)$, $(1.5.15)$ 的解; 当方程 $(1.5.15)$ 无解时, 该方程的任何一组解 (x,y,z) 都可表成

$$z = z_1 t', \frac{x\sqrt{D_1} + y\sqrt{D_2}}{2}$$

$$= \left[\frac{x_1\sqrt{D_1} + \lambda y_1\sqrt{D_2}}{2} \right]^{t'} (u + v\sqrt{D'}), \quad (1.5.27)$$

其中 t' 是正奇数, $\lambda \in \{-1,1\}$, (u,v) 是方程 $(1.5.20)$ 的解.

推论 1.5.2 设 p 是适合 $p \nmid D'$ 的奇素数. 如果方程

$$D_1 x^2 - D_2 y^2 = p^z, x, y, z \in \mathbb{Z}, \gcd(x,y)$$

$$= 1, z > 0 \quad (1.5.28)$$

有解 (x,y,z), 则它有唯一的解. $(x,y,z) = (x_1,y_1,z_1)$ 满足 $(1.5.17)$, $(1.5.18)$ 以及 $(1.5.25)$, 这里的 z 过该方程的所有解 (x,y,z). 如此的 (x_1,y_1,z_1) 称为方程 $(1.5.28)$ 的最小解. 当方程

(1.5.15)有解时,方程(1.5.28)的任何一组解(x,y,z)都可表成

$$z = z_1 t, x\sqrt{D_1} + y\sqrt{D_2}$$

$$= \begin{cases} \left(x_1\sqrt{D_1} + \lambda y_1\sqrt{D_2}\right)^t\left(u + v\sqrt{D'}\right), \\ \qquad \text{当 } D_1 = 1 \text{ 或 } D_1 > 1 \text{ 且 } 2\nmid t \text{ 时}, \\ \left(x_1\sqrt{D_1} + \lambda y_1\sqrt{D_2}\right)^t\left(U\sqrt{D_1} + V\sqrt{D_2}\right), \\ \qquad \text{当 } D_1 > 1 \text{ 且 } 2\mid t \text{ 时}, \end{cases} \quad (1.5.29)$$

其中 t 是正整数,$\lambda \in \{-1,1\}$,(u,v),(U,V) 分别是方程 (1.5.20),(1.5.15)的解;当方程(1.5.15)无解时,该方程的任何一组解(x,y,z)都可表成

$$z = z_1 t', x\sqrt{D_1} + y\sqrt{D_2}$$

$$= \left(x_1\sqrt{D_1} + \lambda y_1\sqrt{D_2}\right)^{t'}\left(u + v\sqrt{D'}\right), \quad (1.5.30)$$

其中 t' 是正奇数,$\lambda \in \{-1,1\}$,(u,v) 是方程(1.5.20)的解.

推论 1.5.3 设 D_1、D_2 是互素的正整数,p 是适合 $p\nmid D_1 D_2$ 的奇素数. 如果方程

$$D_1 x^2 + D_2 y^2 = 4p^z, x,y,z \in \mathbb{Z}, \gcd(x,y)$$
$$= 1, z > 0 \quad (1.5.31)$$

有解(x,y,z),则它有唯一的正整数解(x_1,y_1,z_1)适合 $z_1 \leqslant z$ 以及

$$h(-4D_1 D_2) \equiv \begin{cases} 0(\bmod 3z_1), \text{当 } \min(D_1,D_2) = 1 \text{ 时}, \\ 0(\bmod 6z_1), \text{当 } \min(D_1,D_2) > 1 \text{ 时}, \end{cases}$$
$$\quad (1.5.32)$$

其中 z 过该方程的所有解(x,y,z). 如此的(x_1,y_1,z_1)称为方程 (1.5.31)的最小解. 此时,该方程的任何一组解(x,y,z)都可表成

$$z = z_1 t, t \in \mathbb{N}, \begin{cases} 3\nmid t, \qquad \text{当 } \min(D_1,D_2) = 1 \text{ 时}, \\ \gcd(6,t) = 1, \text{当 } \min(D_1,D_2) > 1 \text{ 时}, \end{cases}$$
$$\quad (1.5.33)$$

$$\frac{x\sqrt{D_1} + y\sqrt{-D_2}}{2}$$

$$= \lambda_1 \left[\frac{x_1 \sqrt{D_1} + \lambda_2 y_1 \sqrt{-D_2}}{2} \right]^t, \lambda_1, \lambda_2 \in \{-1, 1\}.$$

$$(1.5.34)$$

推论 1.5.4 设 D_1, D_2 是互素的正整数, p 是适合 $p \nmid D_1 D_2$ 的奇素数. 如果方程

$$D_1 x^2 + D_2 y^2 = 2p^z, x, y, z \in \mathbb{Z}, \gcd(x, y) = 1, z > 0$$

$$(1.5.35)$$

有解 (x, y, z), 则它必有唯一的正整数解 (x_1, y_1, z_1) 适合 $z_1 \leqslant z$ 以及

$$h(-4D_1 D_2) \equiv 0 \pmod{2z_1}, \qquad (1.5.36)$$

其中 z 过该方程的所有解 (x, y, z). 如此的 (x_1, y_1, z_1) 称为方程 (1.5.35) 的最小解. 此时, 该方程的任何一组解 (x, y, z) 都可表成

$$z = z_1 t, t \in \mathbb{N}, 2 \nmid t, \qquad (1.5.37)$$

$$\frac{x \sqrt{D_1} + y \sqrt{-D_2}}{\sqrt{2}}$$

$$= \lambda_1 \left[\frac{x_1 \sqrt{D_1} + \lambda_2 y_1 \sqrt{-D_2}}{\sqrt{2}} \right]^t, \lambda_1, \lambda_2 \in \{-1, 1\}.$$

$$(1.5.38)$$

从上述结果可知: 形如 (1.5.16) 的方程的所有解都可由有限多个最小解生成, 这些最小解的上界都与判别式等于 $4D_1 D_2$ 的二元二次原型的类数 $h(4D_1 D_2)$ 有关. 对于非平方整数 D', 类数 $h(4D')$ 有上界

$$h(4D') < \begin{cases} \dfrac{2\sqrt{|D'|}}{\pi} \left(1 + \dfrac{1}{2} \log|D'| \right), & \text{当 } D' < 0 \text{ 时}, \\[3mm] \dfrac{2\sqrt{D'}}{\log(u_1 + v_1 \sqrt{D'})} \left(1 + \dfrac{1}{2} \log D' \right), & \text{当 } D' > 0 \text{ 时}. \end{cases}$$

$$(1.5.39)$$

§1.6 分解型

设 d 是大于 1 的正整数, $f(X)$ 是可表成 (1.1.1) 的 d 次本原多项式. 如果 $f(X)$ 在 $\mathbb{Q}$ 上是不可约的, 则称相应的二元齐次多项式 $f(X,Y)=a_0X^d+a_1X^{d-1}Y+\cdots+a_dY^d$ 是一个二元 d 次原型, 记作 $f=\{a_0,a_1,\cdots,a_d\}$. 它是二元二次原型的推广. 设 $x=\alpha$ 是代数方程 (1.1.2) 的根, $\sigma_i(\alpha)(i=1,2,\cdots,d)$ 是 α 的全体共轭数. 此时,

$$H_f = \max(|a_0|,|a_1|,\cdots,|a_d|),$$

$$\Delta_f = a_0^{2d-2} \prod_{1 \le i < j \le d} (\sigma_i\alpha - \sigma_j\alpha)^2 \qquad (1.6.1)$$

分别称为 $f(X,Y)$ 的高和判别式.

设 $GL_2(\mathbb{Z})$ 是全体行列式等于 ± 1 的二阶整数矩阵的集合. 对于 $T = \begin{bmatrix} r & s \\ t & u \end{bmatrix} \in GL_2(\mathbb{Z})$, 多项式

$$g(X,Y) = f(rX+sY, tX+uY) \qquad (1.6.2)$$

也是判别式等于 Δ_f 的二元 d 次原型. 如此的 $f(X,Y),g(X,Y)$ 称为是广义相似的, 记作 $f(X,Y) \sim g(X,Y)$. 二元 d 次原型的广义相似是一种等价关系. 根据广义相似性, 可将所有判别式相同的二元 d 次原型分成若干类, 使得同类诸型皆广义相似, 不同类的型互不相似. 由相似的型组成的类称为等价类.

如果当 $g(X,Y)$ 过所有与 $f(X,Y)$ 广义相似的型时, 都有 $H_f \le H_g$, 则称 $f(X,Y)$ 是其所在的等价类中的约化型. 设 $f(X,Y)$ 是二元 d 次约化型. 早在 1773 年, Lagrange[68] 已经证明: 当 $d=2$ 时,

$$H_f < C_1(|\Delta_f|). \qquad (1.6.3)$$

1851 年, Hermite[65] 将上述结果推广到了 $d=3$ 的情况. 1972 年, Birch 和 Merriman[12] 解决了一般的情况. 他们证明了: 当 $d>3$ 时,

$$H_f < C_1^*(d, |\Delta_f|). \qquad (1.6.4)$$

从 (1.6.3), (1.6.4) 可知: 判别式等于给定整数的二元 d 次原型

等价类的个数是有限的.

由于约化型在同类诸型中有最小的高,所以有关它的算术性质颇受注意.关于二元 d 次约化型 $f(X,Y)$ 的高,Györy[58] 在 1973 年首先给出了可有效计算的上界.他证明了:当 $a_0=1$ 时,

$$H_f < C_2(d, |\Delta_L|)|\Delta_f|^{C_3(d, |\Delta_L|)}, \qquad (1.6.5)$$

其中 Δ_L 是 α 的分裂域 L 的判别式.1991 年,Evertse 和 Györy[39] 证明上界(1.6.5)在 $a_0 \neq 1$ 时也成立.此后,Evertse[36] 还将上界(1.6.4)改进为

$$H_f < C_2^*(d, |\Delta_L|)|\Delta_f|^{21/(d-1)}. \qquad (1.6.6)$$

由于 Lewis 和 Mahler[79] 已经给出了 H_f 的下界

$$H_f \geqslant d^{-1-1/(2d-2)}|\Delta_f|^{1/(2d-2)}, \qquad (1.6.7)$$

所以上界(1.6.6)是一个很强的结果.

设 $\alpha_1, \alpha_2, \cdots, \alpha_n$ 是在 $\mathbb{Q}$ 上线性无关的代数数,$K = \mathbb{Q}(\alpha_1, \alpha_2, \cdots, \alpha_n)$ 是 d 次代数数域.此时,

$$M(\alpha_1, \alpha_2, \cdots, \alpha_n) = \alpha_1 x_1 + \alpha_2 x_2 + \cdots$$
$$+ \alpha_n x_n, x_1, x_2, \cdots, x_n \in \mathbb{Z} \qquad (1.6.8)$$

称为 K 的一个线性 $\mathbb{Z}$ -模,简称模.如果 α_1、α_2、$\cdots$、α_n 中包含 K 的一组基,则称 $M(\alpha_1, \alpha_2, \cdots, \alpha_n)$ 是 K 中的完全模.对于 K 的模 $M(\alpha_1, \alpha_2, \cdots, \alpha_n)$,如果存在 K 的子域 L,这里 L 既不是有理数域也不是虚二次域,可使 $M(\alpha_1, \alpha_2, \cdots, \alpha_n)$ 是 L 中的完全模,则称它在 K 中是退化的,否则是非退化的.

设 $\sigma_i(i=1,2,\cdots,d)$ 是从 K 到 $\mathbb{C}$ 的 d 个嵌入.对于 K 中的数 θ,设 $\theta^{(i)} = \sigma_i(\theta)(i=1,2,\cdots,d)$.如果 $M(\alpha_1, \alpha_2, \cdots, \alpha_n)$ 是 K 的模,则有正整数 a 可使

$$f(X_1, X_2, \cdots, X_n) = a\prod_{i=1}^{d}(\alpha_1^{(i)}X_1 + \alpha_2^{(i)}X_2 + \cdots + \alpha_n^{(i)}X_n)$$

$$(1.6.9)$$

为系数互素的 n 元 d 次齐次整系数多项式,称为 K 上的 n 元 d 次模型.显然,以上提到的二元 d 次原型是它在 $n=2$ 时的特例.

更一般地,如果系数互素的 n 元 d 次齐次整系数多项式 f

$(X_1, X_2, \cdots, X_n)$可表成

$$f(X_1, X_2, \cdots, X_n) = a \prod_{i=1}^{d} (\beta_{i1} X_1 + \beta_{i2} X_2 + \cdots + \beta_{in} X_n),$$

(1.6.10)

其中 a 是非零整数, $\beta_{ij} (i=1, 2, \cdots, d; j=1, 2, \cdots, n)$ 是代数数, 则称它是 n 元 d 次分解型. 对于一般的分解型也可引入广义相似、等价类、约化型等概念, 并且已经得到了与二元 d 次原型类似的结果(参见文献[34], [40], [41], [42], [60], [61]).

从(1.6.9)可知模型是一类分解型. 除此以外, 还有以下两类讨论较多的分解型. 设 $M(\alpha_1, \alpha_2, \cdots, \alpha_n)$ 是 K 的模,

$$M^{(i)}(\alpha_1, \alpha_2, \cdots, \alpha_n) = \alpha_1^{(i)} X_1 + \alpha_2^{(i)} X_2 + \cdots + \alpha_n^{(i)} X_n,$$
$$i = 1, 2, \cdots, d. \tag{1.6.11}$$

此时

$$D(X_1, X_2, \cdots, X_n) = a \prod_{1 \leqslant i < j \leqslant d} (M^{(i)}(\alpha_1, \alpha_2, \cdots, \alpha_n)$$

$$- M^{(j)}(\alpha_1, \alpha_2, \cdots, \alpha_n))^2, a \in \mathbb{N} \tag{1.6.12}$$

称为关于代数数 $\alpha_1, \alpha_2, \cdots, \alpha_n$ 的判别式型. 它是一类 n 元 $d(d-1)/2$ 次分解型. 另外, 当 $\{1, \alpha_1, \cdots, \alpha_{d-1}\}$ 是 K 的一组整基时, 从(1.2.10)可知

$$\prod_{1 \leqslant i < j \leqslant d} (M^{(i)}(\alpha_1, \alpha_2, \cdots, \alpha_{d-1}) - M^{(j)}(\alpha_1, \alpha_2, \cdots, \alpha_{d-1}))^2$$

$$= I^2(X_1, X_2, \cdots, X_{d-1}) \Delta_K, \tag{1.6.13}$$

其中 $I(X_1, X_2, \cdots, X_{d-1})$ 是整系数多项式. 如此的 $I(X_1, X_2, \cdots, X_{d-1})$ 称为关于整基 $\{1, \alpha_1, \cdots, \alpha_{d-1}\}$ 的指标型. 它是一类 $d-1$ 元 $(d-1)(d-2)/2$ 次分解型.

§1.7 代数数的有理逼近

设 α 是 $d(d \geqslant 2)$ 次代数数. 1844 年, Liouville[80]证明了: 对于任何正数 δ, 不等式

$$\left| \alpha - \frac{x}{y} \right| < \frac{1}{y^{d+\delta}}, x, y \in \mathbb{Z}, y > 0, \gcd(x, y) = 1$$

$$(1.7.1)$$

仅有有限多组解 (x, y). 上述结果称为 Liouville 定理. 该定理揭示了代数数的有理逼近的基本特性,即任何给定的代数数都不会有很多的有理数能很好地逼近它.

设 κ 是使得当 $\upsilon > \kappa$ 时,不等式

$$\left| \alpha - \frac{x}{y} \right| < \frac{1}{y^{\upsilon}}, x, y \in \mathbb{Z}, y > 0, \gcd(x, y) = 1 \quad (1.7.2)$$

仅有有限多组解 (x, y) 的最小正数. 根据 Liouville 定理可知 $\kappa \leqslant d$. 此后,Thue,Siegel,Dyson,Gel′fond 等人相继改进了 κ 的上界(参见文献[101]). 1955 年,Roth[92]证明了:$\kappa \leqslant 2$. 上述结果称为 Roth 定理. 由于已知当 α 是无理数时,存在 α 的无限多个渐近分数 x/y 满足

$$\left| \alpha - \frac{x}{y} \right| < \frac{1}{y^2}, x, y \in \mathbb{Z}, y > 0, \gcd(x, y) = 1. \quad (1.7.3)$$

因此 Roth 定理在一般情况下是臻于至善的,它是丢番图逼近方面最重要的结果之一. 另外,Lang[70]和 Schmidt[104]还分别进一步提出了以下猜想:

猜想 1.7.1 当 $d > 2$ 时,对于任何正数 δ,不等式

$$\left| \alpha - \frac{x}{y} \right| < \frac{1}{y^2 (\log y)^{1+\delta}}, x, y \in \mathbb{Z}, y > 0, \gcd(x, y) = 1$$

仅有有限多组解 (x, y).

猜想 1.7.2 当 $d > 2$ 时,不等式

$$\left| \alpha - \frac{x}{y} \right| < \frac{C_1(\alpha)}{y^2}, x, y \in \mathbb{Z}, y > 1, \gcd(x, y) = 1$$

无解 (x, y).

这是两个至今尚未解决的问题,它们的解决必将对丢番图方程的研究带来突破性的进展.

当 $d > 2$ 时,对于正数 δ,设 $N(\alpha, \delta)$ 是满足不等式

$$\left| \alpha - \frac{x}{y} \right| < \frac{1}{y^{2+\delta}}, x, y \in \mathbb{Z}, y > 0, \gcd(x, y) = 1$$

$$(1.7.4)$$

的有理数 x/y 的个数. 1955 年, Davenport 和 Roth[26]首先给出了 $N(\alpha,\delta)$的可有效计算的上界. 他们证明了: 当 $0<\delta<1$ 时,

$$N(\alpha,\delta) < e^{70d^2/\delta^2}. \qquad (1.7.5)$$

此后, Bombieri 和 van der Poorten[16], Mueller 和 Schmidt[88]在 $0<\delta<1$ 的条件下, 分别将上界(1.7.5)改进为

$$N(\alpha,\delta) < \frac{\max(0, \log h(\alpha))}{\log(1+\delta)} + \frac{10^8}{\delta^5}(\log 2d)^2 \log \frac{2500\log 2d}{\delta^2}$$

$$(1.7.6)$$

以及

$$N(\alpha,\delta) < \frac{\max(0, \log h(\alpha))}{\log(1+\delta)} + \frac{2 \cdot 10^5}{\delta^5}(\log d)^2 \log \frac{200\log d}{\delta^2}.$$

$$(1.7.7)$$

另外, 对于 $1 \leqslant \delta \leqslant d-2$ 的情况, Schmidt[106]证明了:

$$N(\alpha,\delta) < \frac{\max(0, \log h(\alpha))}{\log(1+\delta)} + C_2(\alpha)\left(\frac{\log d}{\log(2+\delta)}\right)^2$$

$$\cdot \left(1 + \frac{\log\log d}{\log(2+\delta)}\right). \qquad (1.7.8)$$

对于复数 θ, 设 $\|\theta\|$ 表示 θ 与最邻近的整数之间的差. 根据 Roth 定理可知: 对于任何正数 δ, 仅有有限多个正整数 y 可使

$$y^{1+\delta} \|y\alpha\| < 1. \qquad (1.7.9)$$

1970 年, Schmidt[98]对 Roth 定理作了重要的推广. 他证明了: 如果代数数 $1, \alpha_1, \cdots, \alpha_n$ 在 $\mathbb{Q}$ 上线性无关, 则对于任何正数 δ, 仅有有限多组非零整数 $(y_1, y_2, \cdots, y_n)$ 可使

$$|y_1 y_2 \cdots y_n|^{1+\delta} \|y_1\alpha_1 + y_2\alpha_2 + \cdots + y_n\alpha_n\| < 1.$$

$$(1.7.10)$$

上述结果称为 Schmidt 定理. 该定理的提出使得诸如多元分解型方程等以往很难处理的丢番图方程问题的解决成为可能. 在此基础上, Schmidt[99]建立了有关代数数联立逼近的子空间理论. 由于

运用定量化的子空间理论,可以得出适合(1.7.10)的非零整数组
$(y_1, y_2, \cdots, y_n)$个数的可有效计算的上界,所以它在讨论方程的解
数问题时有着广泛的应用.有关子空间理论及其推广形式可参考
文献[95],[96],[97],[100],[102],[103],[104],[105].另外,
Bombieri[15],Evertse[35],Faltings[44],Faltings 和 Wüstholz[45],
Ferretti[48],van der Put[122],Vojta[123,124]等人还将以量化的子空间
理论为基础的丢番图逼近方法与Faltings[43]有关 Abel 簇的算术
代数几何方法相结合,对于著名的 Mordell 猜想(参见本书§4.6
节)及其有关的结果给出了新的证明.

上述以 Roth 定理、Schmidt 定理为基础的丢番图逼近方法通
常称为 Thue-Siegel-Roth-Schmidt 方法.此类方法在本质上是非
实效的.例如,根据 Roth 定理可知仅有有限多个有理数x/y适合
(1.7.4),并且可以得到其个数的可有效计算的上界,但是却无法
得到$\max(|x|, |y|)$的上界.这就使得该方法的应用受到了限制.

1964 年,Baker[2]对 Liouville 定理作出了实效性的推广.他证
明了:当$d > 2$时,对于正数δ,存在可有效计算的常数$C_3(\delta, \alpha)$,可
使不等式

$$\left| \alpha - \frac{x}{y} \right| > \frac{C_3(\delta, \alpha)}{y^{d-\delta}}, x, y \in \mathbb{Z}, y > 0, \gcd(x, y) = 1$$

(1.7.11)

成立.上述结果称为实效的 Liouville 定理,这是目前仅有的一类
实效性的丢番图逼近定理.30 多年来,Feldman,Osgood,Györy 和
Papp 等人相继改进了(1.7.11)中的常数$C_3(\delta, \alpha)$.迄今有关这方
面的最好结果是由 Bugeaud 和 Györy[18]得到的.设$K = \mathbb{Q}(\alpha)$.他
们证明了:当$0 < \delta \leqslant (3^{d+26} d^{15d+20} R_K \log \max(e, R_K))^{-1}$时,

$$C_3(\delta, \alpha) > 2^{-2(d-t)/t} A^{-(d^2+1)(d+2)/t} e^{-R_K/t}, \quad (1.7.12)$$

其中$A = \max(e, h(\alpha))$,

$$t = \begin{cases} 1, & \text{当 } K \text{ 是实域时}, \\ 2, & \text{当 } K \text{ 是虚域时}. \end{cases} \quad (1.7.13)$$

另外,文献[10],[21],[22],[23],[33]还分别对某些三次代数数

给出了比较精确的结果.

1980 年,Györy[59]对于多个代数数的情况给出了实效性的 Liouville 定理. 设 $K = \mathbb{Q}(\alpha_1, \alpha_2, \cdots, \alpha_n)$ 是 d 次代数数域. 他证明了: 当 $d > 2$ 且 $1, \alpha_1, \cdots, \alpha_n$ 在 $\mathbb{Q}$ 上线性无关时,对于正数 δ,必有

$$\| y_1\alpha_1 + y_2\alpha_2 + \cdots + y_n\alpha_n \| > C_4(\delta, \alpha_1, \cdots, \alpha_n)y^{-(d-t-\delta)/t},$$

$$(1.7.14)$$

$$y_1, y_2, \cdots, y_n \in \mathbb{Z}, (y_1, y_2, \cdots, y_n) \neq (0, 0, \cdots, 0),$$

其中 $y = \max(|y_1|, |y_2|, \cdots, |y_n|)$,$t$ 适合 $(1.7.13)$. 关于 $(1.7.14)$ 中的常数 $C_4(\delta, \alpha_1, \cdots, \alpha_n)$,目前已知的最好结果也是由 Bugeaud 和 Györy[18]得到的. 设 $K_0 = \mathbb{Q}, K_i = \mathbb{Q}(\alpha_1, \cdots, \alpha_i)(i = 1, 2, \cdots, n)$. 他们证明了:当 $[K_i : K_{i-1}] \geqslant 3 (i = 1, 2, \cdots, n)$ 时,对于适合 $0 < \delta < (3^{d+26}d^{15d+20}R_K\log\max(e, R_K))^{-1}$ 的正数 δ,

$$C_4(\delta, \alpha_1, \cdots, \alpha_n) < (2n)^{-2(d-t)/t}A^{-(d^2+1)(nd+2)/t}e^{-R_K/t},$$

$$(1.7.15)$$

其中 $A = \max(e, h(\alpha_1), \cdots, h(\alpha_n))$.

§1.8 代数数对数线性型的下界估计

设 $\alpha_1, \alpha_2, \cdots, \alpha_n$ 是不等于 0 或 1 的代数数,$\log\alpha_i (i = 1, 2, \cdots, n)$ 分别是 $\alpha_i (i = 1, 2, \cdots, n)$ 的任意给定的对数值. 对于代数数 $\beta_0, \beta_1, \cdots, \beta_n$,

$$\Lambda = \beta_0 + \beta_1\log\alpha_1 + \beta_2\log\alpha_2 + \cdots + \beta_n\log\alpha_n \quad (1.8.1)$$

称为关于代数数 $\alpha_1, \alpha_2, \cdots, \alpha_n$ 的 n 维对数线性型,简称线性型. 当 $\beta_0 = 0$ 时,Λ 称为齐次的,否则是非齐次的;特别是当 $\beta_0 = 0$ 且 $\beta_1, \beta_2, \cdots, \beta_n$ 均为整数时,Λ 称为有理的. 本书在绪论中介绍了有关线性型的历史背景. 本节将对 $\Lambda \neq 0$ 的情况,比较详细地介绍 $|\Lambda|$ 的下界估计及其 p-adic 形式,它们是 Gel'fond-Baker 方法的基本内容.

设 $K = \mathbb{Q}(\alpha_1, \alpha_2, \cdots, \alpha_n, \beta_0, \beta_1, \cdots, \beta_n)$ 是 d 次代数数域;$A_i =$

$\max(e, H(\alpha_i))(i=1, 2, \cdots, n)$，并且假定 $A_1 \leqslant A_2 \leqslant \cdots \leqslant A_n; A = A_n, A' = A_{n-1}, B = \max(e, H(\beta_0), H(\beta_1), \cdots, H(\beta_n))$. 本节假定线性型 $\Lambda \neq 0$.

1923 年，Morduchai-Boltovskoj[87]首先对比较一般的情况给出了 $|\Lambda|$ 的下界. 他证明了：当 $n=1$ 且 β_0, β_1 均为整数时，

$$\log|\Lambda| > -C_1(d, A)\log B. \qquad (1.8.2)$$

1935 年，Gel'fond[51]证明了：当 Λ 是二维有理型时，

$$\log|\Lambda| > -C_2(d, \kappa, A)(\log B)^\kappa, \qquad (1.8.3)$$

其中 κ 是适合 $\kappa > 5$ 的整数. 此后，Gel'fond[51,52]又将条件"$\kappa > 5$"依次改进为"$\kappa > 3$"和"$\kappa > 2$".

对于一般的正整数 n，Gel'fond[53]给出了 $|\Lambda|$ 的非实效的下界估计. 他证明了：当 Λ 是有理型时，对于任何正数 δ，必有

$$\log|\Lambda| > -C_1^*(n, d, \delta, A)B. \qquad (1.8.4)$$

关于 $|\Lambda|$ 的可有效计算的下界首先是由 Baker 得到的. 1966 年，Baker[3,1,II]证明了：当 Λ 是齐次型时，

$$\log|\Lambda| > -C_3(n, d, \kappa, A)(\log B)^\kappa, \qquad (1.8.5)$$

其中 κ 是适合 $\kappa > 2n+1$ 的整数. 1968 年，Baker[3,II]将结果 (1.8.5)推广到了非齐次型的情况，并且把条件"$\kappa > 2n+1$"改进为

$$\kappa > \begin{cases} n+1, & \text{当 } \Lambda \text{ 是非齐次型时,} \\ n, & \text{当 } \Lambda \text{ 是齐次型时.} \end{cases}$$

同年，Fel'dman[46,47]进一步证明了：

$$\log|\Lambda| > -C_4(n, d)(\log A)^{C_5(n)}\log B. \qquad (1.8.6)$$

设 $\Omega = (\log A_1)(\log A_2)\cdots(\log A_n)$，$\Omega' = \Omega/\log A_n$. 1975 年，Baker[6,II]对下界(1.8.4)作了本质上的改进. 他证明了：

$$\log|\Lambda| > -C_6(n, d)\Omega(\log\Omega)\log B. \qquad (1.8.7)$$

次年，van der Poorten[117]指出：(1.8.7)中的"$\log\Omega$"项在某些情况下可换成"$\log\Omega'$". 根据这一思路，Baker[8]在 1977 年得到了以下一般性的结果：

$$\log|\Lambda| > -C_7(n, d)\Omega(\log\Omega')\log B\Omega; \qquad (1.8.8)$$

特别是当 Λ 为有理型时,

$$\log|\Lambda| > -C_7(n,d)\Omega(\log\Omega')\log B, \qquad (1.8.9)$$

其中 $C_7(n,d) \leqslant (16nd)^{200n}$. 在此期间,Shorey[107],van der Poorten 和 Loxton[120]等人分别对某些特殊情况改进了(1.8.8)和(1.8.9)中的常数 $C_7(n,d)$.

1980 年,Waldschmidt[128]对下界(1.8.8)作了很大的改进,他证明其中的"$\log\Omega'$"和"$\log B\Omega$"两项分别可以换成"$\log\log A'$"和"$\log(B\log A)$". 在文献[128]以及后来的工作中,通常用代数数 α 的 Weil 高 $h(\alpha)$ 来代替高 $H(\alpha)$. 设

$$V_i = \max\left(h(\alpha_i), \frac{|\log\alpha_i|}{d}, \frac{1}{d}\right), i = 1, 2, \cdots, n,$$

并且假定 $V_1 \leqslant V_2 \leqslant \cdots \leqslant V_n; V = V_n, V' = V_{n-1}, V_i^+ = \max(1, V_i)(i = 1, 2, \cdots, n), W = \max(h(\beta_0), h(\beta_1), \cdots, h(\beta_n))$. Waldschmidt 在文献[128]中证明了:如果 E 是适合

$$1 < E \leqslant \min\left(e^{dV_1}, \frac{4dV_1}{|\log\alpha_1|}, \frac{4dV_2}{|\log\alpha_2|}, \cdots, \frac{4dV_n}{|\log\alpha_n|}\right)$$

的正数,则必有

$$\log|\Lambda| > -\frac{C_8(n)d^{n+2}}{(\log E)^{n+1}}V_1 V_2 \cdots V_n(\log(dEV_{n-1}^+))$$
$$\cdot(W + \log(dEV_n^+)), \qquad (1.8.10)$$

其中 $C_8(n) \leqslant 2^{8n+51}n^{2n}$.

1988 年前后,Philippon 和 Waldschmidt[90]与 Wüstholz[132:1] 分别独立地对 Baker 的下界(1.8.8)和(1.8.9)作了重要的改进,他们证明其中的"$\log\Omega'$"项是可以去掉的.这一结果可表述为:

引理 1.8.1 当 $\Lambda \neq 0$ 时,

$$\log|\Lambda| > -C_9(n,d)V_1 V_2 \cdots V_n(W + \log V); \quad(1.8.11)$$

特别是当 Λ 为有理型时,

$$\log|\Lambda| > -C_{10}(n,d)V_1 V_2 \cdots V_n W. \qquad (1.8.12)$$

上述引理是目前在一般情况下已知的最好结果. 对于引理 1.8.1 中的常数 $C_9(n,d)$,Philippon 和 Waldschmidt[90]证明了:

$$C_9(n,d) \leqslant 2^{8n+51}n^{2n}d^{n+2}(1+\log d)\,; \qquad (1.8.13)$$

对于常数 $C_{10}(n,d)$，Baker 和 Wüstholz[11]，Waldschmidt[131]分别通过 Gel'fond 途径和 Schneider 途径证明了：

$$C_{10}(n,d) \leqslant 18(n+1)!n^{n+1}(32d)^{n+2}\log(2nd) \quad (1.8.14)$$

以及

$$C_{10}(n,d) \leqslant \begin{cases} 2^{4n+18}n^{3n+6}d^{n+2}(1+\log d)，当\ g=1\ 时， \\ 2^{6n+32}n^{3n+6}d^{n+2}(1+\log d)，当\ g=2\ 时， \end{cases}$$

$$(1.8.15)$$

其中 $g=[\mathbb{R}(\log\alpha_1,\log\alpha_2,\cdots,\log\alpha_n):\mathbb{R}]$.

对于有理型 Λ，Lang[70]曾经提出以下猜想：

猜想 1.8.1 当 $\beta_0=0,\beta_i(i=1,2,\cdots,n)$ 都是非零整数且 $\alpha_i(i=1,2,\cdots,n)$ 都是正整数时，对于任何正数 δ，必有

$$|\Lambda| > \frac{C_{11}(\delta)B}{(\alpha_1\alpha_2\cdots\alpha_n)|\beta_1\beta_2\cdots\beta_n|^{1+\delta}}. \qquad (1.8.16)$$

显然，猜想 1.8.1 意味着下界 (1.8.12) 中的乘积 "$V_1V_2\cdots V_n$" 可以在 $\alpha_i(i=1,2,\cdots,n)$ 均为正整数的条件下换成和 "$V_1+V_2+\cdots+V_n$". 这是一个非常大的改进，因此也是一个相当困难的问题. 它的解决无疑会使包括丢番图方程在内的许多领域产生一大批全新的结果.

另外，从本书以下各章的内容可知，二维有理型的下界估计在丢番图方程中有着广泛的应用. 对此，Mignotte 和 Waldschmidt[85]，Laurent[73]等人进行了深入的研究. 目前这方面的最好结果是由 Laurent，Mignotte 和 Nesterenko[74]得到的，他们证明了：

引理 1.8.2 当 Λ 是二维有理型时，

$$\log|\Lambda| \geqslant -C_{12}(s)D^4V_1V_2\left(\max\left(\frac{1}{2},\frac{s}{D},\log B'\right)\right)^2,$$

$$(1.8.17)$$

其中 $D=d/t,t$ 适合 (1.7.13)，$B'=|\beta_1|/DV_2+|\beta_2|/DV_1$，常数 s 和 $C_{12}(s)$ 可取下列数值：

s	10	12	14	16	18	20	22	24	26	28	30
$C_{12}(S)$	41.18	37.87	35.53	33.79	32.44	31.36	30.48	29.74	29.11	28.57	28.10

特别是当 α_1, α_2 都是正数时,

$$\log|\Lambda| \geqslant - C_{13}(s')D^4V_1V_2\left(\max\left(\frac{1}{2}, \frac{s'}{D}, \log B' + 0.14\right)\right)^2,$$

$$(1.8.18)$$

其中常数 s' 和 $C_{13}(s')$ 可取下列数值:

s'	10	12	14	16	18	20	22	24	26	28	30
$C_{13}(s')$	32.31	29.76	27.95	26.60	25.55	24.70	24.01	23.42	22.93	22.50	22.13

当 $\log\alpha_1, \log\alpha_2$ 都是正数时,

$$\log|\Lambda| \geqslant - \frac{C_{14}(s'')}{(\log E)^3}D^4V_1V_2$$

$$\cdot \left(\max\left(\frac{1}{2}, \frac{s''\log E}{D}, \log B' + \log\log E + 0.47\right)\right)^2,$$

$$(1.8.19)$$

其中 E 适合

$$E = 1 + \min\left(\frac{DV_1}{\log\alpha_1}, \frac{DV_2}{\log\alpha_2}\right) \geqslant 2,$$

常数 s'' 和 $C_{14}(s'')$ 可取下列数值:

s''	8	9	10	11	12	13	14	15	16	17	18	19
$C_{14}(s'')$	39.24	37.04	35.10	33.87	32.68	31.68	30.82	30.07	29.41	28.83	28.30	27.83

引理 1.8.3 设 α 是适合 $|\alpha|=1$ 的 d 次代数数,b_1, b_2 是正整数,$\Lambda = b_1\log\alpha - b_2\pi\sqrt{-1}$. 当 $\Lambda \neq 0$ 时,

$$\log|\Lambda| \geqslant - 8.87VW^2, \qquad (1.8.20)$$

其中 $V = \max(20, 10.98|\log\alpha| + dh(a)/2)$

$$W = \max\left(17, \frac{\sqrt{d}}{40}, \frac{d}{2}\log\left(\frac{b_1}{68.9} + \frac{b_2}{2V}\right) + 1.175d + 5.03\right).$$

根据引理 1.8.3,可得以下经常用到的一个结果:

定理 1.8.1 设 D_1, D_2 是互素的正整数,

$$k = D_1 + D_2, \tag{1.8.21}$$

k 是大于 2 的正整数;又设

$$\varepsilon = \sqrt{D_1} + \sqrt{-D_2}, \bar{\varepsilon} = \sqrt{D_1} - \sqrt{-D_2}. \tag{1.8.22}$$

如果正整数 m 适合

$$\left|\frac{\varepsilon^m - \bar{\varepsilon}^m}{\varepsilon - \bar{\varepsilon}}\right| = 1, \tag{1.8.23}$$

则必有

$$m < 4 + 2563.43 \frac{\max(20, 10.98|\log(\varepsilon/\bar{\varepsilon})| + \log\sqrt{k}}{\log\sqrt{k}}.$$

$$\tag{1.8.24}$$

证. 从(1.8.21),(1.8.22)可知 $|\varepsilon| = |\bar{\varepsilon}| = \sqrt{k}$ 以及

$$|\varepsilon - \bar{\varepsilon}| = 2\sqrt{D_2} < 2\sqrt{k}. \tag{1.8.25}$$

设 $\alpha = \varepsilon/\bar{\varepsilon}$. 此时 α 适合 $|\alpha| = 1$,并且从(1.8.22)可知 α 满足

$$k\alpha^2 - 2(D_1 - D_2)\alpha + k = 0. \tag{1.8.26}$$

因为 $\gcd(D_1, D_2) = 1$,故有 $\gcd(D_1 + D_2, D_1 - D_2) \leqslant 2$,并且从(1.8.26)可知 α 不是单位根. 如果(1.8.23)成立,则有

$$|\varepsilon - \bar{\varepsilon}| = |\varepsilon|^m |\alpha^m - 1|. \tag{1.8.27}$$

当 $|\alpha^m - 1| \geqslant 1/2$ 时,从(1.8.25),(1.8.27)可得

$$\frac{\sqrt{k^m}}{2} \leqslant |\varepsilon - \bar{\varepsilon}| < 2\sqrt{k}. \tag{1.8.28}$$

因为 $k \geqslant 3$,故从(1.8.28)可知 $m < 4$.

当 $0 < |\alpha^m - 1| < 1/2$ 时,存在适合

$$t \leqslant m \tag{1.8.29}$$

的正整数 t 可使

$$|\alpha^m - 1| > \frac{2}{\pi}|m\log\alpha - t\pi\sqrt{-1}|. \qquad (1.8.30)$$

设 $\Lambda = m\log\alpha - t\pi\sqrt{-1}$. 从(1.8.25),(1.8.27)和(1.8.30)可知

$$\log\pi\sqrt{k} - \log|\Lambda| > m\log\sqrt{k}. \qquad (1.8.31)$$

由于 α 不是单位根,故有 $\Lambda \neq 0$. 又从(1.8.26)可知$[\mathbb{Q}(\alpha):\mathbb{Q}]=2$, $|\log\alpha| < 2\pi, h(\alpha) = \log\sqrt{k}$. 因此根据引理1.8.3,从(1.8.29)可得

$$\log|\Lambda| > -8.87V_0\left(\max\left(17, 7.38 + \log\left(\frac{m}{68.9} + \frac{m}{40}\right)\right)\right),$$
$$(1.8.32)$$

其中

$$V_0 = \max(20, 10.98|\log\alpha| + h(\alpha)). \qquad (1.8.33)$$

如果 m 满足

$$7.38 + \log\left(\frac{m}{68.9} + \frac{m}{40}\right) \geqslant 17,$$

则必有 $m > 381150$. 同时,从(1.8.31),(1.8.32)可得

$$\frac{\log\pi\sqrt{k}}{\log\sqrt{k}} + 8.87\left(\frac{21.96\pi}{\log\sqrt{k}} + 1\right)(3.5524 + \log m)^2 > m.$$
$$(1.8.34)$$

因为 $k \geqslant 3$, 所以从(1.8.34)可得 $m < 300000$ 这一矛盾,故必有

$$7.38 + \log\left(\frac{m}{68.9} + \frac{m}{40}\right) \leqslant 17. \qquad (1.8.35)$$

于是从(1.8.32),(1.8.35)立得(1.8.24). 定理证完.

最后介绍一下对数线性型下界估计的 p-adic 形式.

设 $\alpha_1, \alpha_2, \cdots, \alpha_n$ 是不等于 0 或 1 的代数数,$b_1, b_2, \cdots, b_n$ 是非零整数,$\Gamma = \alpha_1^{b_1}\alpha_2^{b_2}\cdots\alpha_n^{b_n} - 1$,

$$\Lambda' = b_1\log\alpha_1 + b_2\log\alpha_2 + \cdots + b_n\log\alpha_n. \qquad (1.8.36)$$

又设 $K = \mathbb{Q}(\alpha_1, \alpha_2, \cdots, \alpha_n)$ 是 d 次代数数域,P 是 O_K 中的素理想数,p 是 P 的相关素数. 由于当 $\Lambda' \neq 0$ 时,必有 $\Gamma \neq 0$ 以及 $\mathrm{ord}_P(\Gamma) < \infty$. 因此将讨论 Λ' 的下界的方法推广到 p-adic 理论,可在 ord_P

$(\Gamma)>0$ 的条件下得到 $\mathrm{ord}_P(\Gamma)$ 的可有效计算的上界. 以下设 $B'=\max(3,|b_1|,|b_2|,\cdots,|b_n|)$,并且假定 $\alpha_i(i=1,2,\cdots,n)$ 是适合 $\mathrm{ord}_P(\alpha_i-1)>0(i=1,2,\cdots,n)$ 的 P-adic 单位. 此时显然有 $\mathrm{ord}_P(\Gamma)>0$.

当 $n=1$ 时,从 (1.3.23) 可知

$$\mathrm{ord}_P(\Gamma)<C_{15}(d,\alpha_1,p)\log B'. \tag{1.8.37}$$

1940 年,Gel'fond[53] 对于 $n=2$ 的情况证明了:对于正数 δ,如果 $B'>C_2^*(\delta,A,p)$,则

$$\mathrm{ord}_P(\Gamma)<(\log B')^{3+\delta}. \tag{1.8.38}$$

1967 年,Schinzel[93] 首先对此情况给出了 $\mathrm{ord}_P(\Gamma)$ 的可有效计算的上界. 两年后,Coates[24] 根据 Baker 的工作,将上述结果推广到了一般的情况. 他证明了:对于适合 $0<\delta\leqslant1$ 的正数 δ,当 $B'>C_{16}(n,d,p)(\delta^{-1}\log A)^{(2n+1)^2}$ 时,必有

$$\mathrm{ord}_P(\Gamma)<(\log B')^\delta. \tag{1.8.38}$$

此后,Sprindžuk[111,112],Kaufman[67],Baker 和 Coates[9],van der Poorten[118,119],于坤瑞[133,134] 等人分别作了不同程度的改进. 目前,在一般情况下的最好结果是由于坤瑞[134·Ⅱ] 得到的. 他通过 Gel'fond 途径证明了:

引理 1.8.4 设 $V_i'=\max(h(\alpha_i),|\log\alpha_i|/10d,\log p)$ $(i=1,2,\cdots,n)$,并且假定 $e\leqslant V_1'\leqslant V_2'\leqslant\cdots\leqslant V_n'$;又设

$$\phi=22000\left(\frac{9.5(n+1)d}{\sqrt{\log p}}\right)^{2(n+1)}dp^dV_1'V_2'\cdots V_n'\log(10nd\log V_n').$$

当 $n\geqslant2$ 时,

$$\mathrm{ord}_P(\Gamma)\leqslant d\phi\log(dB');$$

特别是当 $b_n=1$ 时,对于适合 $0<\delta\leqslant1$ 的正数 δ,

$$\mathrm{ord}_P(\Gamma)\leqslant d\max\left(\phi\log\frac{\phi}{\delta V_n'},\delta B'\right).$$

另外,董平平[29−31],Bugeaud 和 Laurent[19] 通过 Schneider 途径分别证明了以下两个结果:

引理 1.8.5 设 $V_i''=\max(h(\alpha_i)/\log p,1/d)$ $(i=1,2,\cdots,n)$,

并且假定 $V_1'' \leqslant V_2'' \leqslant \cdots \leqslant V_n''$. 当 $n \geqslant 2$ 时，

$$\mathrm{ord}_P(\Gamma) < 2^{4n+12} n^{3n+5} f_P U,$$

其中 f_P 是素理想数 P 的剩余类域次数，

$$U = \max(d^{n+2} F G V_1'' V_2'' \cdots V_n'', d^2 p G V_n''),$$

$$F = \frac{10\log(3ndp)}{\log p},$$

$$G = \max\left(2nF, \frac{\log B'}{\log p}\right).$$

特别是当 $\alpha_i = a_i \ (i=1,2,\cdots,n)$, $a_i \ (i=1,2,\cdots,n)$ 是适合 $a_i \equiv 1$ (mod p) 的整数时，

$$\mathrm{ord}_p(\Gamma) > \left(\frac{2p-1}{2p-2}\right)^{n-2} 9^{n+4} n^{3n+5} U',$$

其中 $U' = F' G' A_1' A_2' \cdots A_n'$, $A_i' = \max(\log|a_i|, \log p) \ (i=1,2,\cdots, n)$,

$$F' = \begin{cases} \dfrac{2\log 8n}{\log 2}, \\[2mm] \dfrac{4\log(3np)}{\log p}, \end{cases} \quad G' = \begin{cases} \max\left(\dfrac{\log B''}{\log 2}, 6nF'\right), \text{当 } p=2 \text{ 时}, \\[2mm] \max\left(\dfrac{\log B''}{\log p}, 5nF'\right), \text{当 } p>2 \text{ 时}, \end{cases}$$

$$B'' = 7\max(|b_1|, |b_2|, \cdots, |b_n|)/10(n+1).$$

引理 1.8.6 当 $n=2$ 时，

$$\mathrm{ord}_P(\Gamma) < \frac{24dp(p^{f_P}-1)}{(p-1)(\log p)^4} \left(\frac{d}{f_P}\right)^3 V_1'' V_2''$$

$$\cdot \left(\max\left(5, \frac{10 f_P \log p}{d}, \log b + \log\log p + 0.4\right)\right)^2,$$

其中

$$b = \frac{|b_1| f_P}{d V_2'''} + \frac{|b_2| f_P}{d V_1'''}, \quad V_j''' = \max\left(h(\alpha_j), \frac{f_P \log p}{d}\right),$$

$$j = 1, 2.$$

参 考 文 献

[1] Arno S. ,The imaginary quadratic fields of class number 4,Acta Arith,1992, 60;321−334.

[2] Baker A. , Rational approximations to certain algebraic numbers, Proc London Math Soc, 1964, 4: 385—398.

[3] Baker A. , Linear forms in the logarithms of algebraic numbers I , Mathematika, 1966, 13: 204—216; II ; ibid, 1967, 14: 102—107; III ; ibid, 1967, 14: 220—228; IV ; ibid, 1968, 15: 204—216.

[4] Baker A. , A remark on the class number of quadratic fields, Bull London Math Soc, 1969, 1: 98—102.

[5] Baker A. , lmaginary quadratic fields with class number 2, Ann Math, 1971, 94: 139—152.

[6] Baker A. , A sharpening of the bounds for linear forms in logarithms I , Acta Arith, 1972, 21: 117—129; II ; ibid, 1973, 24: 33—36; III ; ibid, 1975, 27: 247—252.

[7] Baker A. , Transcendental Number Theory, Cambridge: Cambridge Univ Press, 1975.

[8] Baker A. , The theory of linear forms in logarithms. ln: Baker A, Masser D. M. , eds. Transcendence Theory: Advances and Applications, Cambridge, 1976, London: Acadmic Press, 1977: 1—28.

[9] Baker A. , Coates J. , Fractional parts of powers of rationals, Math Proc Cambridge Philos Soc, 1975, 77: 269—279

[10] Baker A. , Stewart C. L. , On effective approximations to cubic irrationals, In: New Advances in Transcendence Theory, Cambridge: Cambridge Univ Press, 1988: 1—24.

[11] Baker A. , Wüstholz G. , Logarithmic forms and group varieties, J Reine Angew Math, 1993, 442: 19—62.

[12] Birch B. J. , Merriman J. R. , Finiteness theorem for binary forms with given discriminant, Proc London Math Soc, 1972, 25: 385—394.

[13] Blanksby P. E. , Montgomery H. L. , Algebraic integers near the unit circle, Acta Arith, 1971, 18: 355—369.

[14] Blass, J. , Glass A. M. , Manski D. K. , Meronk D. B. , Steiner R. P. , Constants for lower bounds for linear forms in the logarithms of algebraic numbers, I : The general case, Acta Arith, 1990, 55: 1—14; II : The homogeneous rational case. ibid, 1990, 55: 15—22; Corrigendum: ibid, 1993, 65: 383.

[15] Bombieri E. , The Mordell conjecture revisited, Ann Scuola Norm Sup Pisa Cl Sci(4), 1990, 17: 615—640.

[16] Bombieri E. , van der Poorten A. J. , Some quantitative results related to Roth's theorem, J Austral Math Soc Ser A, 1988, 45: 233—248; Corrigenda: ibid, 1990, 48: 154—155.

[17] Bugeaud Y. ,Györy G. ,Bounds for the solutions of unit equations,Acta Arith, 1996,74:67—80.

[18] Bugeaud Y. ,Györy G. ,Bounds for the solutions of Thue-Mahler equations and norm form equations,Acta Arith,1996,74:273—292.

[19] Bugeaud Y. , Laurent M. , Minoration effective de la distance p-adique entre puissances de nombres algébriques,J Number Theory,1996,61:311—342.

[20] Cantor D. C. ,Straus E. G. ,On a conjecture of D. H. Lehmer,Acta Arith,1982, 42:97—100.

[21] 陈建华,一类代数数的有效有理逼近,科学通报,1996,41:1643—1646.

[22] Chen J-H. ,Rational approximations to some algebraic numbers and diophantine equations(I),Abh Math Sem Univ Humberg,to appear.

[23] Chudnovsky G. V. ,On the method of Thue-Siegel,Ann Math,1983,117:325—382.

[24] Coates J. ,An effective p-adic analogue of a theorem of Thue I ,Acta Arith, 1969,15:279—305; II ;ibid,1970,16:399—412; III ;ibid,1970,16:425—435.

[25] Davenport H. ,Indefinite binary quadratic forms and Euclid's algorithm in real quadratic fields,Proc London Math Soc,1951,53:65—82.

[26] Davenport H. , Roth K. F. , Rational approximations to algebraic numbers, Mathematika,1955,2:160—167.

[27] Deuring M. ,Imaginar-quadratischer Zahlkorper mit der Klassenzahl(I),Math Z,1933,37:405—415.

[28] Dobrowolski E. ,On a question of Lehmer and the number of irreducible factors of a polynomial,Acta Arith,1979,34:391—401.

[29] Dong P-P. , Minoration de la distance p-adique entre deux praduits de puissances de nombres algébriques,Problèmes Diophantiens 1989—1990,Publ Univ P et Mcurie (Paris VI),93,N°3,9pp.

[30] Dong P-P. , Minorations de combinaisons linéaives de deux logarithmes p-adiques,Ann Fae Sci Toulouse,1991,12:195—250.

[31] Dong P-P. ,Minorations de combinaisons linéaires de logarithmes p-adiques de nombres algébriques. C R Acad Sci Paris Sér I Math,1992,315:103—106; Dissertationes Math(Rozprawy Mat)1995,343,97pp.

[32] Dubickas A. ,On a conjecture of A. Schinzel and H. Zassenhaus,Acta Arith, 1993,63:15—20.

[33] Easton D. ,Effective irrationality measures for certain algebraic numbers,Math Comp,1986,46:613—622.

[34] Evertse J-H. ,Estimates for discriminants and resultants of binary forms,In: Advances in Number Theory,Kingston,ON,1991,New York:Oxford Sci Pul, Oxford Univ Press,1993:367—380.

[35] Evertse J-H. , The subspace theorem of W. M. Schmidt, In: Diophantine Approximation and Abelian Varieties,Soesterberg,1992,Lecture Notes in Math 1566,Berlin:Springer-Verlag,1993:31—50.

[36] Evertse J-H. ,Estimates for reduced binary forms,J Reine Angew Math,1993, 434:159—190.

[37] Evertse J-H. , An explicit version of Faltings' product theorem and an improvement of Roth's theorem,Acta Arith,1995,73:215—248.

[38] Evertse J-H. , An improvement of the quantitative subspace theorem, Compositio Math,1996,101:225—311.

[39] Evertse J-H,Györy K. ,Effective finiteness results for binary forms with given discriminant,Compositio Math,1991,79:169—204.

[40] Evertse J-H,Györy K. ,Discriminant of decomposable forms,In:New Trends in Probability and Statistics,Vol 2,Palanga,1991,Utrecht:VSP,1992:39—56.

[41] Evertse J-H,Györy K. ,Effective finiteness theorems for decomposable forms of given discriminant,Acta Arith,1992,60:233—277.

[42] Evertse J-H,Györy K. ,Lower bounds for resultants I,Compositio Math,1993, 88:1—23.

[43] Faltings G. , Endlichkeissatze für abelsche Varietaten Zahlkórpern, Invent Math,1983,73:349—366;Correction:ibid,1984,75:381.

[44] Faltings G. ,Diophantine approximation on abelian varieties,Ann of Math(2), 1991,133:549—576.

[45] Faltings G. , Wüstholz G. , Diophantine approximations on projective spaces, Invent Math,1994,116:109—138.

[46] Fel'deman N. I. ,Estimation of a linear forms in the logarithms of algebraic numbers,Mat Sbornik,1968,76:304—319.

[47] Fel'deman N. I. , An improvement of the estimation of a linear forms in the logarithms of algebraic numbers,Mat Sbornik,1968,77:423—436.

[48] Ferretti R. ,An effective version of Faltings' product theorem,Forum Math,to appear.

[49] 冯克勤,代数数论入门,上海:上海科学技术出版社,1988.

[50] Gauss C. F. ,Disquisitiones arithmeticae,Fleishcer:Leipzig,1801.

[51] Gel'fond A. O. ,On the approximation of transcendental numbers by algebraic numbers,Dokl Acad Nauk SSSR,1935,2:177—182.

[52] Gel'fond A. O. , On the approximation by algebraic numbers of the ratio of the logarithms of two algebraic numbers, Izv Akad Nauk SSSR, 1939, 5—6: 509—518.

[53] Gel'fond A. O. , Sur la divisibilité de la difference des puissances de deux nombres entiers par une puissance d'un idéal premier, Mat Sbornik, 1940, 49: 7—25.

[54] Gel'fond A. O. , The approximation of algebraic numbers by algebraic numbers and the theory of transcendental numbers, Uspehi Mat Nauk SSSR, 1949, 4: 19—49.

[55] Gel'fond A. O. , On the algebraic independence of transcendental numbers of certain classes, Uspehi Mat Nauk SSSR, 1949, 5: 14—48.

[56] Goldfeld D. M. , The class number of quadratic fields and the conjectures of Birch and Swinnerton-Dyer, Ann Scuola Norm Sup Pisa, 1976, 4: 623—663.

[57] Gross B. , Zagier D. Heegner points and derivatives of L-series, Invent Math, 1986, 84: 225—320.

[58] Györy K. , Sur les polynômes à coefficients ertiers et de discriminant donné I , Acta Arith, 1973, 23: 419—426; II ; Publ Math Debrecen, 1974, 21: 125—144; III : ibid, 1976, 23: 141—165; IV : ibid, 1978, 25: 155—167; V : Acta Math Acad Sci Hungar, 1978, 32: 175—190.

[59] Györy K. , Explicit lower bounds for linear forms with algebraic coefficients. Arch Math (Basel), 1980, 35: 438—446.

[60] Györy K. , On pairs of binary forms with given semi-resulant, Math Pannon, 1993, 4: 65—101.

[61] Györy K. , Upper bounds for the degrees of decomposable forms of given discriminant, Acta Arith, 1994, 66: 261—268.

[62] Hecke E. , Vorlesung über die Theorie der algebraishen Zahlen, Leipzig: Akademische Verlagsgesellschaft, 1923.

[63] Heegner K. , Diophantische Analysis und Modulfunktionen, Math Z, 1952, 56: 227—253.

[64] Heilbronn H. , On the class number in imaginary quadratic fields, Quart J Math Oxford Ser 2, 1934, 25: 150—160.

[65] Hermite C. , Sur l'introduction des variables continus dans la théorie des nombres, J Reine Angew Math, 1851, 41: 191—216.

[66] 华罗庚, 数论导引, 北京: 科学出版社, 1957.

[67] Kaufman R. M. , The evaluation of the linear forms of logarithms of algebraic numbers in the p-adic metric, Vestnik Moskov Univ Ser I, 1971, 26: 3—10.

[68] Lagrange J. L. ,Recherches d'arithmétiques,Nouv Mém Acad Berlin,1773:265
—312.

[69] Lang S. ,Report on diophantine approximations,Bull Soc Math France,1965,
93:177—192.

[70] Lang S. ,Elliptic Curves Diophantine Analysis,Grund der Math Wiss 231,
Berlin:Springer-Verlag,1978.

[71] Langevin M. ,Solution des problèmes de Favard,Ann lnst Fourier (Grenoble),
1988,38(2):1—10.

[72] Langevin M. , Reyssat É. , Rhin G. , Diamètres transfinis et problème de
Favard,Ann lnst Fourier(Grenoble),1988,38(1):1—16.

[73] Laurent M. ,Linear forms in two logarithms and interpolation determinants,
Acta Arith,1994,66:181—199

[74] Laurent M. , Mignotte M. , Nesterenko Yu V. , Formes linéaires en deux
logarithmes et déterminants d'interpolation,J Number Theory,1995,55:285—
321.

[75] 乐茂华,关于二元二次原型表整数 I :表示式类的复合,长春师范学院学报(自
然科学版),1986,3(1):3—12; II :方程 $D_1x^2-D_2y^2=\delta k^z$ 的整数解,长沙铁道
学院学报,1989,7(2):6—18.

[76] Le M-H. , Some exponential diophantine equations I : The equation D_1x^2-
$D_2y^2=\lambda k^z$,J Number Theory,1995,55:209—221.

[77] Le M-H. , A lower bound for the class numbers of Abelian algebraic number
fields with odd degree,Proc Amer Math Soc,1995,123:1347—1350.

[78] Lenstra H. W. Jr. , Algorithms in algebraic number theory, Bull Amer Math
Soc,1992,26:211—244.

[79] Lewis D. J. , Mahler K. , On the representation of integers by binary forms,
Acta Arith,1961,6:333—363.

[80] Liouville J. ,Sur des classes très-étendues de quantités dont la valeur n'est ni
algébrique, ni même reductible à des irrationnelles algébriques, C R Acad Sci
Paris,1844,18:883—885,910—911.

[81] Louboutin R. ,Sur la mesure de Mahler d'un nombre algébrique,C R Acad Sci
Paris Sér A,1983,296:707—708.

[82] Lu H-W. ,A note on Goldfeld-Gross-Zagier-Oesterlè theorem,IHES/M/1986/
39.

[83] 陆洪文,二次数域的高斯猜想,上海:上海科学技术出版社,1994.

[84] Mestre J-F. , La méthode des graphes, Examples et applications, ln: Proc lnt
Conf on Class Number and Fundamental Units,Katata,1986:217—242.

[85] Mignotte M. . Waldschmidt M. , Linear forms in two logarithms and Schneider's method I. ,Math Ann,1978,231;241—267; II ;Acta Arith,1989, 53;251—287; III ;Ann Fac Sci Toulouse,1989,9;43—75.

[86] Mordell L. J. ,On the Riemann hypothesis and imaginary quadratic fields with a given class number,J London Math Soc,1934,9;289—298.

[87] Morduchai-Boltovskoj D. ,Sur le logarithme d'un nombre algébrique,C R Acad Sci Paris,1932,176;724—727.

[88] Mueller J. ,Schmidt W M. ,On the number of good rational approximations to algebraic numbers,Proc Amer Math Soc,1989,106;859—866.

[89] Oesterlé J. , Nombres de class des corps quadratiques imaginaires, Sem Bourbaki,1983/1984,Exp 631.

[90] Philippon P. , Waldschmidt M. ,Lower bounds for linear forms in logarithms, In;Baker A, New Advance in Transcendence Theory, Cambridge; Cambridge Univ Press,1988;280—312.

[91] Quême R. ,Relations d'inégalités effectives en thèorie algébrique des nombres, In; Séminaire de Théorie des Nombres, Talence, 1987/1988, Talence; Univ Bordeaux I,1990,Exp 19,19pp.

[92] Roth K. F. ,Rational approximations to algebraic numbers,Mathematika,1955, 2;1—20;Corrigendum;ibid,1955,2;168.

[93] Schinzel A. ,On two theorems of Gel'fond and some of their applications,Acta Arith,1967,13;177—236.

[94] Schinzel A. , Zassenhaus H. A refinement of two theorems of Kronecker, Michigan Math J,1965,12;81—85.

[95] Schlickewei H. P. , Résultats quantitatifs en approximation diophantienne, Astérisque,1992,No 198/200(11);319—331.

[96] Schlickewei H. P. , The quarititative subspace theorem for number theory, Compositio Math,1992,83;245—273.

[97] Schlickewei H. P. ,Schmidt W. M. ,The number of subspaces occurring in the p-adic subspace theorem in diophantine approximation,J Reine Angew Math, 1990,406;44—108.

[98] Schmidt W. M. , Simultaneous approximation to algebraic numbers by rationals,Acta Math,1970,125;189—201.

[99] Schmidt W. M. ,Norm form equations,Ann of Math,1972,96;526—551.

[100]Schmidt W. M. ,Simultaneous approximation to algebraic numbers by elements of a number field,Monatsh Math,1975,79;55—66.

[101] Schmidt W. M. ,Diophantine Approximation,Lecture Notes Math 785,Berlin:
Springer-Verlag,1980.

[102] Schmidt W. M. , The subspace theorem in diophantine approximations,
Compositio Math,1989,69:121—173.

[103] Schmidt W. M. , On the number of good simultaneous approximation. to
algebraic numbers, In: Int Symposium in Memory of Hua Loo Keng, Vol 1,
Beijing,1988,Berlin:Springer-Verlag,1991. 249—264.

[104] Schmidt W. M. , Diophantine Approximations and Diophantine Equations,
Lecture Notes Math 1467,Berlin:Springer-Verlag,1991.

[105] Schmidt W. M. ,Vojta's refinement of the subspace theorem,Trans Amer Math
Soc,1993,340:705—731.

[106] Schmidt W. M. ,The number of exceptional approximations in Roth's theorem,
J Austral Math Soc,Ser A,1995,59:375—383.

[107] Shorey T. N. , On linear forms in the logarithms of algebraic numbers,Acta
Arith,1976,30:27—42.

[108] Shorey T. N. , Tijdeman R. Exponential Diophantine Equations, Cambridge:
Cambridge Univ Press,1986.

[109] Siegel C. L. , Abschätzung von Einheiten,Nachr Acad Wiss Göttingen Math-
Phys Kl II ,1969:71—86.

[110] Slavutskii I,Sh. ,An estimator for the regulator of an algebraic number field,
Math Slovaca,1991,41:311—314.

[111] Sprindžuk V. G. ,Concerning Baker's theorem on linear forms in logarithms,
Dokl Akad Nauk BSSR,1967,11:767—769.

[112] Sprindžuk V. G. ,Estimates of linear forms with p-adic logarithms of algebraic
numbers,Vesci Akad Navuk BSSR Ser Fiz-Mat Navuk,1968,No4,5—14.

[113] Stark H. M. ,A complete determination of the complex quadratic fields with
class number one,Michigan Math J,1967,14:1—27.

[114] Stark H. M. ,A transcendence theorem for class number problems I .,Ann
Math,1971,94:153—173; II :ibid,1971,94:174—209.

[115] Stark H. M. ,Some effective cases of the Brauer-Siegel theorem,Invent Math,
1974,23:135—152.

[116] Stewart C. L. ,Algebraic integers whose conjugates lie near the unit circle,Bull
Soc Math France,1978,106:169—176.

[117] van der Poorten A. J. , On Baker's inequality for linear forms in logarithms,
Math Proc Cambridge Philos Soc,1976,80:233—248.

[118] van der Poorten A. J. , Hermite interpolation and p-adic exponential polynomials, J Austral Math Soc, 1976, 21:12—26.

[119] van der Poorten A. J. , Linear forms in logarithms in the p-adic case. In: Baker A, Masser D W, eds, Transcendence Theory: Advances and Applications, London: Academic Press, 1977:29—57.

[120] van der Poorten A. J. , Loxton J. H. Computing the effective computable bound in Baker's inequality of linear forms in logarithms, Bull Austral Math Soc, 1976, 15:33—57.

[121] van der Poorten A. J. , Loxton J. H. , Multiplicative relations in number fields, Bull Austral Math Soc, 1977, 16:83—98.

[122] van der Put M. , The product theorem, In: Diophantine Approximation and Abelian Varieties, Soesterberg, 1992, Lecture Notes in Math 1566, Berlin: Springer-Verlag, 1993:77—82.

[123] Vojta P. , A refinement of Schmidt's subspace theorem, Amer J Math, 1989, 111:489—518.

[124] Vojta P. , Applications of arithmetic algebraic geometry to diophantine approximations, In: Arithmetic Algebraic Geometry, Trento, 1991, Lecture Notes in Math 1553, Berlin: Springer-Verlag, 1993:164—208.

[125] Vojta P. , Siegel's theorem in the compact case, Ann of Math(2), 1991, 133:509 —548.

[126] Voutier P. M. , An effective lower bound for the height of algebraic numbers, Acta Arith, 1996, 74:81—95.

[127] Wagner C. , Class number 5, 6 and 7, Math Comp, 1996, 65:785—800.

[128] Waldschmidt M. , A lower bound for linear forms in logarithms, Acta Arith, 1980, 37:257—283.

[129] Waldschmidt M. , Linear Independence of Logarithms of Algebraic Numbers, Matscience Lecture Notes, Madras, 1992.

[130] Waldschmidt M. , On the difference between two products of powers of algebraic numbers, In: Analytic Number Theory and Related Topics, Tokyo, 1991, River Edge, NJ: World Sci Pub, 1993:127—138.

[131] Waldschmidt M. , Minorations de combinaisons linéaires de logarithmes de nombres algébriques, Canada J Math, 1993, 45:176—224.

[132] Wüstholz G. , A new approach to Baker's theorem on linear forms in logarithms I, In: Diophantine Approximations and Transcendence Theory, Sem Bonn, 1985, Lecture Notes in Math 1290, Berlin: Springer-Verlag, 1987:189—202; II : ibid, 203 — 211; III : In: Baker A ed, New Advances in Transcendence Theory, Cambridge: Cambridge Univ Press, 1988:399—410.

[133] Yu K-R. ,Linear forms in logarithms in the p-adic case,In:Baker A ed. ,New Advances in Transcendence Theory,Cambridge:Cambridge Univ Press,1988: 411—434.

[134] Yu K-R. Linear forms in p-adic logarithms Ⅰ. Acta Arith,1989,53:107—186; Ⅱ :Compositio Math,1990,74:15—113;Erratum:ibid,1990,76:307; Ⅲ :ibid, 1994,91:241—276.

[135] Zimmert R. , Ideale kleiner Norm in Idealklassen und eine Regulatorabschätzung,Invent Math,1981,62:367—380.

第二章　Thue 方程、Thue-Mahler 方程

设 $f(X,Y)$ 是二元 $n(n \geqslant 3)$ 次原型，k 是非零整数．本章主要讨论方程

$$f(x,y) = k, x,y \in \mathbb{Z}$$

及其推广形式．这是一类基本而又重要的多项式方程，有关它的结果在其它类型丢番图方程的求解中有着广泛的应用．

§2.1　Thue 方程

设 n 是大于 2 的正整数，$f(X,Y) = a_0 X^n + a_1 X^{n-1} Y + \cdots + a_n Y^n$ 是二元 n 次原型；又设 k 是非零整数，$\omega(k)$ 表示 $|k|$ 的不同素因数的个数．本节将讨论方程

$$f(x,y) = k, x,y \in \mathbb{Z}, \gcd(x,y) = 1. \qquad (2.1.1)$$

设 $\alpha_1, \alpha_2, \cdots, \alpha_n$ 是代数方程

$$f(z,1) = 0 \qquad (2.1.2)$$

的全部根．已知它们都是 n 次代数数．如果 (x,y) 是方程(2.1.1)的一组适合 $y \neq 0$ 的解，则从(2.1.1)可得

$$a_0 \prod_{i=1}^{n} \left(\frac{x}{y} - \alpha_i \right) = \frac{k}{y^n}. \qquad (2.1.3)$$

从(2.1.3)可知：当 $|y| > 1$ 时，必有

$$\min_{i=1,2,\cdots,n} \left| \frac{x}{y} - \alpha_i \right| < \frac{C_1(f,k)}{|y|^n}. \qquad (2.1.4)$$

1909 年，Thue[137]证明了：当 θ 是 n 次代数数时，对于任何正数 δ，不等式

$$\left| \frac{x}{y} - \theta \right| < \frac{1}{y^{n/2+1+\delta}}, x,y \in \mathbb{Z}, \gcd(x,y) = 1, y > 0$$

$$(2.1.5)$$

仅有有限多组解 (x,y). 因此, 从 $(2.1.4)$, $(2.1.5)$ 可知方程 $(2.1.1)$ 仅有有限多组解 (x,y). 此后, 方程 $(2.1.1)$ 称为 Thue 方程. 本节将介绍有关此类方程的解数和解的上界的一些结果和问题.

设 $N_f(k)$ 是方程 $(2.1.1)$ 的解 (x,y) 的个数. 根据相似型的定义可知: 当 $f(X,Y)\sim g(X,Y)$ 时, 必有 $N_f(k)=N_g(k)$. 同时, 从以上的分析可知. $N_f(k)$ 与形如 $(2.1.5)$ 的不等式的解数有关. 1955 年, Davenport 和 Roth[30] 首先根据这一思路给出了 $N_f(k)$ 的可有效计算的上界. 他们证明了:

$$N_f(k) < (4H_f)^{2n^2}|k|^2 + e^{643n^2}. \qquad (2.1.6)$$

1961 年, Lewis 和 Mahler[84] 将上述结果改进为

$$N_f(k) < C_2(nH_f)^{C_3\sqrt{n}} + (C_4 n)^{\omega(k)+1}. \qquad (2.1.7)$$

1980 年, Silverman[122,123] 运用算术代数几何方法讨论了 $N_f(k)$ 与代数曲面 $\Gamma: f(X,Y)=kZ^n$ 的 Jacobi 簇之 Mordell-Weil 群的秩 $R_f(k)$ 之间的联系. 据此, 他证明了: 当 $|k|$ 充分大且 k 无 n 次方因数时,

$$N_f(k) \leqslant n^{2n^2}(\delta n^3)^{R_f(k)}. \qquad (2.1.8)$$

此后, Dem'janenko[38] 和 Fujimori[57] 运用同类方法, 分别对 $n=3$ 以及 $n>3$ 的情况改进了上界 $(2.1.8)$.

显然, 上界 $(2.1.6)$, $(2.1.7)$ 和 $(2.1.8)$ 都与 $f(X,Y)$ 的系数以及 $|k|$ 的大小有关. 设 s_f 是 $f(X,Y)$ 的系数 $a_0, a_1, \cdots, a_n$ 中非零数的个数. Siegel[119,120] 先后对解数 $N_f(k)$ 提出了下列猜想:

猜想 2.1.1 $N_f(k) < C_5(n,k)$.

猜想 2.1.2 $N_f(k) < C_6(s_f,k)$.

猜想 2.1.3 $N_f(k) < C_7(s_f)$.

1984 年, Evertse[45] 运用丢番图逼近方法解决了猜想 2.1.1. 他证明了:

$$N_f(k) \leqslant 7^{n^3(2\omega(k)+3)}. \qquad (2.1.9)$$

1987 年, Bombieri 和 Schmidt[19] 对上界 $(2.1.9)$ 作了本质上的改

进.他们证明了:

$$N_f(k) \leqslant (C_8 n)^{\omega(k)+1}; \qquad (2.1.10)$$

特别是当 n 充分大时,$N_f(1) \leqslant 215n$. 在一般情况下,Tijdeman[139] 具体算出(2.1.10)中的常数 C_8 适合 $C_8 \leqslant 10^6$. 由于当 $f(X,Y) = X^n + (X-Y)(2X-Y)\cdots(nX-Y)$ 且 $k=1$ 时,方程(2.1.1)至少有 n 组解 $(x,y) = (1,1),(1,2),\cdots,(1,n)$,所以上界(2.1.10)在 $k=1$ 时已经臻于至善了. 在这方面,Bombieri[17],Brindza[20],Brindza, van der Poorten 和 Waldschmidt[22],Evertse 和 Györy[54],Stewart[128],Langmann[70]分别对各种情况给出了常数 C_8 的上界.

1988 年,Mueller 和 Schmidt[102]运用丢番图逼近方法解决了猜想 2.1.2. 他们证明了:

$$N_f(k) < C_9(n) s_f^2 |k|^{2/n} \qquad (2.1.11)$$

关于猜想 2.1.3,根据 Siegel 本人在文献[121]中的结果可知,该猜想在 $s_f = 2$ 且 $H_f > C_{10}(n,k)$ 时成立.1987 年,Mueller 和 Schmidt[101]证明了:当 $s_f = 3$ 且 $n < 9$ 时该猜想成立. 在一般情况下,猜想 2.1.3 仍是一个远未解决的问题.

设 $v_f(k)$ 是同余式

$$f(z,1) \equiv 0(\mathrm{mod}\,|k|), 1 \leqslant z \leqslant |k| \qquad (2.1.12)$$

的解数. 运用初等方法,通过讨论解数 $N_f(k)$ 与 $v_f(k)$ 之间的联系,也可得到形如(2.1.10)的上界. 在这方面,Evertse[42]证明了:当 $n \geqslant 6$ 且 $s_f = 2$ 时,$N_f(k) \leqslant v_f(k) + 1$. 在一般的情况下,Mahler[91]证明了:当 $|k| > (450n^4 H_f^4)^{n/(n-2)}$ 时,$N_f(k) \leqslant 32n v_f(k)$. 最近,乐茂华[80]进一步证明了:当 $|k| \geqslant 10^{35}$ 时,$N_f(k) \leqslant 6n v_f(k)$. 由于当 $\gcd(k,\Delta_f) = 1$ 时,同余式(2.1.12)的解数 $v_f(k)$ 满足 $v_f(k) \leqslant n^{\omega(k)}$. 因此从文献[51]中的结果可知:当 $|k| \geqslant 10^{35}$ 时,如果 $\gcd(k,\Delta_f) = 1$,则必有 $N_f(k) \leqslant 6n^{\omega(k)+1}$.

由于上述有关方程(2.1.1)解数有限性的证明主要依靠丢番图逼近方法,所以由此并不能得到该方程解的可有效计算的上界.1968 年,Baker[4.1]运用他在代数数对数线性型的下界估计方

面的开创性工作,成功地解决了这个问题. 他证明了:

定理 2.1.1 方程(2.1.1)仅有有限多组解(x,y),而且这些解都满足 $\max(|x|,|y|) < C_{10}(n, H_f, k)$.

证 设 $\alpha_1, \alpha_2, \cdots, \alpha_n$ 是代数方程(2.1.2)的全部根,$\alpha = \alpha_1$,$K = \mathbb{Q}(\alpha)$. 此时 K 是 n 次代数数域. 对于任何的 $\theta \in K$,设 $\theta^{(1)}, \theta^{(2)}, \cdots, \theta^{(n)}$ 是 θ 的全体共轭数.

设(x,y)是方程(2.1.1)的一组解. 不妨假定 $xy \neq 0$. 设

$$\beta_i = x - \alpha_i y, i = 1, 2, \cdots, n. \tag{2.1.13}$$

从(2.1.13)可得

$$|a_0 \beta_1 \beta_2 \cdots \beta_n| = |k|. \tag{2.1.14}$$

因为 $n \geqslant 3$,故从(2.1.13)可知:存在适合 $1 \leqslant s < t \leqslant n$ 的整数 s, t 可使

$$x = \frac{\alpha_s \beta_t - \alpha_t \beta_s}{\alpha_s - \alpha_t}, y = \frac{\beta_t - \beta_s}{\alpha_s - \alpha_t} \tag{2.1.15}$$

从(2.1.15)可得

$$\max(|x|,|y|) < C_{11}(H_f)\max(|\beta_s|,|\beta_t|) \tag{2.1.16}$$

设 K 是 $r_1 + 2r_2$ 型域,$r = r_1 + r_2 - 1$. 从(1.2.19)可知 K 中存在满足

$$|\log|\eta_l^{(j)}|| < C_{12}(n, R_K),$$
$$j = 1, 2, \cdots, n, l = 1, 2, \cdots, r \tag{2.1.17}$$

的基本单位组 $\{\eta_1, \eta_2, \cdots, \eta_r\}$,其中 R_K 是 K 的调整子. 同时,从(1.2.22),(2.1.14)可知:存在适当的整数 $s_{il}(i = 1, 2, \cdots, n; l = 1, 2, \cdots, r)$ 可使

$$|\gamma_i| = |\beta_i \eta_1^{s_{i1}} \eta_2^{s_{i2}} \cdots \eta_r^{s_{ir}}|, i = 1, 2, \cdots, n \tag{2.1.18}$$

满足

$$|\log|\gamma_i^{(j)}|| < C_{13}(n, R_K, k), i, j = 1, 2, \cdots, n \tag{2.1.19}$$

设 $S_i = \max\limits_{l=1,2,\cdots,r} |s_{il}| (i = 1, 2, \cdots, n)$. 又设 I 是适合 $1 \leqslant I \leqslant n$ 以及 $S_I = \max(S_1, S_2, \cdots, S_n)$ 的整数. 从(2.1.18)可得

$$\log\left|\frac{\gamma_I^{(j)}}{\beta_I^{(j)}}\right| = s_{I1}\log|n_1^{(j)}| + s_{I2}\log|n_2^{(j)}| + \cdots$$
$$+ s_{Ir}\log|n_r^{(j)}|, j = 1, 2, \cdots, n. \quad (2.1.20)$$

由于从(1.2.17)可知

$$R_K < C_{14}(n, H_f), \quad (2.1.21)$$

所以根据 Cramer 法则,从(2.1.20),(2.1.21)可得

$$S_I < C_{15}(n, H_f)\left|\log\left|\frac{\gamma_I^{(J)}}{\beta_I^{(J)}}\right|\right|, \quad (2.1.22)$$

其中

$$\left|\log\left|\frac{\gamma_I^{(J)}}{\beta_I^{(J)}}\right|\right| = \max_{j=1,2,\cdots,n}\left|\log\left|\frac{\gamma_I^{(j)}}{\beta_I^{(j)}}\right|\right|, 1 \leqslant J \leqslant n \quad (2.1.23)$$

于是从(2.1.19),(2.1.22)可知:假如 S_I 满足

$$S_I > C_{16}(n, H_f)\log\max(3, |k|), \quad (2.1.24)$$

则存在适合 $1 \leqslant J' \leqslant n$ 的正整数 J',可使

$$\log|\beta_I^{(J')}| < - C_{17}(n, H_f, k)S_I \quad (2.1.25)$$

此时,从(2.1.14),(2.1.25)可知:存在适合 $1 \leqslant I' \leqslant n$ 以及 $I' \neq I$ 的正整数 I',可使

$$\log\left|\frac{\beta_I^{(J')}}{\beta_{I'}^{(J')}}\right| < - C_{18}(n, H_f, k)S_I. \quad (2.1.26)$$

由于 $n \geqslant 3$ 且 $\alpha_1, \alpha_2, \cdots, \alpha_n$ 互不相同,故从(2.1.13)可知 β_1, $\beta_2, \cdots, \beta_n$ 中至少有三个不同的数. 不妨假定 $\beta_1 = \beta_I, \beta_2 = \beta_{I'}, \beta_3 \neq \beta_1$ 或 β_2. 从(2.1.13)可得

$$(\alpha_2^{(J')} - \alpha_3^{(J')})\beta_1^{(J')} + (\alpha_3^{(J')} - \alpha_1^{(J')})\beta_2^{(J')} + (\alpha_1^{(J')} - \alpha_2^{(J')})\beta_3^{(J')} = 0.$$
$$(2.1.27)$$

为了简化记号,对于任何的 $\theta \in K$,以下一律用 θ 表示 $\theta^{(J')}$. 从 (2.1.18),(2.1.27)可得

$$\left|\left(\frac{\alpha_1 - \alpha_2}{\alpha_1 - \alpha_3}\right)\eta_1^{u_1}\eta_2^{u_2}\cdots\eta_r^{u_r}\frac{\gamma_3}{\gamma_2} - 1\right| = \left|\frac{\alpha_2 - \alpha_3}{\alpha_1 - \alpha_3}\right|\left|\frac{\beta_1}{\beta_2}\right|,$$
$$(2.1.28)$$

其中 $u_l = s_{2l} - s_{3l}(l = 1, 2, \cdots, r)$. 设

$$\Lambda = \left| \left(\frac{\alpha_1 - \alpha_2}{\alpha_1 - \alpha_3} \right) \eta_1^{u_1} \eta_2^{u_2} \cdots \eta_r^{u_r} \frac{\gamma_3}{\gamma_2} - 1 \right|.$$

根据(2.1.26),从(2.1.28)可得

$$0 < \Lambda < e^{-C_{19}(n, H_f, k)S_I}. \tag{2.1.29}$$

同时,根据(1.8.5),从(2.1.17),(2.1.19)可知

$$\Lambda > (\max(3, |k|))^{-C_{20}(n, H_f)} e^{-\frac{1}{2}C_{19}(n, H_f, k)S_I}. \tag{2.1.30}$$

结合(2.1.29),(2.1.30)立得

$$S_I < \frac{2C_{20}(n, H_f)}{C_{19}(n, H_f, k)} \mathrm{logmax}(3, |k|) \tag{2.1.31}$$

这一与(2.1.24)矛盾的结果. 由此可知

$$S_I < C_{16}(n, H_f) \mathrm{logmax}(3, |k|). \tag{2.1.32}$$

于是从(2.1.16),(2.1.18),(2.1.19),(2.1.21),(2.1.32)可得
$\max(|x|, |y|) < C_{10}(n, H_f, k)$. 定理证完.

关于定理 2.1.1 中的常数 $C_{10}(n, H_f, k)$,文献[4:I]具体算出

$$C_{10}(n, H_f, k) < \exp\left((nH_f)^{(10n)^5} + (\log|k|)^{2n+1} \right). \tag{2.1.33}$$

此后,Baker, Fel'dman, Sprindžuk, Stark, Kotov, Györy 和 Papp 等人相继改进了上界(2.1.33). 目前已知的最好结果是由 Bugeaud 和 Györy[25] 得到的. 他们证明了:当 α 是代数方程 (2.1.2)的根,$K = \mathbb{Q}(\alpha)$时,方程(2.1.1)的解(x, y)都满足

$$\max(|x|, |y|) < \exp(3^{r_K + 27}(r_K + 1)^{7r_K + 19} n^{2n + 6r_K + 14} R_K$$
$$\cdot (\mathrm{logmax}(1, R_K))(R_K + \log(BH_f)))$$

以及

$$\max(|x|, |y|) < \exp(3^{3(n+9)} n^{18(n+1)} H_f^{2n-2} (\log H_f)^{2n-1} (\log B)),$$

其中 $B = \max(e, |k|)$. 另外,Brindza, Evertse 和 Györy[21] 还给出了方程(2.1.1)解的仅与 n, Δ_f, k 有关的上界.

根据定理 2.1.1,可用以下方法来求解具体的 Thue 方程. 设 (x, y)是方程(2.1.1)的一组适合 $xy \neq 0$ 的解,$\alpha_1, \alpha_2, \cdots, \alpha_n$ 是代数方程(2.1.2)的全部根. 从(2.1.4)可知必有适当的 $\alpha_j (1 \leqslant j \leqslant n)$

满足

$$\left| \frac{x}{y} - \alpha_j \right| < \frac{C_{21}}{|y|^n} \qquad (2.1.34)$$

由于当 α_j 是虚数时 $|x/y - \alpha_j| \geqslant |\mathrm{Im}(\alpha_j)| > C_{22}$，其中 $\mathrm{Im}(\alpha_j)$ 是 α_j 的虚部，故从 $(2.1.34)$ 可得 $|y| \leqslant C_{22}$。因此，当 $|y| > C_{22}$ 时，适合 $(2.1.34)$ 的 α_j 必为实数，而且 x/y 是 α_j 的渐近分数。根据上述分析，任何具体的 Thue 方程的求解，都可分以下四个步骤来完成：

(i) 通过直接的计算找出所有适合 $|y| \leqslant C_{22}$ 的解；

(ii) 求出代数方程 $(2.1.2)$ 的全部实根及其简单连分数展开式，根据 $(2.1.34)$ 找出所有适合 $C_{22} < |y| \leqslant C_{23}$ 的解；

(iii) 运用丢番图逼近的有效算法（例如：Lenstra，Lenstra 和 Lovász[82]提出的 L^3-算法），证明该方程没有适合 $C_{23} < |y| \leqslant C_{24}$ 的解；

(iv) 根据定理 2.1.1，证明该方程没有适合 $|y| > C_{24}$ 的解。

1989 年，Tzanakis 和 de Weger[142]具体给出了上述步骤中各个常数的估计方法。由于这些常数的计算需要代数方程 $(2.1.2)$ 的根以及相应代数数域中基本单位组的精确数值，所以上述方法比较适用于解决次数较低的 Thue 方程。对此，de Weger[32]给出了不少计算实例。最近，Bilu 和 Hanrot[15]改进了这些算法，使之适用于某些高次 Thue 方程。

设 α 是代数方程 $(2.1.2)$ 的根，$K = \mathbb{Q}(\alpha)$。从 $(2.1.18)$ 可知，在一般的情况下，求解方程 $(2.1.1)$ 的复杂程度与 r_K 的大小有关。由于当 $n = 3$ 或 4 时，r_K 适合 $1 \leqslant r_K \leqslant 3$，所以此时该方程比较容易解决。早在六十年代以前，人们已经运用初等数论方法和代数数论方法得到了不少结果，有关这方面的早期工作可参考文献[98]的第 24,25 章。

关于三次和四次 Thue 方程的研究，主要集中在 $k = 1$ 这一情况。此时方程 $(2.1.1)$ 可写成

$$f(x, y) = 1, x, y \in \mathbb{Z} \qquad (2.1.35)$$

当 $n = 3$ 且 $\Delta_K < 0$ 时，已知 $r_K = 1$。对此，结合 Delaunay[35] 和

Nagell[105]的结果可知：

$$N_f(1) = \begin{cases} 5,\text{当 } \Delta_K = -23 \text{ 时,} \\ 4,\text{当 } \Delta_K = -31 \text{ 或} -44 \text{ 时;} \end{cases} \tag{2.1.36}$$

除此以外必有 $N_f(1) \leqslant 3$. 如果二元三次原型 $f(X,Y) = a_0 X^3 + a_1 X^2 Y + a_2 XY^2 + a_3 Y^3$ 适合 $a_0 = 1$ 以及 $a_3 = -1$，则称它是可逆的. 此时方程(2.1.35)显然有解$(x,y) = (1,0)$和$(0,-1)$，它们称为该方程的平凡解 1993 年，Thomas[136]运用 Gel′fond-Baker 方法证明了：如果二元三次原型 $f(X,Y)$ 是可逆的，而且 $\Delta_K < 0, a_1 a_2 \neq 0$，$4a_2 - a_1^2 > 0$，则当

$$a_2 \geqslant \min(4.2 \cdot 10^4 |a_1|^{2.32}, 3.6 \cdot 10^{41}(4a_2 - a_1^2)^{1.1582})$$

时方程(2.1.35)仅有平凡解.

当 $n = 3$ 且 $\Delta_K > 0$ 时，因为 $r_K = 2$，所以此时方程(2.1.35)的求解比较困难. 对此，Siegel[120]证明了：当 Δ_K 充分大时，$N_f(1) \leqslant 18$. Evertse[44]在一般情况下证明了：$N_f(1) \leqslant 12$. 由于根据 Baulin[5]，Ljunggren[87]，Avanesov[2,3]等人的结果可知

$$N_f(1) = \begin{cases} 9,\text{当 } \Delta_K = 49 \text{ 时,} \\ 6,\text{当 } \Delta_K = 81,148,257 \text{ 或 } 361 \text{ 时;} \end{cases} \tag{2.1.37}$$

而且尚未发现可使 $N_f(1) > 9$ 以及 $N_f(1) = 7$ 或 8 的二元三次原型 $f(X,Y)$，所以 Pethö[107]提出了以下猜想：

猜想 2.1.4 当 $n = 3$ 且 $\Delta_k > 0$ 时，必有 $N_f(1) \leqslant 9$ 以及 $N_f(1) \neq 7$ 或 8；特别是除了(2.1.37)中的情况以外，

$$N_f(1) \leqslant \begin{cases} 5,\text{当 } f(X,Y) \text{ 是可逆的,} \\ 3,\text{否则}. \end{cases}$$

类似于 $\Delta_K < 0$ 的情况，运用 Gel′fond-Baker 方法可以对某些适合 $\Delta_K > 0$ 的二元三次可逆型 $f(X,Y)$ 找出方程(2.1.35)的全部解. 设 a 是大于 3 的正整数. 1990 年，Thomas[134]证明了：当 $f(X,Y) = X^3 - (a-1)X^2 Y - (a+2)XY^2 - Y^3$ 时，如果 $a \geqslant 1.365 \cdot 10^7$，则方程(2.1.35)仅有解$(x,y) = (1,0),(0,-1)$和$(-1,1)$. 同时，Thomas 还猜测上述结果对 $a < 1.365 \cdot 10^7$ 的情况也

成立.这一猜想已在三年后被Mignotte[92]证实.由此可知,对于此类可逆型$f(X,Y)$,猜想2.1.4是正确的.另外,Mignotte和Tzanakis[95]还用同样的方法,对于$f(X,Y)=X^3-aX^2Y-(a+1)XY^2-Y^3$的情况基本上解决了猜想2.1.4.他们证明了:如果$a\geqslant 3.67\cdot 10^{32}$,则此时方程(2.1.35)仅有解$(x,y)=(1,0)$,$(0,-1)$,$(1,-1)$,$(-a-1,-1)$和$(1,-a)$.

设$g_i(t)\in \mathbb{Z}[t]$($i=1,2,\cdots,n-1$)是适合$0<\deg(g_1)<\deg(g_2)<\cdots<\deg(g_{n-1})$的首一多项式,

$$f(X,Y)=X(X-g_1(a)Y)(X-g_2(a)Y)\cdots$$
$$(X-g_{n-1}(a)Y)+(\lambda Y)^n, \qquad (2.1.38)$$

其中a是正整数,$\lambda\in\{-1,1\}$.对此,Thomas[135]证明了:当$n=3$时,如果$a>C_{25}$,则方程(2.1.35)仅有解$(x,y)=(1,0)$,$(0,\lambda)$,$(\lambda g_1(a),\lambda)$和$(\lambda g_2(a),\lambda)$.同时,Thomas还提出了以下猜想:

猜想2.1.5 当$n>3$且$a>C_{26}$时,如果$f(X,Y)$适合(2.1.38),则方程(2.1.35)仅有解

$$(x,y)=\begin{cases}(1,0),(0,\lambda),(\lambda g_1(a),\lambda),(\lambda g_2(a),\lambda),\\ \cdots,(\lambda g_{n-1}(a),\lambda),\text{当}2\nmid n\text{时},\\ (\pm 1,0),(0,\pm 1),(\pm g_1(a),\pm 1),(\pm g_2(a),\\ \pm 1),\cdots,(\pm g_{n-1}(a),\pm 1),\text{当}2\mid n\text{时}.\end{cases}$$

此外,Gaál[58],Gaál、Pethö和Pohst[59,60],Gaál和Schulte[61],Lettl和Pethö[83],Lippok[85],Mignotte、Pethö和Roth[94],Pethö[108,109],Pethö和Schulenberg[110],Smart[124],Steiner[126],Stewart[129],Stroeker[130—132],Stroeker和Tzanakis[133],Tzanakis[140,141],de Weger[31—34],陈建华和Voutier[27]等人分别讨论了各类具体的三次、四次和六次Thue方程,其中大部分结果的证明都用到了Gel′fond-Baker方法.

当s_f远小于n时,方程(2.1.1)称为s_f—缺项Thue方程,简称s_f项方程.设a,b是适合$a<b$的正整数.二项方程

$$|ax^n - by^n| = 1, x, y \in \mathbb{N} \qquad (2.1.39)$$

是一类讨论较多的缺项 Thue 方程. 早在 20 年代, Delone[37] 和 Nagell[105] 分别独立地运用代数数论方法证明了: 当 $n=3$ 时, 方程 (2.1.39) 至多有 1 组解 (x,y), 而且该解是可以有效计算的. 此后, Ljunggren[86] 对于 $n=4$ 的情况证明了同样的结果. 1954 年, Domar[39] 证明了: 当 $n \geqslant 5$ 时, 方程 (2.1.39) 至多有 2 组解 (x,y); 特别是当 $a=1$ 时, 除了 $b=2$ 以及 $b=2^n \pm 1$ 且 $n=5$ 或 6 以外, 该方程至多有 1 组解 (x,y). 上述结果中有关 $a=1$ 时的例外情况目前已经解决. 根据 Darmon 和 Merel[29] 对于 Wiles[147] 的著名工作的推广可知: 当 $a=1$ 且 $b=2$ 时, 方程 (2.1.39) 仅有解 $(x,y)=(1,1)$. 另外, 从文献 [70] 可知: 当 $a=1, b=2^n \pm 1$ 且 $n=5$ 或 6 时, 方程 (2.1.39) 仅有解 $(x,y)=(2,1)$. 综上所述可知: 当 $a=1$ 时, 该方程至多有 1 组解 (x,y).

最近, Mignotte[93], Bennett 和 de Weger[13] 等人在方程 (2.1.39) 的研究中取得了重要进展. Mignotte[93] 证明了: 当 $n > 600$ 时, 如果 $b=a+1$, 则方程 (2.1.39) 仅有解 $(x,y)=(1,1)$. Bennett 和 de Weger[13] 证明了: 除了 $b=a+1, 2 \leqslant a \leqslant \min(0.3n, 83)$ 且 $17 \leqslant n \leqslant 347$ 这类情况以外, 方程 (2.1.39) 至多有 1 组解 (x, y). 上述结果的证明综合了丢番图逼近方法和 Gel'fond-Baker 方法.

设 D 为非 n 次方幂正整数, $K = \mathbb{Q}(D^{1/n})$. 对于给定的 D, 设集合 $D(a,b) = \{(a,b) \mid a,b \in \mathbb{N}, a < b, \gcd(a,b)=1, K = \mathbb{Q}((b/a)^{1/n})\}$. 显然, 对于 $D(a,b)$ 中不同的数组 (a,b), 方程 (2.1.39) 的解都与同一个代数数域 K 的算术性质有关. 因此, Ljunggren[86,88] 证明了: 当 $n=3$ 或 4 时, 除了 $n=3$ 且 $D=2$ 或 20 以外, $D(a,b)$ 中至多有 1 组 (a,b) 可使方程 (2.1.39) 有解. af Ekenstam[1] 证明了: 当 $n \geqslant 5$ 时, $D(a,b)$ 中至多有 2 组不同的 (a, b) 可使该方程有解. 根据上述结果, Hyyrö[67] 讨论了由此产生的指数型方程

$$|x^n - D^m y^n| = 1, x, y \in \mathbb{N}, m \in \mathbb{Z}, 0 \leqslant m < n.$$

$$(2.1.40)$$

他证明了：当 $n \geqslant 5$ 且 $D \geqslant 2$ 时，方程(2.1.40)至多有 1 组解 (x, y, m) 适合

$$x \geqslant \begin{cases} 3, \text{当 } n = 5 \text{ 或 } 6 \text{ 时,} \\ 2, \text{其它情况.} \end{cases}$$

最近，Langmann[75]还讨论了类似的方程

$$|x^n - D^m y^n| = p, x, y, m \in \mathbb{N}, p \nmid y, \quad (2.1.41)$$

其中 p 是给定的素数. 他证明了：当 n 是大于 3 的奇素数时. 除了有限多个素数 p 以外，方程(2.1.41)至多有 $n+1$ 组解 (x, y, m). 在一般情况下，我们有以下猜想：

猜想 2.1.6 设 a, b, k, n 是给定的正整数. 当 $n \geqslant 3$ 时，方程

$$|a^r x^n - b^s y^n| = k, x, y \in \mathbb{N}, \gcd(x, y) = 1,$$
$$r, s \in \mathbb{Z}, 0 \leqslant r, s < n \quad (2.1.42)$$

至多有 $n^{\omega(k)}$ 组解 (x, y, r, s).

§2.2 Thue 不等式

设 n 是大于 2 的正整数，$f(X, Y) = a_0 X^n + a_1 X^{n-1} Y + \cdots + a_n Y^n$ 是二元 n 次原型. 对于正整数 k，不等式

$$|f(x, y)| \leqslant k, x, y \in \mathbb{Z} \quad (2.2.1)$$

称为 Thue 不等式. 由于 Thue 不等式等价于有限多个 Thue 方程，所以它必定仅有有限多组解 (x, y)，并且根据定理 2.1.1 可知这些解都是可以有效计算的.

本节设 $N_f(k)$ 是不等式(2.2.1)的解 (x, y) 的个数. 1929 年，Siegel[120]曾经提出：

猜想 2.2.1 如果 $f(X, Y)$ 的系数中恰有 s_f 个非零数，则必有 $N_f(k) < C_1(s_f) k^{2/n}$.

因为当整数 x, y 适合

$$\max(|x|, |y|) \leqslant \left(\frac{k}{|a_0| + |a_1| + \cdots + |a_n|} \right)^{1/n}$$

$$(2.2.2)$$

时,数组 (x,y) 都是不等式 $(2.2.1)$ 的解,故从 $(2.2.2)$ 可得 $N_f(k)$ $>C_2(H_f)k^{2/n}$. 由此可知猜想 2.2.1 提出的上界中"$k^{2/n}$"项是无法改进的.

设 A_f 是区域

$$|f(X,Y)| \leqslant 1, X, Y \in \mathbb{R} \tag{2.2.3}$$

的面积. 1934 年,Mahler[89,II] 运用丢番图逼近方法给出了解数 $N_f(k)$ 的非实效的上界. 他证明了:

$$|N_f(k) - A_f k^{2/n}| < C_1^*(f)k^{1/(n-1)} \tag{2.2.4}$$

从 $(2.2.4)$ 可得

$$N_f(k) < C_2^*(f)k^{2/n} \tag{2.2.5}$$

最近,Thunder[138] 对于 $n=3$ 的情况给出了形如 $(2.2.4)$ 的可有效计算的上界. 他证明了:当 $n=3$ 时,

$$|N_f(k) - A_f k^{2/3}| < C_3 k^{29/44}(3 + \log k) \tag{2.2.6}$$

从 $(2.2.4)$,$(2.2.6)$ 可知解数 $N_f(k)$ 与区域 $(2.2.3)$ 的面积 A_f 有着密切的联系. 对此,Bean[6-8] 证明了:当 $n \geqslant 3$ 时,对于任何二元 n 次原型 $f(X,Y)$ 都有

$$A_f \leqslant B\left(\frac{1}{3}, \frac{1}{3}\right) < 15.8998, \tag{2.2.7}$$

其中

$$B(u,v) = \int_0^1 z^{u-1}(1-z)^{v-1}dz$$

是 Euler Γ-函数. 另外,Bean[9-11] 还深入研究了有关 A_f 的其它性质. 这些结果对于讨论 Thue 不等式的解数有着重要的意义.

1987 年,Schmidt[113] 在一般情况下给出了解数 $N_f(k)$ 的可有效计算的上界. 他证明了:

$$N_f(k) < C_4 \sqrt{ns_f}k^{2/n}(1 + (\log k)^{1/n}) \tag{2.2.8}$$

同时,Schmidt 认为上界 $(2.2.8)$ 中的"$1+(\log k)^{1/n}$"项是可以去掉的. 这一问题已在最近被 Thunder[129] 解决. 同年,Mueller[99], Mueller 和 Schmidt[101] 分别对 $s_f=2$ 以及 $s_f=3$ 的情况证实了猜

想 2.2.1.1988 年,Mueller 和 Schmidt[102]将上界(2.2.8)改进为

$$N_f(k) < C_5 s_f^2 k^{2/n}(1 + (\log k)^{1/n}). \qquad (2.2.9)$$

显然,上述结果与 Siegel 的猜想 2.2.1 仅差一个因子"$1 + (\log k)^{1/n}$".

不等式(2.2.1)适合 $\gcd(x, y) = 1$ 的解(x, y)称为本原的. 设 $N'_f(k)$ 是(2.2.1)的本原解(x, y)的个数.

1937 年,Siegel[121]运用丢番图逼近方法证明了:当 $s_f = 2$ 时, 如果

$$|a_0 a_n|^{n/2-1} \geqslant 4k^{2n-2}\left(n\prod_{p|n} p^{1/(n-1)}\right)^n, \qquad (2.2.10)$$

其中"$\prod_{p|n}$"表示"对 n 的不同素因数 p 求积",则不等式(2.2.1)至多有 1 组本原正整数解(x, y). 此后,Evertse[42]运用同样的方法证明了:当 $s_f = 2$ 时,该不等式至多有 1 组本原正整数解(x, y)满足

$$\max(|a_0 x^n|, |a_n y^n|) > C_6(n)k^{C_7(n)}, \qquad (2.2.11)$$

其中

$$C_6(n) \leqslant \begin{cases} 1152.2, & \text{当 } n = 3 \text{ 时}, \\ 98.53, & \text{当 } n = 4 \text{ 时}, \\ n^2, & \text{当 } n \geqslant 5 \text{ 时}. \end{cases} \qquad (2.2.12)$$

Mueller[99]证明了:当 $s_f = 2$ 且 $a_0 > a_n > 0$ 时,对于任何适合 $0 < \delta < 1$ 的正数 δ,不等式(2.2.1)满足

$$x \geqslant \left(\frac{2k}{a_0^{1-\delta}\alpha}\right)^{1/((n/2)-1)} \qquad (2.2.13)$$

的本原正整数解(x, y)的个数不超过 $6 + C_7(\delta, a_0, k)/\log(n/2)$,其中 $\alpha = (a_0/a_n)^{1/n}$,

$$C_7(\delta, a_0, k) = 29 + \log \delta^{-1} + \log\left(1 + \frac{\log(2k)}{\log a_0}\right);$$

$$(2.2.14)$$

特别是当 $n \geqslant \max(10^4, 3\log k, \log a_0)$时,该不等式至多有 5 组本原正整数解$(x, y)$. 在一般情况下,Mueller[100]证明了:当 $n \geqslant 3s_f$ 时,不等式(2.2.1)满足

$$\min(|x|,|y|) \geqslant ((e^6 s_f)^n (800(\log n)^3)^{2s_f} k)^{1/(n-3s_f)}$$

$$(2.2.15)$$

的本原解的个数不超过 $C_8(s_f + (s_f \log s_f)/\log((n/s_f)-1))$. 由于不等式 (2.2.1) 的本原解与代数数的有理逼近有着直接的联系,因此 Schmidt[116]曾经提出:

猜想 2.2.2 $N'_f(k) < C_9(s_f)$.

这是一个迄今尚未解决的问题. 从文献[101]中的结果可知:当 $n \geqslant 9, s_f \leqslant 3$ 且 $k \leqslant H_f^{1-3/n}$ 时,该猜想是成立的.

另外,Mueller 和 Schmidt[104]还讨论了更一般的不等式

$$|f(x,y)| \leqslant k |\max(x,y)|^\gamma, x,y \in \mathbb{Z}, \gcd(x,y) = 1,$$

$$(2.2.16)$$

其中 γ 是适合 $0 < \gamma < n-2$ 的正数. 他们证明了:当 $2(s_f-1) < n -\gamma$ 时,该不等式至多有 $C_{10}(n,\gamma)k^t$ 组解 (x,y),其中 $t = \max(2/(n-\gamma), 1/(n-\gamma-2(s_f-1)))$.

§2.3 广义 Thue 方程与 Thue 不等式

设 m、n 是适合 $n > m \geqslant 2$ 的正整数,K 是 n 次代数数域,$f(X_1, X_2, \cdots, X_m)$" 是 K 上的 m 元 n 次模型. 对于非零整数 k,方程

$$f(x_1, x_2, \cdots, x_m) = k, x_1, x_2, \cdots, x_m \in \mathbb{Z}, \gcd(x_1, x_2, \cdots, x_m) = 1$$

$$(2.3.1)$$

是方程 (2.1.1) 的推广,称为广义 Thue 方程. 半个世纪以前,Siegel,Chabauty,Skolem,Nagell 等人就曾经讨论了它的一些特殊情况,有关这方面的早期工作可参考文献[98]的第 23 章.

1971 年,Schmidt[111]运用他在联立丢番图逼近方面的结果,给出了方程 (2.3.1) 的解数有限的充要条件. 他证明了:如果方程 (2.3.1) 有解,则当且仅当 $f(X_1, X_2, \cdots, X_m)$ 在 K 上非退化时,它仅有有限多组解 $(x_1, x_2, \cdots, x_m)$. 因此以下不妨假定 $f(X_1, X_2, \cdots, X_m)$ 是非退化的. 对此,Schmidt 运用他提出的子空间理论,讨论了

方程(2.3.1)解数的可有效计算的上界.本节设 $N_f(k)$ 是方程(2.3.1)的解 $(x_1,x_2,\cdots,x_m)$ 的个数.1987 年,Schmidt[114] 证明了:
$$N_f(1) \leqslant (2n)^{2^{31m}n^2}. \tag{2.3.2}$$
此后,Schmidt[115] 又对一般的情况证明了:当 $k>0$ 时,
$$N_f(k) \leqslant C_1(m,n)C_2(m,n,k), \tag{2.3.3}$$
其中
$$C_1(m,n) = \min\left(n^{2^{30m}n^2},n^{(2m)^{2^{m+4}m}}\right),C_2(m,n,k)$$
$$= \binom{n}{m-1}^{\omega(k)}\tau_{m-1}(k^n), \tag{2.3.4}$$
这里 $\omega(k)$ 是 k 的不同素因数的个数,$\tau_{m-1}(k^n)$ 表示正整数 k^n 的不同 $m-1$ 元乘法分拆
$$k^n = k_1k_2\cdots k_{m-1},k_1,k_2,\cdots,k_{m-1} \in \mathbb{N}$$
的个数.另外,Everest[40] 还给出了方程(2.3.1)适合 $\max(|x_1|,|x_2|,\cdots,|x_m|)<C_3$ 的解数的渐近公式.最近,Evertse[47] 运用子空间理论的改进形式,将上述结果推广到了 $f(X_1,X_2,\cdots,X_m)$ 是一般分解型的情况.

关于方程(2.3.1)解的上界,Schmidt,Schlickewei、Győry 等人运用丢番图逼近方法给出了一些非实效性的结果(参见文献[65]).1978 年,Győry 和 Papp[66] 首先运用 Gel'fond-Baker 方法给出了可有效计算的上界.目前有关这方面的最好结果是由 Bugeaud 和 Győry[25] 得到的.设 $f(X_1,X_2,\cdots,X_m)$ 可表成 (1.6.9),$K=\mathbb{Q}(\alpha_1,\alpha_2,\cdots,\alpha_m)$.Bugeaud 和 Győry 证明了:当 K 是 r_1+2r_2 型数域且 $[K:\mathbb{Q}(\alpha_1,\alpha_2,\cdots,\alpha_{m-1})]\geqslant3$ 时,方程(2.3.1)适合 $x_m\neq0$ 的解 $(x_1,x_2,\cdots,x_m)$ 都满足

$$\max(|x_1|,|x_2|,\cdots,|x_m|) < |k|^{(m-1)/n}\exp(3^{r_K+26}(r_K+1)^{7r_K+19}$$
$$n^{8n+14}R_K(\log\max(1,R_K))(R_K+\log(AB))), \tag{2.3.5}$$
其中 $A=\max(e,h(\alpha_1),h(\alpha_2),\cdots,h(\alpha_m)),B=\max(e,|k|)$.

另外,Everest 和 Győry[41],Evertse 和 Győry[50—52,55],Gaál,Pethö 和 Pohst[59,60],Győry[63,64],Langmann[72—74],Smart[125],

Voutier[146]等人还用同样的方法讨论了其它类型的分解型方程与方程组.

对于正整数 k,不等式
$$|f(x_1,x_2,\cdots,x_m)| \leqslant k, x_1,x_2,\cdots,x_m \in \mathbb{Z} \qquad (2.3.6)$$
称为广义 Thue 不等式. 根据 Schmidt[111]关于广义 Thue 方程的结果可知:当且仅当 $f(X_1,X_2,\cdots,X_m)$ 非退化时,不等式(2.3.6)必定仅有有限多组解 $(x_1,x_2,\cdots,x_m)$. 1972 年,Schmidt[112]进一步证明了:当 $f(X_1,X_2,\cdots,X_m)$ 非退化时,该不等式的解数与区域
$$|f(X_1,X_2,\cdots,X_m)| \leqslant 1, X_1,X_2,\cdots,X_m \in \mathbb{R} \qquad (2.3.7)$$
的体积有关. 设 $N_f(k)$ 是不等式(2.3.6)的解 $(x_1,x_2,\cdots,x_m)$ 的个数,A_f 是区域(2.3.7)的体积. 已知 $N_f(k)$ 的大小与 $A_f k^{m/n}$ 相关. 最近,Bean 和 Thunder[12]给出了 A_f 的上界. 他们证明了:
$$|\Delta_f^{(n-m)1/n!} A_f| < C_4. \qquad (2.3.8)$$

§2.4 Thue-Mahler 方程

设 n 是大于 2 的正整数,$f(X,Y) = a_0 X^n + a_1 X^{n-1}Y + \cdots + a_n Y^n$ 是二元 n 次原型;又设 k 是非零整数,p_1、p_2、$\cdots$、p_r 是适合 $p_1 < p_2 < \cdots < p_r$ 的素数. 1933 年,Mahler[89;II]推广了 Thue[137]提出的丢番图逼近方法,从而证明了:方程
$$f(x,y) = k p_1^{z_1} p_2^{z_2} \cdots p_r^{z_r}, x,y,z_1,z_2,\cdots,z_r \in \mathbb{Z},$$
$$\gcd(x,y) = 1, z_1 \geqslant 0, z_2 \geqslant 0, \cdots, z_r \geqslant 0 \qquad (2.4.1)$$
仅有有限多组解 $(x,y,z_1,z_2,\cdots,z_r)$. 因此,方程(2.4.1)称为 Thue-Mahler 方程,它是 Thue 方程的一类指数形式的推广.

设 $N_f(k,p_1,p_2,\cdots,p_r)$ 是方程(2.4.1)的解 $(x,y,z_1,z_2,\cdots,z_r)$ 的个数. 关于它的上界,Mahler[89;II]证明了:
$$N_f(k,p_1,p_2,\cdots,p_r) < (C_1^*(f))^{r+\omega(k)+1}, \qquad (2.4.2)$$
其中 $\omega(k)$ 是 $|k|$ 的不同素因数的个数. 1961 年,Lewis 和 Mahler[84]最早给出了解数的可有效计算的上界. 他们证明了:

$$N_f(k,p_1,p_2,\cdots,p_r) < C_1(nH_f)^{c_2\sqrt{n}} + (C_3n)^{r+\omega(k)+1}.$$
$$(2.4.3)$$

根据 Tijdeman[140] 的计算,(2.4.3)中的绝对常数 C_1,C_2,C_3 都不超过 100.

1983 年,Evertse[43] 首先给出了与 $f(X,Y)$ 的系数无关的解数上界. 他证明了:当 $k=1$ 时,

$$N_f(1,p_1,p_2,\cdots,p_r) \leqslant 7^{15(\binom{n}{3}+1)^2} + 6 \cdot 7^{2\binom{n}{3}(r+1)}. \quad (2.4.4)$$

此后,Bombieri[17] 对于一般的 k 证明了:

$$N_f(k,p_1,p_2,\cdots,p_r) \leqslant (4n)^{27(r+\omega(k)+1)}. \quad (2.4.5)$$

1991 年,Stewart[128] 对于充分大的 k 改进了上界(2.4.5). 他证明了:当 $|k|>C_4$ 时,

$$N_f(k) \leqslant 2(r+1)n^{3+\omega(k)}. \quad (2.4.6)$$

显然,以上给出的解数上界都是相当大的. 对此,Evertse 和 Györy[53,54] 指出:除了有限多个二元 n 次原型的等价类以外,方程(2.4.1)解数的上界是可以大大缩小的.

1970 年,Coates 运用 Gel′fond-Baker 方法证明了:对于互素的整数 x,y,如果 $f(x,y)\neq0$,则正整数 $|f(x,y)|$ 的最大素因数 $P(f(x,y))$ 满足

$$P(f(x,y))>C_5(n,H_f)\log\log\max(3,|x|,|y|). \quad (2.4.7)$$

从(2.4.7)直接可知:方程(2.4.1)的解$(x,y,z_1,z_2,\cdots,z_r)$都满足

$$\max(|x|,|y|) < C_6(n,H_f)\exp\exp\max(3,|k|,p_r).$$
$$(2.4.8)$$

此后,Kotov,Sprindžuk,Györy 和 Papp 等人分别改进了上界(2.4.8). 目前这方面的最好结果是由 Bugeaud 和 Györy[25] 得到的. 设 α 是代数方程(2.1.2)的根,$K=\mathbb{Q}(\alpha)$. 他们证明了:方程(2.4.1)的解$(x,y,z_1,z_2,\cdots,z_r)$满足

$$\max(|x|,|y|,p_1^{z_1},p_2^{z_2},\cdots,p_r^{z_r}) < \exp(3^{n(2r+1)+27}$$
$$n^{2n(7r+13)+13}(r+1)^{5n(r+1)+15}p_r^{n(n-1)(n-2)}$$
$$(\log p_r)^{nr+2}R_Kh_K(\log\max(e,R_Kh_K))^2$$

$$(R_K + rh_K + \log(|k|H_f)))\qquad(2.4.9)$$

以及

$$\max(|x|,|y|,p_1^{z_1},p_2^{z_2},\cdots,p_r^{z_r}) < \exp$$

$$(2^{5n}3^{n(2r+1)+27}n^{3n+2u(7r+13)+13}(r+1)^{5n(r+1)+15}p_r^{n(n-1)(n-2)}$$

$$(\log p_r)^{nr+2}H_f^{2n-2}(\log\max(e,H_f))^{2n-1}\log|k|),\qquad(2.4.10)$$

其中 h_K,R_K 分别是 K 的类数和调整子. 此外, Brindza, Evertse 和 Györy[21] 还给出了该方程的解仅与 n,Δ_f,k,p_r 有关的上界. 上述结果的证明都用到 Gel'fond-Baker 方法(参见文献[56]). 另外, Bombieri[18] 综合丢番图逼近和算术代数几何方法讨论了方程(2.4.1)的上界.

对于某些系数较小的二元三次原型 $f(X,Y)$ 以及较小的素数 $p_1,p_2,\cdots,p_r$, Tzanakis 和 de Weger 具体求出了方程(2.4.1)的全部解 $(x,y,z_1,z_2,\cdots,z_r)$. 从这些数值例子可知, 在目前该方程的求解仍是个很复杂的计算问题.

设 $f(X_1,X_2,\cdots,X_m)$ 是 n 次代数数域 K 上的 m 元 n 次模型. 方程

$$f(x_1,x_2,\cdots,x_m) = kp_1^{z_1}p_2^{z_2}\cdots p_r^{z_r}, x_1,x_2,\cdots,x_m,z_1,z_2,$$

$$\cdots,z_r \in \mathbb{Z}, \gcd(x_1,x_2,\cdots,x_m)=1, z_1\geqslant 0, z_2\geqslant 0,\cdots,z_r\geqslant 0$$

$$(2.4.11)$$

是方程(2.4.1)的直接推广, 称为广义 Thue-Mahler 方程. 关于它的解数, 乐茂华[79] 证明了: 当 $f(X_1,X_2,\cdots,X_m)$ 非退化时, 如果 $p_i \nmid \Delta_f(i=1,2,\cdots,r)$, 则方程(2.4.11)的解 $(x_1,x_2,\cdots,x_m,z_1,z_2,\cdots,z_r)$ 的个数不超过

$$(4(r+\omega(k))(n!)^2)^{2^{36n!n}(n!r)^6}h_K^{n(r+\omega(k))}.$$

对于该方程解的可有效计算的上界, 至今尚未见到一般的结果. 关于这方面的非实效性结果可参考文献[56]和[65].

§2.5 整数递推数列的多重值

设 n 是正整数, $a_1,a_2,\cdots,a_n$ 是适合 $a_n\neq 0$ 的整数. 常系数线

性齐次递推关系

$$u_{m+n}=a_1u_{m+n-1}+a_2u_{m+n-2}+\cdots+a_nu_m,m\geqslant 0 \qquad (2.5.1)$$

称为 n 阶整数递推关系,简称递推关系. 此时,多项式 $f(X)=X^n-a_1X^{n-1}-a_2X^{n-2}-\cdots-a_n$ 称为递推关系(2.5.1)的特征多项式,代数方程

$$f(z)=0 \qquad (2.5.2)$$

的根称为它的特征根.

设 u_0、u_1、$\cdots$、u_{n-1} 是不全为零的整数. 如果数列 $U=\{u_m\}_{m=0}^{\infty}$ 满足递推关系(2.5.1)以及初始值 $u_0,u_1,\cdots,u_{n-1}$,则称 U 是整数递推数列,简称递推数列. 同一个递推数列可以满足不同的递推关系. 例如:当 $U=\{1\}_{m=0}^{\infty}$ 时,U 同时满足一阶递推关系

$$u_0=1,u_{m+1}=u_m,m\geqslant 0 \qquad (2.5.3)$$

以及二阶递推关系

$$u_0=1,u_1=1,u_{m+2}=2u_{m+1}-u_m,m\geqslant 0. \qquad (2.5.4)$$

如果(2.5.1)是递推数列 $U=\{u_m\}_{m=0}^{\infty}$ 所满足的阶数最低的递推关系,则称它是 U 的最小递推关系,它是唯一存在的. 此时,U 称为 n 阶递推数列,递推关系(2.5.1)的特征多项式和特征根也称为递推数列 U 的特征多项式和特征根. 已知如果 $g(X)$ 是数列 U 所满足的另一递推关系的特征多项式,则必有 $f(X)|g(X)$.

当递推数列 $U=\{u_m\}_{m=0}^{\infty}$ 有 s 个不同的特征根 $\alpha_1,\alpha_2,\cdots,\alpha_s$,它们的重数分别是 $e_1,e_2,\cdots,e_s$ 时,U 中的每一项 $u_m(m\geqslant 0)$ 都可表成

$$u_m=\sum_{i=1}^{s}h_i(m)\alpha_i^m,m\geqslant 0, \qquad (2.5.5)$$

其中 $h_i(X)(i=1,2,\cdots,s)$ 分别是次数等于 $e_i-1(i=1,2,\cdots,s)$ 的多项式,它们的系数仅与 $a_1,a_2,\cdots,a_n$ 以及 $u_0,u_1,\cdots,u_{n-1}$ 有关.

对于递推数列 $U=\{u_m\}_{m=0}^{\infty}$,如果存在非负整数 m_0 以及正整数 t 可使

$$u_{m+t}=u_m,m\geqslant m_0, \qquad (2.5.6)$$

则称 U 是循环的,否则是非循环的. 已知当 U 的特征根都不是单位根,而且它的任何两个不同特征根的商也不是单位根时,U 本身

以及它的任何一个下标数字构成等差数列的子序列 $\{u_{l+dm}\}_{m=0}^{\infty}(l, d \in \mathbb{Z}, l \geqslant 0, d > 0)$ 都不是循环数列. 如此的递推数列 U 称为非退化的.

对于给定的整数 k, 设 $N(k)$ 是适合

$$u_m = k, m \geqslant 0 \tag{2.5.7}$$

的非负整数 m 的个数. 当 $N(k) > 1$ 时, k 称为递推数列 $U = \{u_m\}_{m=0}^{\infty}$ 的一个多重值. 显然, 如果数列 U 存在多重值, 则方程

$$u_x = u_y, x, y \in \mathbb{Z}, 0 \leqslant x < y \tag{2.5.8}$$

必有解 (x, y), 反之亦然. 本节主要讨论非退化递推数列的多重值.

当 $n = 1$ 时, 如果递推数列 U 是非退化的, 则必有 $a_1 \neq 0$ 或 ± 1. 此时 U 显然没有多重值.

当 $n = 2$ 时, Mahler[90] 运用 p-adic 形式的丢番图逼近方法证明了: 当 $m \to \infty$ 时, $|u_m| \to \infty$. 由此可知: 对于任何整数 k, $N(k)$ 都是有限的. 1930 年, Ward 曾经猜测: $N(k) \leqslant 5$. 对此, Chowla, Dunton, Lewis, Loxton, Alter 和 Kubota 等人分别证明了该猜想的一些特殊情况. 1977 年, Kubota[69] 完整地解决了 Ward 猜想, 并且给出了更强的结果. 他证明了: 对于任何整数 k, 都有 $N(k) \leqslant 4$. 1980 年, Beukers[14] 进一步证明了: 除了满足

$$u_0 = 1, u_1 = -1, u_{m+2} = -u_{m+1} - 2u_m, m \geqslant 0 \tag{2.5.9}$$

的递推数列 $U = \{u_m\}_{m=0}^{\infty}$ 以外, 都有 $N(k) \leqslant 3$.

当 $n = 2$ 时, 设 $D = a_1^2 + 4a_2$. 如果 $D \neq 0$, 则相应的二阶递推数列 $U = \{u_m\}_{m=0}^{\infty}$ 有两个不同的特征根

$$\alpha_1 = \frac{1}{2}(a_1 + \sqrt{D}), \alpha_2 = \frac{1}{2}(a_1 - \sqrt{D}), \tag{2.5.10}$$

它们的重数都等于 1. 当 U 的初始值为 $u_0 = 0$ 以及 $u_1 = 1$ 时, 从 (2.5.5), (2.5.10), 可得

$$u_m = \frac{\alpha_1^m - \alpha_2^m}{\alpha_1 - \alpha_2}, m \geqslant 0. \tag{2.5.11}$$

这是一类最基本也是最重要的递推数列. 由于著名的 Fibonacci

数列是它的一个特例,所以此类递推数列称为广义 Fibonacci 数列. 从本书第三章和第五章的讨论中可知,很多指数型丢番图方程的解数问题都与此类递推数列的多重值有关.

对于给定的正整数 k,设 $N'(k)$ 是适合

$$|u_m| = k, m \geq 0 \qquad (2.5.12)$$

的非负整数 m 的个数. 1991 年,乐茂华[77]运用 Gel'fond-Baker 方法讨论了广义 Fibonacci 数列的多重值. 他证明了:

定理 2.5.1 设二阶递推数列 $U = \{u_m\}_{m=0}^{\infty}$ 满足递推关系

$$u_0 = 0, u_1 = 1, u_{m+2} = a_1 u_{m+1} + a_2 u_m, m \geq 0, (2.5.13)$$

其中整数 a_1, a_2 适合 $\gcd(a_1, a_2) = 1$ 以及 $a_2 \neq 0$ 或 ± 1. 当 $\max(|D|, |a_2|) > C_1$ 时,除了

(i)如果 $a_1 = \pm 1$ 或者 $a_1^2 + a_2 = \pm 1$,则 $N'(1) = 2$;

(ii)如果 $a_1^2 + 2a_2 = \pm 1$,则 $N'(|u_2|) = 2$;

这两种情况以外,必有 $N'(k) \leq 1 (k \in \mathbb{N})$.

证 因为 $\gcd(a_1, a_2) = 1$ 且 $a_2 \neq 0$ 或 ± 1,所以 $D = a_1^2 + 4a_2 \neq 0$. 因此从(2.5.13)可知递推数列 $U = \{u_m\}_{m=0}^{\infty}$ 是广义 Fibonacci 数列,它的每一项 $u_m (m \geq 0)$ 都可表成(2.5.11).

当 $D > 0$ 时,由于 $|u_m|$ 在 $m > 1$ 时是严格单调递增的,所以若有正整数 k 可使 $N'(k) > 1$,则仅可能有 $k = 1$ 以及 $u_1 = |u_2| = 1$. 此时,从(2.5.11)可得 $a_1 = \pm 1$.

当 $D < 0$,$k = 1$ 且 $2 \mid a_1$ 时,如果 $N'(1) > 1$,则从(2.5.11)可得

$$|u_m| = \left| \frac{\alpha_1^m - \alpha_2^m}{\alpha_1 - \alpha_2} \right| = 1, m > 1 \qquad (2.5.14)$$

因为 $2 \mid a_1$,所以当 $2 \mid m$ 时,必有 $2 \mid u_m$. 因此(2.5.14)中的 m 必为奇数. 此时 m 有奇素因数 p. 由于 $u_p \mid u_m$,故从(2.5.14)可得

$$|u_p| = 1. \qquad (2.5.15)$$

当 $p = 3$ 时,从(2.5.11),(2.5.15)可得 $u_3 = \alpha_1^2 + \alpha_1 \alpha_2 + \alpha_2^2 = (\alpha_1 + \alpha_2)^2 - \alpha_1 \alpha_2 = a_1^2 + a_2 = \pm 1$. 此时假如 $m > 3$,则从(2.5.14)可得

$$|u_m| = |u_{m/3}| \left| \frac{\alpha_1^m - \alpha_2^m}{\alpha_1^{m/3} - \alpha_2^{m/3}} \right| = 1. \qquad (2.5.16)$$

因此 $u_{m/3}|u_m$,故从(2.5.16)可知

$$|u_{m/3}| = 1 \qquad (2.5.17)$$

以及

$$\frac{\alpha_1^m - \alpha_2^m}{\alpha_1^{m/3} - \alpha_2^{m/3}} = (\alpha_1^{m/3} + \alpha_2^{m/3})^2 - (\alpha_1\alpha_2)^{m/3}$$

$$= (\alpha_1^{m/3} + \alpha_2^{m/3})^2 - (-a_2)^{m/3}$$

$$= \pm 1. \qquad (2.5.18)$$

因为 $\alpha_1^{m/3} + \alpha_2^{m/3}$ 是整数,$a_2 \neq 0$ 或 ± 1,$m/3 > 1$,所以根据文献[28],[68]中的结果,从(2.5.18)可得 $m=9$,$a_2 = -2$ 以及

$$|\alpha_1^3 + \alpha_2^3| = 3. \qquad (2.5.19)$$

由于 $\alpha_1^3 + \alpha_2^3 = a_1(a_1^2 + 3a_2) = a_1(a_1^2 - 6)$,故从(2.5.19)可得 $3|a_1$ 以及 $9|\alpha_1^3 + \alpha_2^3$ 这一矛盾.因此 $m=3$,而且当 $a_1^2 + a_2 = \pm 1$ 时,必有 $N'(1) = 2$.

当 $p=5$ 时,从(2.5.15)可得

$$\left(a_2 + \frac{3}{2} a_1^2\right)^2 - 20\left(\frac{a_1}{2}\right)^4 = \pm 1. \qquad (2.5.20)$$

根据文献[28]中的结果,从(2.5.20)可知此时 $\max(|D|, |a_2|) < C_1$.

当 $p \geq 7$ 时,从(2.5.15)可得

$$\sum_{j=0}^{(p-1)/2} \frac{(p-j-1)!p}{(p-2j)!j!} D^{(p-1)/2-j}(-a_2)^j = \pm 1. \qquad (2.5.21)$$

设

$$f(X,Y) = \sum_{j=0}^{(p-1)/2} \frac{(p-j-1)!p}{(p-2j)!j!} X^{(p-1)/2-j}Y^j. \qquad (2.5.22)$$

根据引理 1.1.1,从(2.5.22)可知 $f(X,Y)$ 是二元 $(p-1)/2$ 次原型.因此,当 $p \geq 7$ 时,根据定理 2.1.1,从(2.5.21)可知

$$\max(|D|, |a_2|) < C_2(p). \qquad (2.5.23)$$

同时,根据定理 1.8.1,从(2.5.10),(2.5.11)和(2.5.15)可得

$$p < C_3. \tag{2.5.24}$$

结合(2.5.23),(2.5.24)立得 $\max|D|,|a_2|) < C_1$. 综上所述可知:当 $D<0,k=1$ 且 $2\nmid a_1$ 时,如果 $\max(|D|,|a_2|)>C_1$,则除了情况(i),(ii)以外,必有 $N'(k)\leqslant1$. 运用上述方法,同理可证 $D<0,k=1$ 且 $2\nmid a_1$ 以及 $D<0$ 且 $k>1$ 时的情况. 定理证完.

关于定理 2.5.1 中的常数 C_1,文献[77]具体算出 $C_1<\exp\exp\exp\exp 1000$. 从该定理可知:当 $\gcd(a_1,a_2)=1$ 且 $a_2\neq0$ 或 ±1 时,除了两类已知的例外情况,仅可能有有限多个适此条件的广义 Fibonacci 数列有多重值. 根据上述结果,我们有以下猜想:

猜想 2.5.1　当广义 Fibonacci 数列 $U=\{u_m\}_{m=0}^{\infty}$ 的最小递推关系(2.5.13)满足 $\gcd(a_1,a_2)=1$ 以及 $a_2\neq0$ 或 ±1 时,除了

(i)如果 $a_1=\pm1$ 或者 $a_1^2+a_2=\pm1$,则 $N'(1)=1$;

(ii)如果 $a_1^2+2a_2=\pm1$,则 $N'(|u_2|)=2$;

这两种情况以外,对于任何正整数 k,都有 $N'(k)\leqslant1$.

此外,广义 Fibonacci 数列还与其它数论问题有关,以下介绍一个椭圆模函数方面的例子. 设函数

$$\Delta(z)=e^{2\pi z\sqrt{-1}}\prod_{n=1}^{\infty}\left(1-e^{2\pi nz\sqrt{-1}}\right)^{24}=\sum_{n=1}^{\infty}\tau(n)z^n,$$
$$\tag{2.5.25}$$

其中 $\tau(n)(n\in\mathbb{N})$ 称为 Ramanujan τ-函数. 对于素数 p 以及非负整数 m,已知 $\tau(p^m)$ 满足

$$\tau(p^{m+2})=\tau(p)\tau(p^{m+1})-p^{11}\tau(p^m),m\geqslant0. \tag{2.5.26}$$

设 $u_0=0,u_m=\tau(p^{m-1})(m>0)$. 因为 $\tau(1)=1$,故从(2.5.26)可知数列 $U=\{u_m\}_{m=0}^{\infty}$ 满足递推关系

$$u_0=0,u_1=1,u_{m+2}=\tau(p)u_{m+1}-p^{11}u_m,m\geqslant0. $$
$$\tag{2.5.27}$$

由此可知

$$\tau(p^m)=u_{m+1}=\frac{\lambda_p^{m+1}-\overline{\lambda}_p^{m+1}-}{\lambda_p-\overline{\lambda}_p},m\geqslant0, \tag{2.5.28}$$

其中

$$\lambda_p = \frac{1}{2}\left(\tau(p) + \sqrt{(\tau(p))^2 - 4p^{11}}\right),$$

$$\overline{\lambda}_p = \frac{1}{2}\left(\tau(p) - \sqrt{(\tau(p))^2 - 4p^{11}}\right).$$

1974 年，Deligne[36] 证明了：对于任何素数 p，都有 $|\lambda_p| = |\overline{\lambda}_p| = p^{11/2}$. 由此可知 $|\tau(p)| \leqslant 2p^{11/2}$，从而解决了著名的 Ramanujan-Petersson 猜想. 1987 年，Shorey[117] 运用 Gel'fond-Baker 方法证明了：当 $\tau(p) \neq 0$ 时，如果

$$\tau(p^m) = \tau(p^n), m,n \in \mathbb{N}, m < n, \qquad (2.5.29)$$

则必有 $\max(n,p) < C_4$.

当 $n > 2$ 时，人们对于 n 阶非退化递推数列的多重值有过大量的工作，有关这方面的详细情况可参考文献[56]，[118]. 1982 年，van der Poorten 和 Schlickewei[144] 证明了：对于任何正数 δ，当 $m > C_5(\delta, U)$ 时，必有

$$|u_m| > A^{m(1-\delta)}, \qquad (2.5.30)$$

其中 $A = \max(|\alpha_1|, |\alpha_2|, \cdots, |\alpha_s|)$. 根据 (2.5.30)，Glass，Loxton 和 van der Poorten[62] 证明了：对于任何整数 k 以及非退化递推数列 U，$N(k)$ 都是有限的. 关于 $N(k)$ 的上界，van der Poorten 和 Schlickewei[145] 证明了：$N(0) < C_6(n)$，其中 $C_6(n)$ 是 n 的指数函数.

对于正整数 a，设 $P(a)$ 是 a 的最大素因素. 1984 年 Evertse[46] 运用 p-adic 形式的丢番图逼近方法证明了：如果 $U = \{u_m\}_{m=0}^{\infty}$ 是非退化递推数列，则当 $m \to \infty$ 时，必有 $P(|u_m|) \to \infty$. 上述结果从本质上改进了本节开头提到的 Mahler 的结果，由此可以得出很多有用的推论. 例如：对于任何给定的素数 $p_1, p_2, \cdots, p_r$，从上述结果直接可知方程

$$|u_m| = p_1^{z_1} p_2^{z_2} \cdots p_r^{z_r}, m, z_i \in \mathbb{Z}, m \geqslant 0, z_i \geqslant 0, i = 1, 2, \cdots, r$$

$$(2.5.31)$$

仅有有限多组解 $(m, z_1, z_2, \cdots, z_r)$. 对于具体的数列 U，方程 (2.5.31) 的求解通常是很困难的，目前只解决了几个极特殊的情

况(参见文献[23],[76],[96],[97]).同时,人们至今还无法解决以下问题:

猜想 2.5.2 对于任何非退化递推数列 $U = \{u_m\}_{m=0}^{\infty}$,当 $m \rightarrow \infty$ 时,必有 $P(|u_m|)/m \rightarrow \infty$.

最后介绍一下广义 Fibonacci 数列的本原素因数问题. 设 $U = \{u_m\}_{m=0}^{\infty}$ 是广义 Fibonacci 数列. 如果素数 p 满足 $p | u_k$ 以及 $p \nmid u_i (i = 1, 2, \cdots, k-1)$,则称 p 是项 u_k 的本原素因数. 早在本世纪初,Birkhoff 和 Vandiver[16]已经证明了:如果 U 的特征根是整数,则当 $m > 6$ 时,u_m 都有本原素因数. 此后,Carmichael[26]证明了:如果 U 的特征根是实数,则当 $m > 12$ 时,u_m 都有本原素因数. 1977 年,Stewart[127]运用 Gel′fond-Baker 方法给出了一般性的结果. 他证明了:当 $m > e^{452} 2^{67}$ 时,u_m 都有本原素因数. 1995 年,Voutier[147]找出了所有适合 $m \leqslant 30$ 且没有本原素因数的 u_m. 同时,他提出了以下猜想:

猜想 2.5.3 对于任何广义 Fibonacci 数列 $U = \{u_m\}_{m=0}^{\infty}$,当 $m > 30$ 时,u_m 都有本原素因数.

参 考 文 献

[1] af Ekenstam A. ,Contributions to the theory of the diophantine equation $Ax^n - By^n = C$,Dissertation,Uppsala,Almqvist and Wiksells,1959.

[2] Avanesov È. T. ,Representation of integers by binary cubic forms of positive discriminant. Ivanov Gos Ped Inst Ucen Zap Fiz Mat Nauk Vyp,1969,61:3—37 (Russian).

[3] Avanesov È. T. ,A bound for number of representations of integers by binary cubic forms of positive discriminant,Acta Arith,1972,20:17—31.

[4] Baker A. ,Contributions to the theory of diophantine equations I:On the representation of integers by binary forms,Philos Trans Roy Soc London,1968,A263:173—191;II:The diophantine equation $y^2 = x^3 + k$,ibid,1968,A263:192 —208.

[5] Baulin V. I. ,On an indeterminate equation of the third degree with least positive discriminant,Tul′sk Gos Ped Inst U′ćen Zap Fiz Mat Nauk Vyp,1960,7:138— 170(Russian).

[6] Bean M. A. ,Ares of plane regions defined by binary forms,Ph D thesis,Univ of Waterloo,1992.

[7] Bean M. A. ,An isoperimetric inequality related to Thue's equation,Bull Amer Math Soc(NS),1994,31:204—207.

[8] Bean M. A. ,An isoperimetric inequality for the ares of plane regions defined by binary forms,Compositio Math,1994,92:115—131.

[9] Bean M. A. ,The number of solutions of the Thue inequality,In:Number Theory (Halifax NS,1994),CMS Conf Proc,15,Amer Math Soc,Providence RI,1995:49 —54.

[10] Bean M. A. ,A note on the Thue inequality,Proc Amer Math Soc,1995,123: 1975—1979.

[11] Bean M. A. ,Binary forms,hypergeometric functions and the Schwarz-Christoffel mapping formula,Trans Amer Math Soc,1995,347:4959—4983.

[12] Bean M. A. , Thunder J. L. , Inégalitès isopérimétriques associées à des formes décomposablec,C R Acad Séi Paris Sér I Math,1995,321:681—684.

[13] Bennett M. A. ,de Weger B. M. M. ,On the diophantine equation $|ax^n - by^n| = 1$, to appear.

[14] Beukers F. , The multiplicity of binary recurrences,Compositio Math,1980,40: 251—267.

[15] Bilu Yu, Hanrot G. , Solving Thue equations of high degree, Math Comp, to appear.

[16] Birkhoff G. D. ,Vandiver H S. ,On the integral divisors of $a^n - b^n$, Ann of Math (2),1904,5:173—180.

[17] Bombieri E. , On the Thue-Mahler equation, In: Lecture Notes in Math 1290, Berlin:Springer-Verlag,1987:213—243; II :Acta Arith,1994,67:69—96.

[18] Bombieri E. ,Effective diophantine approximation on G_m, Ann Scuola Norm Sup Pisa(IV),1993,20:61—89.

[19] Bombieri E,Schmidt W. M. ,On Thue's equation,Invent Math,1987,88:69—81.

[20] Brindza B. ,On the number of solutions of Thue's equation,In:Sets,Graphs and Numbers (Budapest, 1991), Colloq Math Soc János Bolyai, 60, Amsterdam: North-Holland,1992:127—133.

[21] Brindza B. , Evertse J-H. , Györy K. , Bounds for the solutions of some diophantine equations in terms of discriminants,J Austral Math Soc Ser A,1991, 51:8—26.

[22] Brindza B. , van der Poorten A. J. , Waldschmidt M, On the distribution and number of solutions of Thue's equation,to appear.

[23] Buchmann J. ,Györy K. ,Mignotte M. ,Tzanakis N. ,Lower bounds for $P(x^3 + k)$,an elementary approach,Publ Math Debrecen,1991,38:145—163.

[24] Bugeaud Y. ,Györy K. ,Bounds for the solutions of unit equations,Acta Arith, 1996,74:67—80.

[25] Bugeaud Y. ,Györy K. ,Bounds for the solutions of Thue-Mahler equations and norm form equations. Acta Arith,1996,74:273—292.

[26] Carmichael R. D. ,On the numerical factors of the arithmetic forms $\alpha^n \pm \beta^n$,Ann of Math(2),1913,15:30—70.

[27] Chen J-H,Voutier P M. ,Complete solution of the diophantine equation $x^2 + 1 = dy^4$ and a related family of quartic Thue equations,J Number Theory,1997,62:71 —99.

[28] Cohn J. H. E. ,On square Fibonacci numbers,J London Math Soc,1964,39:537 —540.

[29] Darmon H. ,Merel L. ,Winding quotients and some variants of Fermat's Last Theorem,J Reine Angew Math. to appear.

[30] Davenport H. , Roth K. F. , Rational approximations to algebraic numbers, Mathematika,1955,2:160—167.

[31] de Weger B. M. M. , A diophantine equation of Antoniadis, In: Number Theory and Applications (Banff,AB,1988),NATO Adv Sci Inst Ser C:Math Phys Sci, 265,Dordrecht:Kluwer Acad Publ,1989:547—553.

[32] de Weger B. M. M. , Algorithms for Diophantine Equations, CWI Tract 65, Amsterdam:Centrum voor Wiskunde en Informatica,1989.

[33] de Weger B. M. M. , A hyperelliptic diophantine equation related to imaginary quadratic number fields with class number 2,J Reien Angew Math,1992,427: 137—156;Erratum:ibid,1993,441:217—218.

[34] de Weger B. M. M. ,A Thue equation with quadratic integers as variables,Math Comp,1995,64:855—861.

[35] Delaunay B. ,Über die Darstellung der Zahlen durch die binäre kubische Formen mit negativer Discriminante,Math Z,1930,31:1—26.

[36] Deligne P. ,La conjecture de Weil,Publ Math lHES,1974,43:273—307.

[37] Delone B. N. ,Solution of the indeterminate equation $x^3q + Y^3 = 1$,Izv Akad Nauk SSR(6),1922,16:253—272.

[38] Dem'janenko V. A. , Representations of numbers by a binary cubic form, Mat Zametki,1988,44:55—63,155.

[39] Domar Y. ,On the diophantine equation $|Ax^n - By^n| = 1, n \geqslant 5$,Math Scand, 1954,2:29—32.

[40] Everest G. R. ,On the solution of the norm-form equation,Amer J Math,1992, 114:667—682;Addendum;ibid,1992,114:787—788.

[41] Everest G. R. , Györy K. ,Counting solutions of decomposable form equations, Acta Arith,1997,79:173—191.

[42] Evertse J-H. ,On the equation $ax^n - by^n = c$, Compositio Math,1982,47:289— 315.

[43] Evertse J-H. , Upper bounds for the numbers of solutions of diophantine equations,MIC Tracts 168,Amsterdam:Mathematisch Centrum,1983,125pp.

[44] Evertse J-H. ,On the representation of integers by binary cubic forms of positive discriminant,Invent Math,1983,73:117—138;Erratum:ibid,1984,75:379.

[45] Evertse J-H. , On equations in S-units and the Thue-Mahler equation, Invent Math,1984,75:561—584.

[46] Evertse J-H. , On sums of S-units and linear recurrences, Compositio Math, 1984,53:225—244.

[47] Evertse J-H. ,The number of solutions of decomposable form equations,Invent Math,1995,122:559—601.

[48] Evertse J-H. ,An improvement of quantitative subspace theorem, Compositio Math,1996,101:225—311.

[49] Evertse J-H. ,Gaál I. ,Györy K. ,On the numbers of solutions of decomposalbe polynomial equations,Arch Math,1989,52:337—353.

[50] Evertse J-H. , Györy K. , Decomposable form equations, In: New Advances in Transcendence Theory (Baker A),Cambridge:Cambridge Univ Press,1988:175 —202.

[51] Evertse J-H. , Györy K. , Finiteness criteria for decomposalbe form equations, Acta Arith,1988,50:357—379.

[52] Evertse J. H. , Györy K. , On the numbers of solutions of weighted unit equations,Comp Math,1988,66:329—354.

[53] Evertse J-H. , Györy K. , Thue-Mahler equations with a small number of solutions,J Reine Angew Math,1989,399:60—80.

[54] Evertse J-H. , Györy K. , Some results on Thue equations and Thue-Mahler equations, In: Computational Number Theory, Berlin: Walter de Gruyter Co, 1991:295—302.

[55] Evertse J-H. ,Györy K. ,The number of families of solutions of decomposable form equations. Acta Arith,1997,80:367—394.

[56] Evertse J-H. ,Györy K. ,Stewart C. L. ,Tijdeman R. ,S-unit equations and their applications, In: Baker A ed. , New Advances in Transcendence Theory, Cambridge:Cambridge Univ Press,1988:109—174.

[57] Fujimori M. ,On the solutions of Thue equations,Tōhoku Math J(2),1994,46:
523—539.

[58] Gaál I. , On the resolution of some diophantine equations, In: Computational
Number Theory,Berlin:Walter de Gruyter Co,1991:261—280.

[59] Gaál I. , Pethö A. , Pohst M. , On the resolution of index form equations in
biquadratic number fields I,J Number Theory,1991,38:18—34; II : ibid,1991,
38:35—51; III,ibid,1995,53:100—114.

[60] Gaál I. ,Pethö A. ,Pohst M. ,Simultaneous representation of integers by a pair of
ternary quadratic forms,with an application to index form equations in quadtic
number fields,J Number Theory,1996,57:90—104.

[61] Gaál I. , Schulte N. , Computing all power integral base of cubic fields, Math
Comp,1989,53:689—696.

[62] Glass J. P. ,Loxton J. H. ,van der Poorten A. J. ,Identifying a rational function,C
R Math Rep Acad Sci Canada,1981,3:279—284.

[63] Györy K. ,On the numbers of families of solutions of systems of decomposable
form equations,Publ Math Debrecen,1993,42:65—101.

[64] Györy K. ,Some recent applications of S-unit equations,Acta Arith,to appear.

[65] Györy K. , Mignotte M. , Shorey T. N. , On some arithmetical properties of
weighted sums of S-units,Math Pannon,1990,1:25—43.

[66] Györy K. ,Papp Z. Z. ,Effective estimates for the integer solutions of norm form
and discriminant form equations,Publ Math Debrecen,1978,25:311—325.

[67] Hyyrö S. , Über die Gleichung $ax^n - by^n = z$ und das Catalansche Problem,Ann
Acad Sci Fennicae Ser A,1,1964,355(32).

[68] Ko C. ,On the diophantine equation $x^2 = y^n + 1, xy \neq 0$,Sci Sinica,1965,14:457—
460.

[69] Kubota K. K. ,On a conjecture of Morgan Ward I,Acta Arith,1977,33:11—25;
II ;ibid,1977,33:26—48; III ;ibid,1977,33:99—109.

[70] Langmann K. ,Lösungsanzahl der Thue-Gleichung,Compositio Math,1993,86:
101—105.

[71] Langmann K. , Eindeutigkeit der Lösungen der Gleichung $x^d + y^d = ap$,
Compositio Math,1993,88:25—38.

[72] Langmann K. , Zur Normformengleichung, Arch Math(Basel), 1993, 61:362—
366.

[73] Langmann K. ,Lösungsanzahl der homogenen Normformengleichung,Compositio
Math,1994,94:29—49.

[74] Langmann K. , Werteverhalten holomorpher Funktionen auf Überlagerungen und zahlentheoretische Analogien, Math Ann, 1994, 299: 127—153.

[75] Langmann K. , Lösungsanzahl der Gleichung $|x^d - c^x y^d| = p$, Manuscripta Math, 1994, 84: 389—400.

[76] Laurent M. , Équations diophantinnes exponentielles, Invent Math, 1984, 78: 299 —327.

[77] 乐茂华, 一类二阶递推数列的多重性, 科学通报, 1991, 36: 971—972.

[78] Le M-H. , A note on the diophantine equation $(x^m - 1)/(x - 1) = y^n + 1$, Math Proc Cambridge Philos Soc, 1994, 116: 385—389.

[79] 乐茂华, 关于广义 Thue-Mahler 方程的解数, 数学学报, 1996, 39: 156—159.

[80] 乐茂华, 关于 Thue 方程的解数, 数学学报, 1996, 39: 726—732.

[81] Lebesgue V. A. , Sur l'impossibilité, en nombres entiers, de l'équation $x^m = y^2 + 1$, Nouv Ann Math (1), 1850, 9: 178—181.

[82] Lenstra A. K. , Lenstra Jr H. W. , Lovász L. , Factoring polynomials with rational coefficients, Math Ann, 1982, 261: 515—534.

[83] Lettl G. , Pethő A. , Complete solution of a family of quartic Thue equations, Abh Math Sem Univ Hamburg, 1995, 65: 365—383.

[84] Lewis D. J. , Mahler K. , On the representation of integers by binary forms, Acta Arith, 1960, 6: 333—363.

[85] Lippok F. , On the representation of 1 by binary cubic forms of positive discriminant, J Symbolic Comput, 1993, 15: 297—313.

[86] Ljunggren W. , Einige Eigenschaften der Einheitenreeller quadratischer und rein biquadratischer Zahlkörper mit Anwendung auf die Lösung einer Klasse von bestimmter Gleichungen vierten Grades, Det Norske Vid Akad Oslo Skrifter I, 1936, No. 12, 1—73.

[87] Ljunggren W. , Einige Bemerkungen uber die Darstellung ganzer Zahler durch binäre kubische Formen mit positiver Diskriminante, Acta Math, 1942, 75: 1—21.

[88] Ljunggren W. , On an improvement of a theorem of T. Nagell concerning the diophantine equation $Ax^3 + By^3 = C$, Math Scand, 1953, 1: 297—309.

[89] Mahler K. , Zur Approximation algebraischer Zahlen I, Math Ann, 1933, 107: 691 —730; II: ibid, 1933, 108: 37—55; III: Acta Math, 1934, 62: 91—166.

[90] Mahler K. , Eine arithmetische Eigenschaft der rekurrierenden Reihen, Mathematica B (Leiden), 1934, 3: 153—156.

[91] Mahler K. , On Thue's theorem, Math Scand, 1984, 55: 188—200.

[92] Mignotte M. , Verification of a conjecture of E. Thomas, J Number Theory, 1993, 44: 172—177.

[93] Mignotte M. ,A note on the equation $ax^n - by^n = c$,Acta Arith,1996,75:287— 295.

[94] Mignotte M. ,Pethö A. ,Roth R. ,Complete solutions of a family of quartic Thue and index form equations,Math Comp,1996,65:341—354.

[95] Mignotte M. ,Tzanakis N. ,On a family of cubics,J Number Theory,1991,39:41 —49.

[96] Mignotte M. , Tzanakis N. , Arithmetical study of recurrence sequences, Acta Arith,1991,57:357—364.

[97] Mignotte M. ,Tzanakis N. , Arithmetical study of a certain ternary recurrence sequences and related questions,Math Comp,1993,61:901—913.

[98] Mordell L J. ,Diophantine Equations,London:Academic Press,1969.

[99] Mueller J. ,Counting solutions of $|ax^r - by^r| \leqslant h$,Quart J Math Oxford Ser (2), 1987,38:503—513.

[100] Mueller J. ,A note on Thue's inequality with few coefficients,In: Advances in Number Theory,Kingston,ON,1991,New York:Oxford Univ Press,1993:381 —389.

[101] Mueller J. ,Schmidt W. M. ,Thue equations and inequalities,J Reine Angew Math,1987,379:76—99.

[102] Mueller J. ,Schmidt W. M. ,Thue's equation and a conjecture of Siegel,Acta Math,1988,160:207—247.

[103] Mueller J. ,Schmidt W M,On the Newton polygon,Monatsh Math,1992,113: 33—50.

[104] Mueller J. , Schmidt W. M. , The generalized Thue inequality, Compositio Math,1995,96:331—344.

[105] Nagell T. , Solution complète de quelques èquation cubiques à deux indéterminées,J de Math(9),1925,4:209—270.

[106] Nagell T. , Darstellungen ganzer Zahlen durch binäre kubische Formen mit negativer Diskriminante,Math Z,1928,28:10—29.

[107] Pethö A. , On the representation of 1 by binary cubic forms with positive discriminant,In:Number Theory,Ulm,1987,Lecture Notes in Math 1380,New York:Springer-Verlag,1989:185—196.

[108] Pethö A. ,Computational methods for the resolution of diophantine equations, In: Number Theory, Banff, AB, 1989, Berlin: Walter de Gruyter, 1990:477— 492.

[109] Pethö A. , Complete solutions to families of quartic Thue equations, Math Comp,1991,57:777—798.

[110] Pethö A. ,Schulenberg R. ,Effektives Lösen von Thue Gleichungen,Publ Math Debrecen,1987,34:189—196.

[111] Schmidt W. M. , Linearformen mit algebraischen Koeffizienten I, J Number Theory,1971,3:253—277; II ;Math Ann,1971,191:1—20.

[112]. Schmidt W. M. ,Norm form equations,Ann of Math(2),1972,96:526—551.

[113] Schmidt W. M. ,Thue equations with few coefficients,Trans Amer Math Soc, 1987,303:241—255.

[114] Schmidt W. M. ,The number of solutions of norm form equations,In:Number Theory Vol II ,Budapest,1987,Amsterdam:North-Holland,1990:965—978.

[115] Schmidt W. M. ,The number of solutions of norm form equations,Trans Amer Math Soc,1990,317:197—227.

[116] Schmidt W. M. , Diophantine Approximations and Diophantine Equations, Lecture Notes in Math 1467,Berlin:Springer-Verlag,1991.

[117] Shorey T. N. ,Ramanujan and binary recursive sequences,J Indian Math Soc, 1987,51:147—157.

[118] Shorey T. N. , Tijdeman R. , Exponential Diophantine Equations,Cambridge: Cambridge Univ Press,1986.

[119] Siegel C. L. ,Approximation algebraischer Zahlen,Math Z,1921,10:173—213.

[120] Siegel C. L. , Über einige Anwendungen diophantischer Approximationen,Abh Preuss Akad Wiss Phys Math Kl,1929,No. 1,70pp.

[121] Siegel C. L. ,Die Gleichung $ax^n - by^n = c$. Math Ann,1937,144:57—68.

[122] Silverman J. H. , The Thue equation and height functions, In: Diophantine Approximations and Transcendental Numbers, Luminy, 1982, Boston MA Birkhäuser,Progr Math 31,1983:259—270.

[123] Silverman J. H. ,Representations of integers by binary forms and the rank of the Mordell-Weil group,Invent Math,1983,74:281—292.

[124] Smart N. P. , Solving a quartic discriminant form equation, Publ Math Debrecen,1993,43:29—39.

[125] Smart N. P. , The solution of triangularly connected decomposable form equations,Math Comp,1995,64:819—840.

[126] Steiner R. P. ,On Mordell's equation: A problem of Stolarsky,Math Comp, 1986,46:703—714.

[127] Stewart C. L. ,Primitive divisors of Lucas and Lehmer numbers,In:Baker A. , Masser D. W. , eds. Transcendence Theory: Advances and Applications, London:Academic Press,1977:79—92.

[128] Stewart C. L. , On the number of solutions of polynomial congruences and Thue equations, J Amer Math Soc, 1991, 4: 793—835.

[129] Stewart C. L. , Thue equations and elliptic curves, In: Number Theory, Halifax NS, 1994, CMS. Conf. Proc, 15, Providence RI: Amer Math Soc, 1995: 376—385.

[130] Stroeker R. J. , On diophantine equations of type $X^4 - 2aX^2Y^2 - bY^4 = 1$, In: Number Theory and Applications, Banff AB, 1988, NATO Adv Sci Inst Ser C: Math Phys Sci, 265, Dordrecht: Kluwer Acad Publ, 1989: 547—553.

[131] Stroeker R. J. , On quartic Thue equations with trivial solutions, Math Comp, 1989, 52: 175—187.

[132] Stroeker R. J. , On Thue equations associated with certain quartic number fields, In: Computational Number Theory, Debrecen, 1989, Berlin: Walter de Gruyter, 1991: 313—319.

[133] Stroeker R. J. , Tzanakis N. , On the application of Skolem's p-adic method to the solution of Thue equations, J Number Theory, 1988, 29: 166—195.

[134] Thomas E. , Complete solutions to a family of cubic diophantine equations, J Number Theory, 1990, 34: 235—250.

[135] Thomas E. , Solutions to certain families of Thue equations, J Number Theory, 1993, 43: 319—369.

[136] Thomas E. , Solutions to infinite families of complex cubic Thue equations, J Reine Angew Math, 1993, 441: 17—32.

[137] Thue A. , Über Annäherungswerte Zahler, J Reine Angew Math, 1909, 135: 284—305.

[138] Thunder J. L. , The number of solutions to cubic Thue inequalities, Acta Arith, 1994, 66: 237—243.

[139] Thunder J. L. , On Thue inequalities and a conjecture of Schmidt, J Number Theory, 1995, 52: 319—328.

[140] Tijdeman R. , The number of solutions of diophantine equations, In: Number Theory Vol I , Banff AB, 1988, Berlin: Walter de Gruyter, 1990: 979—1001.

[141] Tzanakis N. , On the diophantine equation $x^2 - Dy^4 = k$, Acta Arith, 1986, 46: 257—269.

[142] Tzanakis N. , Explicit solution of a class of quartic Thue equations, Acta Arith, 1993, 64: 271—283.

[143] Tzanakis N. , de Weger B. M. M. , On the practical solutions of the Thue equation, J Number Theory, 1989, 31: 99—132.

[144] van der Poorten A. J. ,Schlickewei H. P. ,The growth conditions for recurrence sequences, Macquarie Univ Math Report, 82 — 0041, Australia, North-Ryde, 1982.

[145] van der Poorten A. J. , Schlickewei H. P. , Zeros of recurrence sequences, Bull Austral Math Soc,1991,44:215—223.

[146] Voutier P. M. ,Effective and quantitative results on integral solutions of certain classes of diophantine equations,Ph D Thesis,Univ Colorado,Boulder,1993.

[147] Voutier P. M. ,Primitive divisors of Lucas and Lehmer sequences,Math Comp, 1995,64:869—888.

[148] Wiles A. ,Modular elliptic curves and Fermat′s last theorem,Ann of Math(2), 1995,141:443—551.

第三章　广义 Ramanujan-Nagell 方程

早在 1913 年,Ramanujan[59]已经发现了方程

$$x^2 + 7 = 2^n, x, n \in \mathbb{N}$$

的 5 组解$(x,n) = (1,3),(3,4),(5,5),(11,7),(181,15)$. 同时,
Ramanujan 提出:该方程是否仅有已知的 5 组解? 1943 年,
Ljunggren[48]在挪威的数学杂志上再次介绍了 Ramanujan 的问
题,引起了广泛的注意. 五年后,Nagell[56]运用代数数论方法完整
地解决了上述问题. 此后,Nagell[57]又用英文重新发表了他的结
果. 由于上述方程的解与组合数学中诸如"超平面差集是否与
Hall 差集有公共部分"等重要问题有着直接的联系(参见文献
[1],[2],[16],[62]),所以尽管 Ramanujan 的问题已经解决多
年,但是人们对它的兴趣一直延续至今. 近 40 年来,Skolem,
Chowla 和 Lewis,Chowla,Dunton 和 Lewis,Mordell,Hasse,
Madhavarao, Mead, Udrescu, Hossein, Johnson, Mignotte,
Turnwald,Bundschuh,Sakmar 等人分别运用不同的方法证明了
Nagell 的结果,有关这方面的详细情况可参见 Cohen[17]和
Ramasamy[60]的综述文章.

设 D 是正整数,p 是适合 $p \nmid D$ 的素数. 由于 Ramanujan 提
出的著名问题以及 Nagell 对此的重要工作,方程

$$x^2 \pm D = p^n, \quad x, n \in \mathbb{N}$$

及其推广形式统称为广义 Ramanujan-Nagell 方程. 这是一类基
本而又重要的指数型方程,人们对它的解数和解的上界进行了大
量的研究,取得了十分丰富的成果. 本章将介绍 Gel'fond-Baker
方法在此类方程中的应用.

§3.1　方程 $x^2+D=p^n$

设 D 是正整数，p 是适合 $p \nmid D$ 的素数．方程

$$x^2 + D = p^n, \quad x,n \in \mathbb{N} \tag{3.1.1}$$

是一类最基本的广义 Ramanujan-Nagell 方程，本章开头提到的方程就是它在 $(D,p)=(7,2)$ 时的特例．

对于给定的 D,p，设 $N(D,p)$ 是方程(3.1.1)的解 (x,n) 的个数．由于 Mahler[51] 早已证明：当正整数 $x \to \infty$ 时，x^2+D 的最大素因数 $P(x^2+D) \to \infty$．因此方程(3.1.1)的解数 $N(D,p)$ 必定是有限的．近 30 多年来，关于 $N(D,p)$ 的上界一直是丢番图方程中的一个引人注目的问题．

当 $p=2$ 时，如果 $D \not\equiv 7 (\bmod 8)$，则方程(3.1.1)至多有 1 组解 (x,n)．因此以下仅须考虑 $D \equiv 7 (\bmod 8)$ 的情况．此时方程(3.1.1)的解都满足 $n > 2$，所以它对应于方程

$$x^2 + D = 2^{n+2}, \quad x,n \in \mathbb{N}. \tag{3.1.2}$$

显然，当方程(3.1.2)有解 (x,n) 时，方程

$$X^2 + DY^2 = 2^{z+2}, X,Y,Z \in \mathbb{Z}, \gcd(X,Y) = 1, Z > 0 \tag{3.1.3}$$

有解 $(X,Y,Z)=(x,1,n)$．设 (X_1,Y_1,Z_1) 是方程(3.1.3)的最小解．根据推论 1.5.1 可知

$$n = Z_1 t, t \in \mathbb{N}, \tag{3.1.4}$$

$$\frac{x + \sqrt{-D}}{2} = \lambda_1 \left(\frac{X_1 + \lambda_2 Y_1 \sqrt{-D}}{2} \right)^t, \lambda_1, \lambda_2 \in \{-1, 1\}. \tag{3.1.5}$$

从(3.1.4)，(3.1.5)可知方程(3.1.2)有解 (x,n) 的充要条件是方程(3.1.3)有解 (X,Y,Z)，而且它的最小解 (X_1,Y_1,Z_1) 满足 $Y_1 = 1$．当此条件满足时，方程(3.1.2)有解 $(x,n)=(X_1,Z_1)$．同时，如果 (x,n) 是方程(3.1.2)适合 $(x,n) \neq (X_1,Z_1)$ 的解，则必有大于 1

的正整数 t,可使(3.1.4)以及(3.1.5)在 $Y_1=1$ 时成立.在上述分析的基础上,Apéry[3]运用代数数论方法证明了:当 $D\neq 7$ 时,必有 $N(D,2)\leqslant 2$. 由于当 $D=23$ 或 $2^{r+2}-1$,其中 r 是大于 1 的正整数时,方程(3.1.2)显然有解

$$(x,n)=\begin{cases}(3,3),(45,9), & \text{当 } D=23 \text{ 时,}\\ (1,r),(2^{r+1}-1,2r), & \text{当 } D=2^{r+2}-1 \text{ 时,}\end{cases}$$

$$(3.1.6)$$

所以根据 Apéry 的结果可知(3.1.6)给出了该方程在这两种情况下的全部解.对于方程(3.1.2)的其它情况,Browkin 和 Schinzel[9]曾经提出:

猜想 3.1.1 当 $D\neq 23$ 或 $2^{r+2}-1(r>1)$ 时,必有 $N(D,2)\leqslant 1$.

设 $\alpha=(X_1+\sqrt{-D})/(X_1-\sqrt{-D})$. 因为已知当方程(3.1.2)有解时,$Y_1=1$,故从(3.1.5)可知:当 $D\neq 23$ 或 $2^{r+2}-1(r>1)$ 时,如果 $N(D,2)>1$,则必有大于 1 的奇数 t 适合(3.1.4)以及

$$|\alpha^t-1|\leqslant \frac{\sqrt{D}}{2^{n/2}}.\qquad (3.1.7)$$

1967 年,Schinzel[61]运用 Gel′fond 有关二维对数线性型的下界估计,根据(3.1.7)证明了:当 $D\neq 2^{r+2}-1$ 时,方程(3.1.2)至多有 1 组解 (x,n) 适合 $n>78$. 由此可知猜想 3.1.1 在 $D>2^{80}$ 时成立.另外,Tzanakis[72]对于 $D<100$ 的情况找出了方程(3.1.2)的全部解.这一结果说明上述猜想在 $D<100$ 时也成立.猜想 3.1.1 最终是由 Beukers[7.1]解决的,他运用有关超几何级数的丢番图逼近方法证明了:当 $D\neq 23$ 或 $2^{r+2}-1(r>1)$ 时,必有 $N(D,2)\leqslant 1$. 至此,方程(3.1.1)在 $p=2$ 时的解数问题已经全部解决.

当 p 是奇素数时,如果 (x,n) 是方程(3.1.1)的解,则方程

$$X^2+DY^2=p^z,X,Y,Z\in\mathbb{Z},\gcd(X,Y)=1,Z>0$$

$$(3.1.8)$$

必有解 $(X,Y,Z)=(x,1,n)$. 设 (X_1,Y_1,Z_1) 是方程(3.1.8)的最

小解. 根据推论 1.5.2 可得

$$n = Z_1 t, t \in \mathbb{N}, \tag{3.1.9}$$

$$x + \sqrt{-D} = \lambda_1 \left(X_1 + \lambda_2 Y_1 \sqrt{-D} \right)^t, \lambda_1, \lambda_2 \in \{-1, 1\}. \tag{3.1.10}$$

从 (3.1.9),(3.1.10) 可知此时方程 (3.1.1) 有解 (x, n) 的充要条件是方程 (3.1.8) 有解 (X, Y, Z),而且它的最小解 (X_1, Y_1, Z_1) 满足 $Y_1 = 1$. 当此条件成立时,方程 (3.1.1) 有解 $(x, n) = (X_1, Z_1)$. 同时,如果方程 (3.1.1) 有适合 $(x, n) \neq (X_1, Z_1)$ 的解 (x, n),则必有大于 1 的奇数 t,可使 (3.1.9) 以及

$$x + \sqrt{-D} = \lambda_1 \left(X_1 + \lambda_2 \sqrt{-D} \right)^t, \lambda_1, \lambda_2 \in \{-1, 1\} \tag{3.1.11}$$

成立. 通过上述分析,Apéry[4] 运用代数数论方法证明了:对于任何奇素数 p,$N(D, p) \leqslant 2$. 由于当 $(D, p) = (2, 3)$ 或 $(3s^2 + 1, 4s^2 + 1)$,其中 s 是正整数时,方程 (3.1.1) 显然有解

$$(x, n) = \begin{cases} (1, 1), (5, 3), & \text{当 } (D, p) = (2, 3) \text{ 时,} \\ (s, 1), (8s^3 + 3s, 3), & \text{当 } (D, p) = (3s^2 + 1, \\ & 4s^2 + 1) \text{ 时,} \end{cases} \tag{3.1.12}$$

所以根据 Apéry 的结果可知,(3.1.12) 给出了该方程在这两种情况下的全部解.

当 p 是奇素数,$(D, p) \neq (2, 3)$ 或 $(3s^2 + 1, 4s^2 + 1)(s \in \mathbb{N})$ 时,数组 (D, p) 称为方程 (3.1.1) 的非例外情况. Alter 和 Kubota,Brown,Cohen,Inkeri,乐茂华等人运用初等数论方法,分别对某些特殊的非例外情况证明了:$N(D, p) \leqslant 1$. 有关这方面的详细情况可参见文献 [25] 和 [39].

运用 Gel'fond-Baker 方法,从定理 5.3.1 可知:对于给定的正整数 D,方程

$$x^2 + D = y^n, x, y \in \mathbb{N}, n > 2 \tag{3.1.13}$$

的解(x,y,n)都满足$n<C_1(D)$；又从定理 4.2.1 可知：对于给定的正整数 D,n，适合(3.1.13)的 x,y 都满足 $\max(x,y)<C_2(D,n)$. 综上所述立得 $y<C_3(D)$. 1979 年，Bender 和 Herzberg[6]根据这一思路证明了：当 $p>C_3(D)$ 时，必有 $N(D,p)\leqslant 1$. 上述结果说明：对于给定的 D，仅可能有有限多组非例外情况可使 $N(D,p)>1$.

1985 年，乐茂华[25；I]进一步运用 Gel′fond-Baker 方法证明了：

定理 3.1.3 当(D,p)是方程(3.1.1)的非例外情况时，如果 $\max(D,p)>C_4$，则必有 $N(D,p)\leqslant 1$.

证 设(X_1,Y_1,Z_1)是方程(3.1.8)的最小解. 已知方程(3.1.1)有解时，必有 $Y_1=1$. 又设

$$\varepsilon = X_1 + \sqrt{-D}, \bar{\varepsilon} = X_1 - \sqrt{-D}. \qquad (3.1.14)$$

从(3.1.11)可知，如果 $N(D,p)>1$，则必有大于 1 的奇数 t 可使

$$\left| \frac{\varepsilon^t - \bar{\varepsilon}^t}{\varepsilon - \bar{\varepsilon}} \right| = 1. \qquad (3.1.15)$$

根据定理 1.8.1，从(3.1.14),(3.1.15)可得

$$t < C_5. \qquad (3.1.16)$$

由于已知 $N(D,p)\leqslant 2$，所以(3.1.15)中的 t 必为奇素数. 从(3.1.14),(3.1.15)可得

$$\sum_{i=0}^{(t-1)/2} \binom{t}{2i+1} (-D)^i X_1^{t-2i-1} = \pm 1. \qquad (3.1.17)$$

因为(D,p)是非例外情况，所以从(3.1.17)可知 $t\neq 3$. 又从文献[18]可知：当 $t=5$ 时，(3.1.17)不成立. 因此 t 是适合 $t\geqslant 7$ 的奇素数.

设

$$f(X,Y) = \sum_{i=0}^{(t-1)/2} \binom{t}{2i+1} X^{(t-1)/2-i}Y^i. \qquad (3.1.18)$$

由于 t 是奇素数，所以根据引理 1.1.1，从(3.1.18)可知 $f(X,Y)$ 是二元$(t-1)/2$次原型. 同时，从(3.1.17)可知此时 Thue 方程

$$f(X,Y)=\pm 1, x, y \in \mathbb{Z} \qquad (3.1.19)$$

有解 $(x,y)=(x_1^2, -D)$. 因为 $(t-1)/2 \geqslant 3$, 故从定理 2.1.1 可得

$$\frac{p}{2} \leqslant \frac{p^{z_1}}{2} < \max(X_1^2, D) < C_6(t). \qquad (3.1.20)$$

结合 (3.1.16), (3.1.20) 立得 $\max(D,p) < C_4$. 因此当 $\max(D,p) > C_4$ 时, 必有 $N(D,p) \leqslant 1$. 定理证完.

显然, 上述定理在除了有限多组非例外情况的条件下, 给出了 $N(D,p)$ 的最佳上界. 至此, 方程 (3.1.1) 的解数问题已经基本解决. 关于定理 3.1.1 中的常数 C_4, 文献 [25: II] 具体算出: $C_4 < \exp \exp \exp 1000$, 文献 [35] 又将此改进为 $C_4 < 10^{10^{193}}$.

由于至今没有发现可使 $N(D,p) > 1$ 的非例外情况 (D,p), 所以我们提出以下猜想:

猜想 3.1.2 对于方程 (3.1.1) 的例外情况 (D,p), 必有 $N(D,p) \leqslant 1$.

另外, 根据定理 3.1.1 的证明过程还可以得到方程 (3.1.1) 的解的上界. 由于从推论 1.5.2 可知方程 (3.1.8) 的最小解 (X_1, Y_1, Z_1) 满足 $h(-4D) \equiv 0 \pmod{Z_1}$, 其中 $h(-4D)$ 是判别式等于 $-4D$ 的二元二次原型的类数; 又从文献 [23] 的定理 12.10.1 和 12.14.3 可知

$$h(-4D) < \frac{2\sqrt{D}}{\pi} \log(4e^2 D), \qquad (3.1.21)$$

故有

$$Z_1 < \frac{2\sqrt{D}}{\pi} \log(4e^2 D). \qquad (3.1.22)$$

同时, 从 (3.1.9), (3.1.16) 可得

$$n = Z_1 t < C_5 Z_1. \qquad (3.1.23)$$

于是, 结合 (3.1.22), (3.1.23) 立得:

推论 3.1.1 当 p 是奇素数时, 方程 (3.1.1) 的解 (x,n) 都满足

$$n < \frac{2C_5\sqrt{D}}{\pi} \log(4e^2 D);$$

特别是在猜想 3.1.2 成立的条件下,

$$n < \begin{cases} \dfrac{6\sqrt{D}}{\pi}\log(4e^2 D), \text{当}(D,p)\text{是例外情况时}, \\ \dfrac{2\sqrt{D}}{\pi}\log(4e^2 D), \text{否则}. \end{cases}$$

§3.2   方程 $x^2 - D = p^n$

设 D 是正整数,p 是适合 $p \nmid D$ 的素数. 本节讨论方程

$$x^2 - D = p^n, x, n \in \mathbb{N}. \tag{3.2.1}$$

对于给定的 D, p,设 $N(D, p)$ 是方程(3.2.1)的解(x, n)的个数.

当 $p = 2$ 时,如果 $D \not\equiv 1 \pmod 8$,则方程(3.2.1)显然至多有 1 组解. 因此以下仅须考虑 $D \equiv 1 \pmod 8$ 的情况. 此时方程 (3.2.1)的解(x, n)都满足 $n > 2$,所以它对应于方程

$$x^2 - D = 2^{n+2}, x, n \in \mathbb{N}. \tag{3.2.2}$$

又如 D 是平方数,则 $D = D_1^2$,其中 D_1 是正奇数. 此时从(3.2.2) 可得 $D_1 = 2^n - 1$,而且该方程恰有 1 组解$(x, n) = (2^n + 1, n)$. 因此 以下不妨假定 D 为非平方数.

显然,当方程(3.2.2)有解(x, n)时,方程

$$X^2 - DY^2 = 2^{Z+2}, X, Y, Z \in \mathbb{Z}, \gcd(X, Y) = 1, Z > 0 \tag{3.2.3}$$

有解$(X, Y, Z) = (x, 1, n)$. 设(X_1, Y_1, Z_1)是方程(3.2.3)的最小 解. 根据推论 1.5.1 可得

$$n = Z_1 t, t \in \mathbb{N}, \tag{3.2.4}$$

$$\frac{x + \sqrt{D}}{2} = \left(\frac{X_1 + \lambda Y_1 \sqrt{D}}{2} \right)^t (u + v\sqrt{D}), \lambda \in \{-1, 1\}, \tag{3.2.5}$$

其中(u, v)是 Pell 方程

$$u^2 - Dv^2 = 1, u, v \in \mathbb{Z} \tag{3.2.6}$$

的解. 由于已知方程(3.2.6)有无限多组解(u, v),故从(3.2.4),

(3.2.5)以及(3.1.4),(3.1.5)可知方程(3.2.2)的求解要比
(3.1.2)困难得多.

1980年,Beukers[7,1]运用丢番图逼近方法给出了方程
(3.2.2)的解的精确上界. 他证明了:方程(3.2.2)的解(x,n)都
满足

$$n < 433 + \frac{10\log D}{\log 2}; \qquad (3.2.7)$$

特别是当$D < 2^{96}$时,

$$n < 14 + \frac{2\log D}{\log 2}. \qquad (3.2.8)$$

根据上述结果,Beukers[7,1]证明了:如果D适合下列三种情况之
一,即

$$D = 2^{2r} - 3 \cdot 2^{r+1} + 1, r \in \mathbb{N}, r > 1; \qquad (3.2.9)$$

$$D = \left(\frac{2^{2r+1} - 17}{3}\right)^2 - 32, r \in \mathbb{N}, r > 2; \qquad (3.2.10)$$

$$D = 2^{2r_1} + 2^{2r_2} - 2^{r_1+r_2+1} - 2^{r_1+1} - 2^{r_2+1} + 1,$$

$$r_1, r_2, \in \mathbb{N}, r_2 > r_1 + 1 > 2; \qquad (3.2.11)$$

则必有$N(D,2) \leqslant 4$;否则$N(D,2) \leqslant 3$. 同时,Beukers还借助计
算机,对于$D < 1000$的情况找出了方程(3.2.2)的全部解.

当D适合(3.2.9),(3.2.10)或(3.2.11)时,数组$(D,2)$称为
方程(3.2.2)的例外情况,否则称为非例外情况. 当$(D,2)$是例外
情况时,已知方程(3.2.2)分别有解

$$(x,n) = \begin{cases} (2^r - 3, 1), (2^r - 1, r), (2^r + 1, r + 1), \\ (3 \cdot 2^r - 1, 2r + 1), \qquad \text{当}D\text{适合}(3.2.9)\text{时}, \\ \left(\frac{2^{2r+1} - 17}{3}, 3\right), \left(\frac{2^{2r+1} + 1}{3}, 2r + 1\right), \\ \left(\frac{17 \cdot 2^{2r+1} - 1}{3}, 4r + 5\right), \qquad \text{当}D\text{适合}(3.2.10)\text{时}, \\ (2^{r_2} - 2^{r_1} - 1, r_1), (2^{r_2} - 2^{r_1} + 1, r_2), \\ (2^{r_2} + 2^{r_1} - 1, r_2 + r_1), \qquad \text{当}D\text{适合}(3.2.11)\text{时}. \end{cases}$$

$$(3.2.12)$$

由于已知 $N(D,2) \leqslant 4$，所以当 D 适合(3.2.9)时，(3.2.12)给出了方程(3.2.2)的全部解．1992 年，乐茂华[32]根据上界(3.2.7)和(3.2.8)，运用初等方法解决了另外两类例外情况的求解问题．他证明了：当 D 适合(3.2.10)或(3.2.11)时，$N(D,2) \leqslant 3$．由此可知(3.2.12)对所有例外情况给出了方程(3.2.2)的全部解．至此，该方程在例外情况下的求解问题已全部解决．

1990 年，Beukers 对非例外情况提出了以下问题：

问题 3.2.1 当 $(D,2)$ 是方程(3.2.2)的非例外情况时，是否有 $N(D,2) \leqslant 2$？

对此，乐茂华[31]运用初等方法证明了：当 $(D,2)$ 为非例外情况时，如果方程

$$u'^2 - Dv'^2 = -1, u', v', \in \mathbb{Z} \qquad (3.2.13)$$

有解 (u',v')，则必有 $N(D,2) \leqslant 2$．关于方程(3.2.13)无解的情况，问题 3.2.1 至今还没有解决．

当 p 是奇素数时，如果 D 是平方数，则方程(3.2.1)至多有 1 组解 (x,n)．因此以下不妨假定 D 为非平方数．此时，如果方程(3.2.1)有解 (x,n)，则方程

$$X^2 - DY^2 = p^z, X, Y, Z \in \mathbb{Z}, \gcd(X,Y) = 1, Z > 0$$
$$(3.2.14)$$

显然有解 $(X,Y,Z) = (x,1,n)$．设 (X_1,Y_1,Z_1) 是方程(3.2.14)的最小解．根据推论 1.5.2 可得

$$n = Z_1 t, t \in \mathbb{N}, \qquad (3.2.15)$$

$$x + \sqrt{D} = (X_1 + \lambda Y_1 \sqrt{D})^t (u + v \sqrt{D}), \lambda \in \{-1, 1\},$$
$$(3.2.16)$$

其中 (u,v) 是方程(3.2.6)的解．设 $u_1 + v_1 \sqrt{D}$ 是方程(3.2.6)的基本解，又设

$$\varepsilon = X_1 + Y_1 \sqrt{D}, \bar{\varepsilon} = X_1 - Y_1 \sqrt{D}, \quad (3.2.17)$$

$$\rho = u_1 + v_1 \sqrt{D}, \bar{\rho} = u_1 - v_1 \sqrt{D}. \qquad (3.2.18)$$

由于方程(3.2.6)的解(u,v)都可表成

$$u + v\sqrt{D} = \pm(u_1 \pm v_1\sqrt{D})^k, k \in \mathbb{Z}, k \geqslant 0,$$
$$(3.2.19)$$

故从(3.2.16),(3.2.17),(3.2.18),(3.2.19)可得

$$x + \delta\sqrt{D} = \epsilon^t \rho^k, \delta \in \{-1,1\}, \qquad (3.2.20)$$

其中k是适合$0 \leqslant k \leqslant t$以及$\gcd(k,t)=1$的整数. 通过上述分析, Beukers[7,I]运用丢番图逼近方法证明了:对于任何奇素数p,都有$N(D,p) \leqslant 4$. 同时,由于经过大量的计算也没有发现可使方程(3.2.1)恰有4组解的数组(D,p),所以 Beukers[7,I]提出:

猜想 3.2.1 对于任何奇素数p,必有$N(D,p) \leqslant 3$.

当D,p适合

$$p = \begin{cases} 3, \\ 4s^2 + 1, \end{cases} \quad D = \begin{cases} \left(\dfrac{3^r + 1}{4}\right)^2 - 3^r, 2 \nmid r, \\ \left(\dfrac{p^r - 1}{4s}\right)^2 - p^r, \end{cases} \quad r,s \in \mathbb{N}, r > 1,$$
$$(3.2.21)$$

时, 数组(D,p)称为方程(3.2.1)的例外情况,否则为非例外情况. 当(D,p)是例外情况时,已知方程(3.2.1)分别有解

$$(x,n) = \begin{cases} \left(\dfrac{3^r - 7}{4}, 1\right), \left(\dfrac{3^r + 1}{4}, r\right), \\ \left(2 \cdot 3^r - \dfrac{3^r + 1}{4}, 2r + 1\right), \text{当} p = 3 \text{时}, \\ \left(\dfrac{p^r - 1}{4s} - 2s, 1\right), \left(\dfrac{p^r - 1}{4s}, r\right), \\ \left(2sp^r + \dfrac{p^r - 1}{4s}, 2r + 1\right), \text{当} p = 4s^2 + 1 \text{时}. \end{cases}$$
$$(3.2.22)$$

从(3.2.21),(3.2.22)可知:存在无限多组(D,p),可使$N(D,p) \geqslant 3$. 因此猜想 3.2.1 是有关方程(3.2.1)解数的一个十分重要而又相当困难的问题.

1991 年,乐茂华[29]运用 Gel'fond-Baker 方法基本上解决了猜

想 3.2.1. 他证明了：

定理 3.2.1 当 p 是奇素数时，如果 $\max(D,p) > C_1$，则必有 $N(D,p) \leqslant 3$.

证 假如 $N(D,p) > 3$，则方程 (3.2.1) 必有 4 组解 (x_i,n_i) $(i=1,2,3,4)$ 适合 $n_1 < n_2 < n_3 < n_4$. 此时，从 (3.2.15)，(3.2.20) 可得

$$n_i = Z_1 t_i, \quad t_i \in \mathbb{N}, \quad i = 1,2,3,4, \qquad (3.2.23)$$

$$x_i + \delta_i \sqrt{D} = \varepsilon^{t_i} \rho^{-k_i}, \delta_i \in \{-1,1\},$$

$$i = 1,2,3,4, \qquad (3.2.24)$$

其中 $t_i(i=1,2,3,4)$ 适合 $t_1 < t_2 < t_3 < t_4$，$k_i(i=1,2,3,4)$ 是满足 $0 \leqslant k_i \leqslant t_i$ 以及 $\gcd(k_i,t_i)=1(i=1,2,3,4)$ 的整数. 运用初等方法，从 (3.2.23)，(3.2.24) 可得

$$\log\rho < C_2(\log D)^2. \qquad (3.2.25)$$

当 (D,p) 是例外情况时，从 (3.2.21) 可知，此时方程 (3.2.14) 的最小解 (X_1,Y_1,Z_1) 满足 $Z_1=1$；并且运用初等数论方法，从 (3.2.21)，(3.2.22)，(3.2.24) 可得

$$n_4 > D^{1/5}. \qquad (3.2.26)$$

设 $\alpha_1 = \varepsilon/\bar{\varepsilon}, \alpha_2 = \rho$. 从 (3.2.17)，(3.2.18) 可知 α_1, α_2 分别满足 $p\alpha_1^2 - 2(x_1^2 + D)\alpha_1 + p = 0$ 以及 $\alpha_2^2 - 2u_1\alpha_2 + 1 = 0$，故有

$$h(\alpha_1) = \log p + \log\frac{\varepsilon}{\bar{\varepsilon}}, h(\alpha_2) = \log\rho. \qquad (3.2.27)$$

因为从推论 1.5.2 可知 $1 < \varepsilon/\bar{\varepsilon} < \rho^2$，又从 (3.2.21) 可知 $p < D$，故从 (3.2.25)，(3.2.27) 可得

$$h(\alpha_1) < C_3\log D, \quad h(\alpha_2) < C_4(\log D)^2. \qquad (3.2.28)$$

设 $\Lambda = n_4\log\alpha_1 - 2k_4\log\alpha_2$. 根据 (1.8.12)，从 (3.2.28) 可知

$$\log|\Lambda| > -C_5(\log D)^3\log n_4. \qquad (3.2.29)$$

另一方面，从 (3.2.24) 可得

$$|\Lambda| = \log\frac{x_4 + \sqrt{D}}{x_4 - \sqrt{D}} = \frac{2\sqrt{D}}{x_4}\sum_{i=0}^{\infty}\frac{1}{2i+1}\left(\frac{D}{x_4^2}\right)^i$$

$$< \frac{4\sqrt{D}}{x_4} < \frac{4\sqrt{D}}{p^{n_4/2}}. \tag{3.2.30}$$

从(3.2.30)立得

$$\log|\Lambda| < \log 4\sqrt{D} - \frac{n_4}{2}\log p. \tag{3.2.31}$$

结合(3.2.29)和(3.2.31)可以算出

$$n_4 < C_6(\log D)^3(\log\log D)^2. \tag{3.2.32}$$

于是,从(3.2.26),(3.2.32)可得 $D<C_1$. 由此可知:当 $\max(D, p)=D>C_1$ 时,必有 $N(D,p)\leqslant 3$.

当 (D,p) 为非例外情况时,首先运用初等方法可知 $p\leqslant p^{z_1}<\sqrt{D}$,又从实数的渐近分数的基本性质可知(3.2.24)中的 t_3, t_4 满足

$$t_3 + t_4 > \frac{1}{4}D^{3/34}\log\rho. \tag{3.2.33}$$

同时,从(3.2.17),(3.2.18)可知

$$h(\alpha_1) < \log p^{z_1} + \log\rho^2, h(\alpha_2) = \log\rho. \tag{3.2.34}$$

设 $\Lambda = t_4\log\alpha_1 - 2k_4\log\rho$. 根据(1.8.12),从(3.2.24),(3.2.33),(3.2.34)可得

$$\log|\Lambda| > -C_7(\log\rho)^2\log t_4. \tag{3.2.35}$$

同时,从(3.2.24)可知

$$\log|\Lambda| < \log 4\sqrt{D} - \frac{t_4}{2}\log p^{z_1}. \tag{3.2.36}$$

结合(3.2.35),(3.2.36)可得

$$t_4 < C_8(\log\rho)^2(\log\log\rho)^2. \tag{3.2.37}$$

因为 $t_3<t_4$,故从(3.2.25),(3.2.33),(3.2.37)可以算出 $D<C_1$. 因此当 $\max(D,p)=D>C_1$ 且 (D,p) 为非例外情况时,必有 $N(D,p)\leqslant 3$. 定理证完.

关于定理 3.2.1 中的常数 C_1,文献[29]具体算出:

$$C_1 < \begin{cases} 10^{100}, \text{当}(D,p)\text{是例外情况时}, \\ 10^{240}, \text{否则}. \end{cases}$$

此后，文献[30],[37]又分别改进为

$$C_1 < \begin{cases} 10^{85}, & \text{当}(D,p)\text{是例外情况时,} \\ 10^{190}, & \text{否则;} \end{cases}$$

以及

$$C_1 \leqslant \begin{cases} 3478, & \text{当}(D,3)\text{是例外情况时,} \\ 2 \cdot 10^9, & \text{当 }(D,p)(p > 3)\text{是例外情况时,} \\ 10^{65}, & \text{否则.} \end{cases}$$

同时，根据定理 3.2.1 的证明过程还可以直接得出方程 (3.2.1)的解的上界：

推论 3.3.1 当 p 是奇素数时，方程(3.2.1)的解 (x,n) 都满足 $n < C_9 \sqrt{D}(\log D)^6$.

另外，乐茂华[25·II]还运用 Gel′fond-Baker 方法证明了：当 $p > D > 2^{60}$ 时，$N(D,p) \leqslant 2$. 由于此时 (D,p) 显然是方程(3.2.1)的非例外情况，所以根据上述结果我们有以下猜想：

猜想 3.2.2 当 p 是奇素数时，如果 (D,p) 是方程(3.2.1)的非例外情况，则必有 $N(D,p) \leqslant 2$.

§3.3 方程 $x^2 \pm D = 4p^n$

设 D 是正奇数，p 是适合 $p \nmid D$ 的奇素数. 此时，方程

$$x^2 + D = 4p^n, x,n \in \mathbb{N} \tag{3.3.1}$$

和

$$x^2 - D = 4p^n, x,n \in \mathbb{N} \tag{3.3.2}$$

分别是(3.1.1)和(3.2.1)的推广，它们可用前两节提到的方法进行讨论.

首先考虑方程(3.3.1). 对于给定的 D,p，设 $N(D,p)$ 是方程 (3.3.1)的解 (x,n) 的个数. 由于当该方程有解 (x,n) 时，方程

$$X^2 + DY^2 = 4p^z, X,Y,Z \in \mathbb{Z}, \gcd(X,Y) = 1, Z > 0 \tag{3.3.3}$$

显然有解 $(X,Y,Z) = (x,1,n)$，所以根据引理 1.5.3 可得

$$n = Z_1 t, t \in \mathbb{N}, 3 \nmid t, \qquad (3.3.4)$$

$$\frac{x + \sqrt{-D}}{2} = \lambda_1 \left(\frac{X_1 + \lambda_2 Y_1 \sqrt{-D}}{2} \right)^t, \lambda_1, \lambda_2 \in \{-1, 1\},$$
$$(3.3.5)$$

其中(X_1, Y_1, Z_1)是方程(3.3.3)的最小解. 从(3.3.4), (3.3.5)可知: 方程(3.3.1)有解(x, n)的充要条件是方程(3.3.3)有解(X, Y, Z), 而且它的最小解(X_1, Y_1, Z_1)满足$Y_1 = 1$. 当此条件成立时, 方程(3.3.1)有解$(x, n) = (X_1, Z_1)$. 如果方程(3.3.1)有适合$(x, n) \neq (X_1, Z_1)$的解(x, n), 则必有大于 1 的正整数 t 可使(3.3.4)以及

$$\frac{x + \sqrt{-D}}{2} = \lambda_1 \left(\frac{X_1 + \lambda_2 \sqrt{-D}}{2} \right)^t, \lambda_1, \lambda_2 \in \{-1, 1\}$$
$$(3.3.6)$$

成立.

根据上述分析, Skinner[63]解决了当D, p适合
$$D = 4p^r - 1, r \in \mathbb{N} \qquad (3.3.7)$$
时方程(3.3.1)的求解问题. 由于此时方程(3.3.3)的最小解$(X_1, Y_1, Z_1) = (1, 1, r)$, 所以 Skinner 运用初等方法证明了: 当D, p适合(3.3.7)时, 方程(3.3.1)的全部解是

$$(x, n) = \begin{cases} (1,1), (5,2), (31,5), & \text{当} (D, p) = (11, 3) \text{时,} \\ (1,1), (9,2), (559,7), & \text{当} (D, p) = (19, 5) \text{时,} \\ (1,r), (2p^r - 1, 2r), & \text{其它情况.} \end{cases}$$
$$(3.3.8)$$

如果将(3.3.7)中的 D 看作是未知数, 则从(3.3.1), (3.3.7)可得方程
$$x^2 = 4p^n - 4p^r + 1, x, n, r \in \mathbb{N}. \qquad (3.3.9)$$
显然, 对于任何奇素数 p, 方程(3.3.9)都有解$(x, n, r) = (1, k, k)$, $(2p^k - 1, 2k, k)$, 其中 k 是任意正整数. 这些解称为方程(3.3.9)的平凡解. 从(3.3.8)可知: 该方程仅当 $p = 3$ 和 5 时, 分别有非平

凡解 $(x,n,r)=(31,5,1)$ 和 $(x,n,r)=(559,7,1)$.

另外,组合数学中关于可逆 Abel 差集的某些关键问题都与形如(3.3.9)的方程

$$x^2 = 2^{2a+2}p^{2n} - 2^{2a+2}p^{n+r} + 1, x,n,r \in \mathbb{N},$$

$$n > r > \frac{n}{2}, a \in \mathbb{Z}, a \geqslant 0 \tag{3.3.10}$$

以及

$$x^2 = 2^{2a+2}p^{2n} - 2^{a+2}p^{n+r} + 1, x,n,r \in \mathbb{N},$$

$$r > n, a \in \mathbb{Z}, a \geqslant 0 \tag{3.3.11}$$

有关(参见文献[24],[50],[52]). 对此,Ma[49]曾经提出了以下两个猜想:

猜想 3.3.1 对于任何奇素数 p,方程(3.3.10)均无解(x,a,n,r).

猜想 3.3.2 方程(3.3.11)仅当 $p=5$ 时有解$(x,a,n,r)=(49,3,1,2)$.

1996 年,乐茂华和向青[46]运用初等数论方法完整地证实了猜想 3.3.1. 此后,郭永东[20]运用类似的方法,将上述结果推广到了 p 为一般正奇数的情况. 此外,猜想 3.3.2 仍是一个尚未解决的问题.

对于一般的 D, p,乐茂华[33]运用丢番图逼近方法和 Gel′fond-Baker 方法证明了:

定理 3.3.1 当 $D \neq 4p^r - 1 (r \in \mathbb{N})$ 时,必有 $N(D,p) \leqslant 2$;特别是当 $\max(D,p) > C_1$ 时,$N(D,p) \leqslant 1$.

证 假如 $N(D,p) > 2$,则从本节前面的分析可知此时方程(3.3.3)的最小解(X_1,Y_1,Z_1)满足 $Y_1=1$,而且方程(3.3.1)必有 2 组解$(x_i,n_i)(i=1,2)$可表成

$$n_i = Z_1 t_i, t_i \in \mathbb{N}, t_i > 1, 3 \nmid t_i, i=1,2, \tag{3.3.12}$$

$$\frac{x_i + \sqrt{-D}}{2} = \lambda_{i1}\left(\frac{X_1 + \lambda_{i2}\sqrt{-D}}{2}\right)^{t_i},$$

$$\lambda_{i1}, \lambda_{i2} \in \{-1, 1\}, i = 1, 2. \tag{3.3.13}$$

不妨假定 $n_1 < n_2$，此时从 (3.3.12) 可知 $t_1 < t_2$。如果 $2 \mid t_j (1 \leqslant j \leqslant 2)$，则从 (3.3.1)，(3.3.12) 可得 $2p^{n_j/2} - x_j = D_1$ 以及 $2p^{n_j/2} + x_j = D_2$，其中 D_1, D_2 是适合 $D_1 D_2 = D$ 的正奇数。由此可得

$$1 + D \leqslant X_1^2 + D = 4p^{Z_1} \leqslant 4p^{Z_1 t_j/2} = 4p^{n_j/2}$$
$$= D_1 + D_2 \leqslant 1 + D. \tag{3.3.14}$$

因为 (3.3.14) 仅当 $(t_j, D_1, D_2) = (2, 1, D)$ 时才能成立，而此时 D 可表成 (3.3.7) 之形，所以在题设条件下必有 $2 \nmid t_i (i = 1, 2)$ 以及 $2 \nmid Z_1$。

根据文献 [5]，[18] 中的结果可知：(3.3.13) 中的 $t_1 \neq 5$ 或 7。因为 $3 \nmid t_1$，故有 $t_1 \geqslant 11$。同时，运用初等数论方法，从 (3.3.13) 可得

$$t_2 - t_1 \geqslant p^{Z_1(t_1-1)/2}. \tag{3.3.15}$$

另外，因为 $t_1 \geqslant 11$，所以根据文献 [73] 中有关丢番图逼近方面的结果，从 (3.3.1)，(3.3.12) 可得

$$32 + 12t_1 > t_2 - t_1. \tag{3.3.16}$$

结合 (3.3.15)，(3.3.16) 立得

$$32 + 12t_1 > p^{Z_1(t_1-1)/2} \tag{3.3.17}$$

因为 $p^{Z_1} \geqslant 3$ 且 $t_1 \geqslant 11$，所以 (3.3.17) 不可能成立。由此可知 $N(D, p) \leqslant 2$。

此外，当 $\max(D, p) > C_1$ 时，运用定理 3.1.1 的证明方法可知此时 (3.3.6) 在 $t > 1$ 时不成立。由此立得 $N(D, p) \leqslant 1$。定理证完。

关于定理 3.3.1 中的常数 C_1，文献 [33] 具体算出 $C_1 < \exp\exp\exp 105$。由于至今还没有发现不能表成 (3.3.7) 的 D, p 可使 $N(D, p) > 1$，所以我们根据定理 3.3.1 有以下猜想：

猜想 3.3.3 当 $D \neq 4p^r - 1 (r \in \mathbb{N})$ 时，必有 $N(D, p) \leqslant 1$。

以下讨论方程 (3.3.2)。对于给定的 D, p，设 $N'(D, p)$ 是方程 (3.3.2) 的解 (x, n) 的个数。

首先考虑一类特殊情况. 设 $q = p^r$, 其中 r 是正整数; 又设 $\mathbb{F}_q$ 是 q 元有限域 $GF(q)$. 已知 $\mathbb{F}_q$ 上的某些编码问题都与方程

$$x^2 = 4q^n + 4q + 1, x, n \in \mathbb{N} \qquad (3.3.18)$$

有关. 对此, Bremner, Calderbank, Hanlon 和 Wolfskill[8] 证明了: 当 $q = 3$ 时, 该方程恰有 3 组解 $(x, n) = (5, 1), (7, 2)$ 和 $(11, 3)$. 1982 年, Calderbank[12] 对于一般的 q 提出了以下猜想:

猜想 3.3.4 当 $q \neq 3$ 时, 方程 (3.3.18) 仅有解 $(x, n) = (2q + 1, 2)$.

1986 年, Tzanakis 和 Wolfskill[73] 运用丢番图逼近方法给出了方程 (3.3.18) 解数的上界. 次年, 他们在文献 [74] 中完整地证实了猜想 3.3.4. 两年后, 乐茂华[28] 运用同样的方法讨论了更一般的方程

$$x^2 = 4q^n + 4q^m + 1, x, m, n \in \mathbb{N}, n > m > 1,$$
$$\gcd(m, n) = 1. \qquad (3.3.19)$$

他证明了: 对于任何奇素数的方幂 q, 方程 (3.3.19) 均无解 (x, m, n). 综合上述结果可知: 当 D, p 适合

$$D = 4p^r + 1, r \in \mathbb{N} \qquad (3.3.20)$$

时, 如果 $(D, p) \neq (13, 3)$, 则方程 (3.3.2) 恰有 1 组解 $(x, n) = (2p^r + 1, 2r)$.

1992 年, 乐茂华[34] 运用 Gel'fond-Baker 方法, 对一般的 D, p 给出了方程 (3.3.2) 解数的上界. 已知对于以下两类特殊的 D, p, 即:

$$D = \left(\frac{3^{2r} + 1}{2} \right)^2 - 4 \cdot 3^{2r}, p = 3, r \in \mathbb{N}, r > 1 \qquad (3.3.21)$$

以及

$$D = p^{2r_1} + p^{2r_2} - 2p^{r_1 + r_2} - 2p^{r_1} - 2p^{r_2} + 1,$$
$$r_1, r_2 \in \mathbb{N}, r_1 > r_2, \qquad (3.3.22)$$

方程 (3.3.2) 分别有解

$$(x,n) = \begin{cases} \left(\dfrac{3^{2r}-7}{2},1\right), \left(\dfrac{3^{2r}+1}{2},2r\right), \left(\dfrac{7 \cdot 3^{2r}-1}{2},4r+1\right), \\ \qquad \text{当 } D,p \text{ 适合 (3.3.21) 时,} \\ (p^{r_1}-p^{r_2}-1,r_2),(p^{r_1}-p^{r_2}+1,r_1), \\ (p^{r_1}+p^{r_2}-1,r_1+r_2), \\ \qquad \text{当 } D,p \text{ 适合 (3.3.22) 时.} \end{cases}$$

$$(3.3.23)$$

从 (3.3.23) 可知:存在无限多组 (D,p) 可使 $N'(D,p) \geqslant 3$. 同时,文献[34]运用定理 3.2.1 的证明方法证明了:

$$N'(D,p) \leqslant \begin{cases} 5, \text{当 } D,p \text{ 适合 (3.3.22) 时,} \\ 4, \text{否则;} \end{cases} \qquad (3.3.24)$$

特别是当 $\max(D,p) > C_1$,其中 $C_1 < 10^{60}$ 时,

$$N'(D,p) \leqslant \begin{cases} 4, \text{当 } D,p \text{ 适合 (3.3.21) 或 (3.3.22) 时,} \\ 3, \text{否则.} \end{cases}$$

$$(3.3.25)$$

由于至今还没有发现可使 $N'(D,p) > 3$ 的 D,p,所以我们对 $N'(D,p)$ 的上界有以下猜想:

猜想 3.3.5 对于任何的 D,p,必有 $N'(D,p) \leqslant 3$;特别是当 D,p 不满足 (3.3.21) 或 (3.3.22) 时,$N'(D,p) \leqslant 2$.

§3.4 方程 $D_1 x^2 \pm D_2 = \delta p^n, \delta \in \{1,2,4\}$

设 D_1,D_2 是互素的正整数,p 是适合 $p \nmid D_1 D_2$ 的素数. 本节讨论方程

$$D_1 x^2 + D_2 = \delta p^n, x,n \in \mathbb{N} \qquad (3.4.1)$$

以及

$$D_1 x^2 - D_2 = \delta p^n, x,n \in \mathbb{N}, \qquad (3.4.2)$$

其中 $\delta \in \{1,2,4\}$. 显然,本章前三节所讨论的方程分别是这两类方程在 $D_1 = 1$ 且 $\delta = 1$ 或 4 时的特例.

当 $\delta = 1$ 时,方程 (3.4.1) 可写成

$$D_1 x^2 + D_2 = p^n, x, n \in \mathbb{N}. \qquad (3.4.3)$$

从文献[6],[26],[47]中的结果可知:当 $D_2 = 1$ 时,如果 $(D, p) = (7, 2)$,$(2, 3)$ 或 $(6, 7)$,则

$$(x, n) = \begin{cases} (1, 3), (3, 6), & \text{当}(D, p) = (7, 2) \text{ 时}, \\ (1, 1), (11, 5), & \text{当}(D, p) = (2, 3) \text{ 时}, \\ (1, 1), (400, 4), & \text{当}(D, p) = (6, 7) \text{ 时}, \end{cases}$$

$$(3.4.4)$$

分别是方程(3.4.3)的全部解;否则该方程至多有 1 组解 (x, n).
因此,根据 §3.1 节中的结果,方程(3.4.3)在 $\min(D_1, D_2) = 1$ 时的解数问题已经基本解决.

当 $\min(D_1, D_2) > 1$ 时,不妨假定 D_1 是无平方因子正整数.
对于给定的 D_1, D_2, p,设 $N(D_1, D_2, p)$ 是方程(3.4.3)的解 (x, n)
的个数. 如果 D_1, D_2, p 满足

$$p = 2, D_1 s^2 = 2^r - (-1)^{(D_2-1)/2},$$
$$D_2 = 3 \cdot 2^r + (-1)^{(D_2-1)/2}, r, s \in \mathbb{N} \qquad (3.4.5)$$

或者

$$p \neq 2, 4D_1 s^2 = p^r - (-1)^{(p^r-1)/2},$$
$$4D_2 = 3p^r + (-1)^{(p^r-1)/2}, r, s \in \mathbb{N}, \qquad (3.4.6)$$

则称数组 (D_1, D_2, p) 是方程(3.4.3)的例外情况,否则为非例外情况. 当 (D_1, D_2, p) 是例外情况时,方程(3.4.3)有解

$$(x, n) = \begin{cases} (s, r + 2), ((2^{r+1} + (-1)^{(D_2-1)/2})s, 3r + 2), \\ \qquad\qquad \text{当 } D_1, D_2, p \text{ 满足}(3.4.5) \text{ 时}, \\ (s, r), ((2p^r + (-1)^{(p^r-1)/2})s, 3r), \\ \qquad\qquad \text{当 } D_1, D_2, p \text{ 满足}(3.4.6) \text{ 时}. \end{cases}$$

$$(3.4.7)$$

从(3.4.7)可知:存在无限多组 (D_1, D_2, p),可使 $N(D_1, D_2, p) \geqslant 2$.

对于一般的 D_1, D_2, p,Bender 和 Herzberg[6] 运用代数数论方法和 Gel'fond-Baker 方法证明了:当 p 是奇素数时,如果 (D_1, D_2)

$\neq(2,p^r-2)$或$(6,p^r-6)$,其中 r 是正整数,则必有 $N(D_1,D_2,p)$ $\leqslant 2$;特别是当 $p>C_1(D_1,D_2)$ 时,$N(D_1,D_2,p)\leqslant 1$. 此后,乐茂华[36],[40],[45]对解数 $N(D_1,D_2,p)$ 的上界给出了比较完整的结果. 这些结果可表述为:

定理 3.4.1 当 $\min(D_1,D_2)>1$ 时,除了 $N(3,5,2)=3$ 以外,必有 $N(D_1,D_2,p)\leqslant 2$;特别是 $\max(D_1,D_2)>C_2$ 且(D_1,D_2,p)为非例外情况时,$N(D_1,D_2,p)\leqslant 1$.

证 由于本定理对 $p=2$ 以及 $p\neq 2$ 这两类情况的证明过程基本上是相同的,所以这里仅给出 $p\neq 2$ 时的情况.

当 p 是奇素数时,如果方程(3.4.3)有解(x,n),则方程
$$D_1 X^2 + D_2 Y^2 = p^z, X,Y,Z \in \mathbb{Z}, \gcd(X,Y)=1, Z>0 \tag{3.4.8}$$

显然有解$(X,Y,Z)=(x,1,n)$. 因此,根据推论 1.5.2 可知:方程(3.4.3)有解(x,n)的充要条件是方程(3.4.8)有解(X,Y,Z),而且它的最小解(X_1,Y_1,Z_1)满足 $Y_1=1$. 当此条件成立时,方程(3.4.3)有解$(x,n)=(X_1,Z_1)$. 如果该方程有适合$(x,n)\neq(X_1,Z_1)$的解(x,n),则必有大于 1 的奇数 t 可使

$$n = Z_1 t, x\sqrt{D_1}+\sqrt{-D_2} = \lambda_1\left(X_1\sqrt{D_1}+\lambda_2\sqrt{-D_2}\right)^t,$$
$$\lambda_1,\lambda_2 \in \{-1,1\}. \tag{3.4.9}$$
设
$$\varepsilon = X_1\sqrt{D_1}+\sqrt{-D_2}, \bar{\varepsilon} = X_1\sqrt{D_1}-\sqrt{-D_2}. \tag{3.4.10}$$

从(3.4.9)可得
$$\left|\frac{\varepsilon^t - \bar{\varepsilon}^t}{\varepsilon - \bar{\varepsilon}}\right| = 1. \tag{3.4.11}$$

于是,根据定理 1.8.1,从(3.4.11)可得
$$t < C_3. \tag{3.4.12}$$

从以上分析可知:如果 $N(D_1,D_2,p)>2$,则必有适合 $1<t_1<t_2$ 的

正奇数 t_1, t_2 可使

$$\left|\frac{\varepsilon^{t_i} - \bar{\varepsilon}^{t_i}}{\varepsilon - \bar{\varepsilon}}\right| = 1, \quad i = 1, 2, \qquad (3.4.13)$$

并且从(3.4.12)可得

$$1 < t_1 < t_2 < C_3. \qquad (3.4.14)$$

从(3.4.10)可知,存在实数 θ 适合

$$\varepsilon = \sqrt{p^{Z_1}} e^{\theta \sqrt{-1}}, \bar{\varepsilon} = \sqrt{p^{Z_1}} e^{-\theta \sqrt{-1}}. \qquad (3.4.15)$$

因为 $D_1 X_1^2 + D_2 = p^{Z_1}$,故从(3.4.10),(3.4.15)可得

$$0 < \sin\theta = \sqrt{\frac{D_2}{p^{Z_1}}} < 1. \qquad (3.4.16)$$

根据(3.4.16)可以假定 θ 满足

$$0 < \theta < \frac{\pi}{2}. \qquad (3.4.17)$$

同样,从(3.4.13),(3.4.15)可得

$$\left|\frac{\sin t_i\theta}{\sin\theta}\right| = p^{-Z_1(t_i-1)/2}, \quad i = 1, 2. \qquad (3.4.18)$$

从(3.4.18)可推出

$$t_2 > \frac{\pi}{2\text{arc}\sin\sqrt{D_2/p^{Z_1 t_1}}}. \qquad (3.4.19)$$

于是,运用初等方法排除了几个较小的情况 (D_1, D_2, p) 之后,从 (3.4.14)和(3.4.19)可得出矛盾.由此可知 $N(D_1, D_2, p) \leqslant 2$.

另外,当 (D_1, D_2, p) 为非例外情况时,从(3.4.11)可得 $t \geqslant 7$. 于是运用定理 3.1.1 的证明方法,从(3.4.10),(3.4.11), (3.4.12)可得 $\max(D_1, D_2) < C_2$.因此当 $\max(D_1, D_2) > C_2$ 时,必有 $N(D_1, D_2, p) \leqslant 1$.定理证完.

根据定理 3.4.1 可知:当 (D_1, D_2, p) 是例外情况时,(3.4.7) 给出了方程(3.4.3)的全部解.同时,对于非例外情况,我们有以下猜想:

猜想 3.4.1 当 (D_1, D_2, p) 是方程(3.4.3)的非例外情况时, 必有 $N(D_1, D_2, p) \leqslant 1$.

当 D_1, D_2 是互素的正奇数, p 是适合 $p \nmid D_1 D_2$ 的奇素数, $\delta = 2, 4$ 时, 方程(3.4.1)分别可写成

$$D_1 x^2 + D_2 = 2p^n, x, n \in \mathbb{N} \qquad (3.4.20)$$

以及

$$D_1 x^2 + D_2 = 4p^n, x, n \in \mathbb{N}. \qquad (3.4.21)$$

对此, 乐茂华[42],[44]运用与定理 3.4.1 相同的证明方法证明了: 当 $\min(D_1, D_2) > 1$ 时, 方程(3.4.20)和(3.4.21)都至多有 2 组解 (x, n). 同时, 运用该方法还可以进一步得到以下结果: 当 D_1, D_2, p 适合

$$2D_1 s^2 = p^r - (-1)^{(p^r+1)/2},$$

$$2D_2 = 3p^r + (-1)^{(p^r+1)/2}, r, s \in \mathbb{N} \qquad (3.4.22)$$

时, 方程(3.4.20)恰有 2 组解 $(x, n) = (s, r)$ 和 $((2p^r + (-1)^{(p^r+1)/2})s, 3r)$; 当(3.4.22)不成立且 $\max(D_1, D_2) > C_4$ 时, 该方程至多有 1 组解 (x, n). 根据上述结果, 我们对这两个方程有下列猜想:

猜想 3.4.2 当 $\min(D_1, D_2) > 1$ 且 D_1, D_2, p 不满足 (3.4.22)时, 方程(3.4.20)至多有 1 组解 (x, n).

猜想 3.4.3 当 $\min(D_1, D_2) > 1$ 时, 方程(3.4.21)至多有 1 组解 (x, n).

另外, 运用定理 3.2.1 的证明方法, 可以得到方程(3.4.2)的解数和解的上界. 但是目前尚未见到有关这方面的一般性结果. 对此我们有以下猜想:

猜想 3.4.4 方程(3.4.2)至多有 4 组解 (x, n).

§3.5 方程 $D_1 x^2 \pm D_2 = k^n$

设 D_1, D_2 是互素的正整数, k 是适合 $k > 1$ 以及 $\gcd(k, D_1 D_2) = 1$ 的正整数, $\omega(k)$ 是 k 的不同素因数的个数. 本节讨论的方程

$$D_1 x^2 + D_2 = k^n, x, n \in \mathbb{N} \qquad (3.5.1)$$

以及

$$D_1 x^2 - D_2 = k^n, x, n \in \mathbb{N} \qquad (3.5.2)$$

分别是方程(3.1.1)和(3.2.1)的另一类型的推广.

对于给定的 D_1, D_2, k, 设 $N(D_1, D_2, k)$ 是方程(3.5.1)的解 (x, n) 的个数. 当方程(3.5.1)有解 (x, n) 时, 方程

$$D_1 X^2 + D_2 Y^2 = k^z, X, Y, Z \in \mathbb{Z}, \gcd(X, Y) = 1, Z > 0$$
$$(3.5.3)$$

显然有解 $(X, Y, Z) = (x, 1, n)$. 根据引理 1.5.1 和 1.5.2 可知: 当 $2 \nmid k$ 时, 如果方程(3.5.3)有解, 则它的所有解可分成若干类, 其类数不超过 $2^{\omega(k)-1}$. 当方程(3.5.3)的解 $(X, Y, Z) = (x, 1, n)$ 属于它的某个解类 S 时, 必有

$$n = Z_1 t, \qquad t \in \mathbb{N}, \qquad (3.5.4)$$

$$x\sqrt{D_1} + \sqrt{-D_2} = \lambda_1 (X_1\sqrt{D_1} + \lambda_2 Y_1\sqrt{-D_2})^t,$$
$$\lambda_1, \lambda_2 \in \{-1, 1\}, \qquad (3.5.5)$$

其中 (X_1, Y_1, Z_1) 是解类 S 的最小解. 比较(3.1.9), (3.1.10), (3.4.9), (3.5.4), (3.5.5)可知: 当 $2 \nmid k$ 时, 可以运用定理 3.1.1 和 3.4.1 的证明方法, 在方程(3.5.3)的每个解类中讨论方程(3.5.1)的解数.

对于非负整数 m, 设 F_m, L_m 分别是第 m 个 Fibonacci 数和 Lucas 数. 如果 $2 \nmid k$ 且 D_1, D_2, k 适合

$$4D_1 s^2 = k^r - (-1)^{(k^r-1)/2}, 4D_2 = 3k^r + (-1)^{(k^r-1)/2}, r, s \in \mathbb{N}$$
$$(3.5.6)$$

或

$$D_1 s^2 = \frac{1}{4} F_{6l}, D_2 = \begin{cases} \dfrac{3}{4} F_{6l} - F_{6l-1}, \\ \dfrac{3}{4} F_{6l} + F_{6l+1}, \end{cases} \quad k^r = \begin{cases} F_{6l-2}, \\ F_{6l+2}, \end{cases} l, r, s \in \mathbb{N},$$
$$(3.5.7)$$

则称数组 (D_1, D_2, k) 是方程(3.5.1)的例外情况, 否则为非例外情

况. 1979 年, Bender 和 Herzberg[6] 证明了: 当 $2 \nmid k$ 且 D_1, D_2, k 满足某些条件时, $N(D_1, D_2, k) \leqslant 2^{\omega(k)}$. 1995 年, 许太金和乐茂华[75] 进一步证明了: 当 $2 \nmid k$ 且 $\max(D_1, D_2) > C_1$ 时,

$$N(D_1, D_2, k) \leqslant \begin{cases} 2^{\omega(k)-1} + 1, & \text{当} (D_1, D_2, k) \text{是例外情况时}, \\ 2^{\omega(k)-1}, & \text{否则}; \end{cases}$$

(3.5.8)

而且方程 (3.5.1) 的解 (x, n) 都满足

$$n < \frac{10}{\pi} \sqrt{D_1 D_2} \log \left(2e \sqrt{D_1 D_2} \right).$$ 　(3.5.9)

显然, 上述结果中给出的解数上界都是与 k 有关的. 因为至今还没有发现可使方程 (3.5.1) 有很多解的 D_1, D_2, k, 所以我们有以下猜想:

猜想 3.5.1 对于任何的 D_1, D_2, k, 必有 $N(D_1, D_2, k) < C_2$.

由于目前已知的结果与上述猜想相差甚远, 特别是对 k 是偶复合数的情况几乎一无所知, 因此这是一个十分困难的问题. 最近, 郭永东和乐茂华[22] 运用初等方法解决了它的一个特殊情况. 他们证明了: 当 D_2 是素数时, $N(1, D_2, k) \leqslant 8$.

对于给定的 D_1, D_2, k, 设 $N'(D_1, D_2, k)$ 是方程 (3.5.2) 的解 (x, n) 的个数. 此时, 根据引理 1.5.1 和 1.5.2, 运用定理 3.2.1 的证明方法可以得出解数 $N'(D_1, D_2, k)$ 的上界. 例如, 陈锡庚和乐茂华[15] 运用 Gel'fond-Baker 方法证明了: 当 $2 \nmid k$ 时, 必有 $N'(1, D_2, k) \leqslant 3 \cdot 2^{\omega(k)-1} + 1$; 特别是当 $\max(D_2, k) > 10^{60}$ 时, $N'(1, D_2, k) \leqslant 3 \cdot 2^{\omega(k)-1}$. 利用同样的方法, 不难将上述结果推广到 $2 \nmid k$ 且 $\min(D_1, D_2) > 1$ 的情况. 对于方程 (3.5.2) 的解数, 我们有类似的猜想:

猜想 3.5.2 对于任何的 D_1, D_2, k, 必有 $N'(D_1, D_2, k) < C_3$.

关于上述猜想, Mignotte[54] 曾经提出过 $D_1 = 1$ 时的问题. 1996 年, 乐茂华[41] 运用初等方法解决了它的一个特殊情况. 他证明了: 当 D_2 是素数时, $N'(1, D_2, k) \leqslant 4$.

$$\S 3.6 \quad \text{方程 } x^2 \pm D^m = p^n$$

设 D 为非完全方幂的正整数，p 是适合 $p \nmid D$ 的素数．本节讨论方程

$$x^2 + D^m = p^n, \quad x, m, n \in \mathbb{N} \tag{3.6.1}$$

和

$$x^2 - D^m = p^n, \quad x, m, n \in \mathbb{N}. \tag{3.6.2}$$

虽然这两个方程分别比方程(3.1.1)和(3.2.1)多了一个未知数，但它们仍可用 §3.1 节和 §3.2 节中的方法来处理．

关于方程(3.6.1)，Tanahashi[69]，Toyoizumi[70,71]，孙琦和曹珍富[68]，曹珍富[13]等人运用初等数论方法，分别对某些特殊的 D，p 讨论了它的可解性和解数问题．对于一般的 D, p，乐茂华[27,38]运用 Gel'fond-Baker 方法证明了：

定理 3.6.1 当 $p = 2$ 且 $D > C_1$ 时，方程(3.6.1)至多有 1 组解 (x, m, n) 适合 $m > 1$；当 $p \neq 2$ 且 $\max(D_1 p) > C_2$ 时，该方程至多有 2 组解 (x, m, n)，而且当 $(x, m, n) = (x_1, m_1, n_1)$ 和 (x_2, m_2, n_2) 分别是这两组解时，必有 $m_1 \not\equiv m_2 \pmod 2$．

证 首先考虑 $p = 2$ 时的情况．设 (x, m, n) 是方程(3.6.1)适合 $m > 1$ 的解．由于此时 $n > 2$，所以方程(3.6.1)可写成

$$x^2 + D^m = 2^{n+2}, \quad x, m, n \in \mathbb{N}. \tag{3.6.3}$$

因为 $2 \nmid D$，故必有 $2 \nmid m$．另外，假如 $2 \mid n$，则从(3.6.3)可得 $2^{n/2+1} + x = D_1^m$ 以及 $2^{n/2+1} - x = D_2^m$，其中 D_1, D_2 是适合 $D_1 D_2 = D$ 的正奇数．由此可得

$$D_1^m + D_2^m = 2^{n/2+2}. \tag{3.6.4}$$

由于 $2 \nmid m$，所以(3.6.4)不可能成立，故必有 $2 \nmid n$．于是，从(3.6.3)可知此时方程

$$X^2 + DY^2 = 2^{Z+2}, \quad X, Y, Z, \in \mathbb{Z}, \gcd(X, Y) = 1, Z > 0 \tag{3.6.5}$$

有解 $(X, Y, Z) = (x, D^{(m-1)/2}, n)$．因此，根据推论 1.5.1 可得

$$n = Z_1 t, t \in \mathbb{N}, 2 \nmid t, \qquad (3.6.6)$$

$$\frac{x + D^{(m-1)/2} \sqrt{-D}}{2} = \lambda_1 \left(\frac{X_1 + \lambda_2 Y_1 \sqrt{-D}}{2} \right)^t,$$

$$\lambda_1, \lambda_2 \in \{-1, 1\}, \qquad (3.6.7)$$

其中(X_1, Y_1, Z_1)是方程(3.6.5)的最小解.

从上述分析可知:如果方程(3.6.3)有 2 组适合 $m > 1$ 的解 (x, m, n),则存在大于 1 的奇数 t 可使(3.6.6)和(3.6.7)成立. 设

$$\varepsilon = \frac{X_1 + Y_1 \sqrt{-D}}{2}, \bar{\varepsilon} = \frac{X_1 - Y_1 \sqrt{-D}}{2}. \quad (3.6.8)$$

从(3.6.7),(3.6.8)可得

$$D^{(m-1)/2} = Y_1 \left| \frac{\varepsilon^t - \bar{\varepsilon}^t}{\varepsilon - \bar{\varepsilon}} \right|. \qquad (3.6.9)$$

运用初等数论方法,从(3.6.9)可得

$$\left| \frac{\varepsilon^t - \bar{\varepsilon}^t}{\varepsilon - \bar{\varepsilon}} \right| = 1 \ \text{或} \ t. \qquad (3.6.10)$$

因为(3.6.10)在 $t = 3$ 或 5 时不成立,故有 $t \geqslant 7$. 同时,根据定理 1.8.1 及其证明方法,从(3.6.10)可得

$$7 \leqslant t < C_3. \qquad (3.6.11)$$

又从(3.6.10),(3.6.11)可知 $D < C_1$. 因此,当 $D > C_1$ 时,方程 (3.6.3)至多有 1 组解(x, m, n)适合 $m > 1$. 同理可证 $p \neq 2$ 时的情况. 定理证完.

从上述定理可以直接推得:

推论 3.6.1 当 $p \equiv 3 \pmod 4$ 且 $\max(D, p) > C_2$ 时,方程 (3.6.1)至多有 1 组解(x, m, n).

1994 年,曹珍富[14]讨论了比(3.6.1)更一般的方程

$$D_1 x^2 + 2^m D_2 = p^n, \qquad x, m, n \in \mathbb{N}, \qquad (3.6.12)$$

这里 D_1, D_2 是互素的正奇数,p 是适合 $p \nmid D_1 D_2$ 的奇素数. 他证明了:对于给定的 D_1, D_2, p, m,当 $D_1 D_2 \not\equiv 3 \pmod 8$ 且 $m \geqslant 3$ 时,方

程(3.6.12)至多有 2 组解(x, n). 然而,根据文献[44]可知上述结果是已知的,而且其中的限制条件均可略去. 对此,乐茂华[44]运用 Gel'fond-Baker 方法给出了比较一般的结果. 他证明了:对于给定的 D_1, D_2, p 以及 $\delta \in \{0, 1\}$,方程(3.6.12)至多有 2 组解(x, m, n)适合 $m \equiv \delta \pmod 2$;特别是当 $\max(D_1, D_2, p) > C_4$ 时,除了一类已知的例外情况以外,该方程至多有 1 组解(x, m, n)适合 $m \equiv \delta \pmod 2$.

同样,运用定理 3.2.1 的证明方法,可以得到方程(3.6.2)的解数的上界,不过目前尚未见到这方面的具体结果. 另外,由于方程(3.6.1)和(3.6.2)分别是方程(5.2.1)和(5.2.9)的特例,所以根据文献[10],[11],[21]中的结果可以直接推出这两个方程的解的上界(参见§5.2节).

§3.7 方程 $f(x) = kp_1^{n_1} p_2^{n_2} \cdots p_s^{n_s}$

设 $f(X) = a_0 X^m + a_1 X^{m-1} + \cdots + a_m \in \mathbb{Z}[X]$ 是 $\mathbb{Q}$ 上不可约的 m($m > 1$)次多项式,k 是正整数,$p_1, p_2, \cdots, p_s$ 是适合 $p_1 < p_2 < \cdots < p_s$ 的素数;又设 q_1, q_2 分别是 a_0 和 k 的最大素因数,$p = \max(p_s, q_1, q_2)$. 显然,本章前六节所讨论的方程都是方程

$$f(x) = kp_1^{n_1} p_2^{n_2} \cdots p_s^{n_s}, x \in \mathbb{N}, n_1, n_2, \cdots, n_s \in \mathbb{Z},$$
$$n_1 \geqslant 0, n_2 \geqslant 0, \cdots, n_s \geqslant 0 \tag{3.7.1}$$

的特例. 运用定理 2.1.1 的证明方法可得:

定理 3.7.1 方程(3.7.1)仅有有限多组解$(x, n_1, n_2, \cdots, n_s)$,而且这些解都满足 $\max(x, n_1, n_2, \cdots, n_s), < C_1(m, |\Delta_f|, p)$,其中 Δ_f 是 $f(X)$ 的判别式.

证 由于 $a_0^{m-1} f(X) = (a_0 X)^m + a_1 (a_0 X)^{m-1} + \cdots + a_0^{m-1} a_m$,所以不妨假定 $a_0 = 1$. 同样,不妨假定 $k = 1$. 设 $x = \alpha$ 是代数方程(1.1.2)的根. 此时 $K = \mathbb{Q}(\alpha)$ 是 m 次代数数域. 设 Δ_K, O_K, h_K 分别是 K 的判别式、代数整数环和类数;又设 $\sigma_1, \sigma_2, \cdots, \sigma_m$ 是 K 到 $\mathbb{C}$ 的 m 个嵌入,$\alpha_i = \sigma_i(\alpha)$($i = 1, 2, \cdots, m$),并且规定 $\alpha_1 = \alpha$. 从

(3.7.1)可得

$$(x - \alpha_1)(x - \alpha_2)\cdots(x - \alpha_m) = p_1^{n_1} p_2^{n_2} \cdots p_s^{n_s} \quad (3.7.2)$$

设 $P_1, P_2, \cdots, P_t$ 是 O_K 中关于相伴素数 $p_1, p_2, \cdots, p_s$ 的所有不同的素理想数. 从(1.3.15)可知 t 适合

$$t \leqslant ms. \quad (3.7.3)$$

设 $n = \max(n_1, n_2, \cdots, n_s)$. 从(3.7.2)可得

$$[x - \alpha_1] = P_1^{U_1} P_2^{U_2} \cdots P_t^{U_t}, \quad (3.7.4)$$

其中 $U_1, U_2, \cdots, U_t$ 是适合

$$0 \leqslant U_j \leqslant mn, j = 1, 2, \cdots, t \quad (3.7.5)$$

的非负整数. 由于存在 O_K 中的代数整数 $\beta_j (j=1,2,\cdots,t)$ 可使 $P_j^{h_k} = [\beta_j](j=1,2,\cdots,t)$, 故有

$$x - \alpha_1 = \rho \gamma_0 \gamma_1^{u_1} \gamma_2^{u_2} \cdots \gamma_t^{u_t}, \quad (3.7.6)$$

其中 ρ 是 K 中适合

$$|\log |\sigma_i(\rho)|| < C_2(|\Delta_k|), i = 1, 2, \cdots, m \quad (3.7.7)$$

的单位数, $\gamma_0, \gamma_1, \gamma_2, \cdots, \gamma_t$ 分别是 O_K 中适合

$$|\log |\sigma_i(\gamma_0)|| < C_3(t, |\Delta_k|)p_s, |\log |\sigma_i(\gamma_j)|| <$$
$$C_4(|\Delta_K|)\log p_s, i = 1, 2, \cdots, m, j = 1, 2, \cdots, t \quad (3.7.8)$$

的代数整数, 而且 $\gamma_j(j=1,2,\cdots,t)$ 分别与 $\beta_j(j=1,2,\cdots,t)$ 相结合, $u_j(j=1,2,\cdots,t)$ 是适合

$$U_j = u_j h_K + v_j, v_j \in \mathbb{Z}, 0 \leqslant v_j < h_K, j = 1, 2, \cdots, t \quad (3.7.9)$$

的非负整数.

设 $\rho_i = \sigma_i(\rho), \gamma_{ij} = \sigma_i(\gamma_j)(i=1,2,\cdots,m; j=1,2,\cdots,t)$. 从(3.7.6)可知

$$x - \alpha_i = \rho_i \gamma_{i0} \gamma_{i1}^{u_1} \cdots \gamma_{it}^{u_t}, i = 1, 2, \cdots, m. \quad (3.7.10)$$

因为 $m > 1$, 故从(3.7.10)可得

$$|\alpha_1 - \alpha_2| = |x - \alpha_1| \left| \frac{\rho_2 \gamma_{20} \gamma_{21}^{u_1} \cdots \gamma_{2t}^{u_t}}{\rho_1 \gamma_{10} \gamma_{11}^{u_1} \cdots \gamma_{1t}^{u_t}} - 1 \right|. \quad (3.7.11)$$

不妨假定 $|x - \alpha_1| = \max_{i=1,2,\cdots,m} |x - \alpha_i|$. 从(3.7.2)可得

$$|x - \alpha_1| \geqslant (p_1^{n_1} p_2^{n_2} \cdots p_s^{n_s})^{1/m} \geqslant p_1^{n/m}. \qquad (3.7.12)$$

由于 $f(X)$ 在 $\mathbb{Q}$ 上不可约,故有 $\alpha_1 \neq \alpha_2$. 如果

$$\left| \frac{\rho_2 \gamma_{20} \gamma_{21}^{u_1} \cdots \gamma_{2t}^{u_t}}{\rho_1 \gamma_{10} \gamma_{11}^{u_1} \cdots \gamma_{1t}^{u_t}} - 1 \right| \geqslant 1, \qquad (3.7.13)$$

则因

$$|\alpha_1 - \alpha_2| < C_5(|\Delta_K|), \qquad (3.7.14)$$

故从 $(3.7.11),(3.7.12)$ 立得

$$n < C_6(m, |\Delta_K|). \qquad (3.7.15)$$

如果 $(3.7.13)$ 不成立,则有适合 $|b| \leqslant \max(u_1, u_2, \cdots, u_t)$ 的整数 b,可使

$$\left| \frac{\rho_2 \gamma_{20} \gamma_{21}^{u_1} \cdots \gamma_{2t}^{u_t}}{\rho_1 \gamma_{10} \gamma_{11}^{u_1} \cdots \gamma_{1t}^{u_t}} - 1 \right| \geqslant \frac{1}{\pi} \left| \log \frac{\rho_2 \gamma_{20} \gamma_{21}^{u_1} \cdots \gamma_{2t}^{u_t}}{\rho_1 \gamma_{10} \gamma_{11}^{u_1} \cdots \gamma_{1t}^{u_t}} - b \log(-1) \right|.$$

$$(3.7.16)$$

根据 $(1.8.11)$,从 $(3.7.7),(3.7.8)$ 和 $(3.7.16)$ 可得

$$\log \left| \frac{\rho_2 \gamma_{20} \gamma_{21}^{u_1} \cdots \gamma_{2t}^{u_t}}{\rho_1 \gamma_{10} \gamma_{11}^{u_1} \cdots \gamma_{1t}^{u_t}} - 1 \right|$$
$$> -C_7(t, |\Delta_K|, p_s) \log \max(u_1, u_2, \cdots, u_t). \qquad (3.7.17)$$

根据 $(3.7.12)$,将 $(3.7.17)$ 代入 $(3.7.11)$ 后得

$$\log|\alpha_1 - \alpha_2| + C_7(t, |\Delta_K|, p_s) \log \max(u_1, u_2, \cdots, u_t) >$$

$$\log|x - \alpha_1| > \frac{n}{m} \log p_1. \qquad (3.7.18)$$

因为从 $(3.7.3),(3.7.9)$ 可知

$$\max(u_1, u_2, \cdots, u_t) \leqslant \frac{1}{h_K} \max(U_1, U_2, \cdots, U_t) \leqslant \frac{mn}{h_K},$$

$$(3.7.19)$$

故从 $(3.7.2),(3.7.14),(3.7.18)$ 可知 n 满足

$$n < C_8(m, |\Delta_K|, p_s). \qquad (3.7.20)$$

于是,结合 $(3.7.15)$ 和 $(3.7.20)$ 立得 $n < C_9(m, |\Delta_K|, p_s)$,并且从 $(3.7.2)$ 可知 $\max(x, n_1, n_2, \cdots, n_s) < C_1(m, |\Delta_K|, p_s)$. 由于当 $a_0 = k = 1$ 时,$p = p_s$,故得本定理. 证完.

关于方程(3.7.1)的解$(x,n_1,n_2,\cdots,n_s)$的个数,Stewart[67]证明了:当 k 充分大时,该方程至多有 $m^{\omega(k)+2}(s+1)$ 组解,其中 $\omega(k)$ 是 k 的不同素因数的个数. 另一方面,Erdös,Stewart 和 Tijdeman[19]曾经指出:对于任何的 m,都有 m 次多项式 $f(X)$ 可使方程(3.7.1)有很多解. 在这方面,Moree 和 Stewart[55]具体证明了:对于任何正数 δ,当 $k=1$ 且 $s>C_{10}(\delta)$ 时,存在适合 $a_0=1$ 的 m 次多项式 $f(X)$,可使方程(3.7.1)至少有 $\exp((m-\delta)s^{1/m}/(\log s)^{1-1/m})$ 组解 $(x,n_1,n_2,\cdots,n_s)$.

根据定理 3.7.1 虽然可得方程(3.7.1)的解和解数的可有效计算的上界,但是这些上界通常是相当大的. 因此,Pethö 和 de Weger[58],Smart[64—66],Merriman 和 Smart[53]等人分别对某些较小的 m,s 以及 $p_1,p_2,\cdots,p_s$,给出了求得方程(3.7.1)的全部解的具体算法. 这些算法综合运用了 Gel'fond-Baker 方法和丢番图逼近方法,形成了当今计算数论中的重要内容.

参 考 文 献

[1] Alter R. ,On the nonexistence of close-packed double Hamming error-correcting codes on q=7 symbols,J Comput Sys Sci,1968,2:169—176.

[2] Alter R. ,On a diophantine equation related to perfect codes,Math Comp,1971,25:621—624.

[3] Apéry R. ,Sur une equation diophantienne,C R Acad Sci Paris Sèr A,1960,251:1263—1264.

[4] Apéry R. ,Sur une equation diophantienne,C R Acad Sci Paris Sèr A,1960,251:1451—1452.

[5] Baulin V. I. ,On an indeterminate equation of the third degree with least positive discriminant,Tul'sk Gos Ped Inst U'ćen Zap Fiz Mat Nauk Vyp,1960,7:138—170(Russian).

[6] Bender E. A. ,Herzberg N. P. ,Some diophantine equations related to the quadratic form ax^2+by^2, In: Rota G-C ed. ,Studies in Algebra and Number Theory,San Diego:Academic Press,1979:219—272.

[7] Beukers F. ,On the generalized Ramanujan-Nagell equation I,Acta Arith,1980,38:389—410; II ;ibid,1981,39:113—123.

[8] Bremner A., Calderbank R., Hanlon P., Morton P., Wolfskill J., Two-weight ternary codes and the equation $y^2 = 4 \cdot 3^a + 13$, J Number Theory, 1983, 16:212—234.

[9] Browkin G., Schinzel A., On the equation $2^n - D = y^2$, Bull Acad Polon Sci Ser Sci Math Astr Phys, 1960, 8:311—318.

[10] Bugeaud Y., On the diophantine equation $x^2 - p^m = \pm y^n$, Acta Arith, 1997, 80:213—223.

[11] Bugeaud Y., On the diophantine equation $x^2 - 2^m = \pm y^n$, Proc Amer Math Soc, to appear.

[12] Calderbank R., On uniformly packed $[n, n-k, 4]$ codes over GF (q) and a class of caps in PG$(k-1, q)$, J London Math Soc, 1982, 26:365—384.

[13] 曹珍富,方程 $x^2 + 2^m = y^n$ 和 Hugh Edgar 问题,科学通报,1986,31:555—556.

[14] 曹珍富,关于丢番图方程 $Cx^2 + 2^{2m}D = k^n$,数学年刊,1994,15A:235—240.

[15] Chen X-G, Le M-H., On the number of solutions of the generalized Ramanujan-Nagell equation $x^2 - D = k^n$, Publ Math Debrecen, 1996, 49:85—92.

[16] Cohen E. L., A note on perfect double error-correcting codes on q symbols. Inform Control, 1964, 7:381—384.

[17] Cohen E. L., On the Ramanujan-Nagell equation and its generalizations, In: Number Theory, Banff, AB, 1988, Berlin:de Gruyter, 1990:81—92.

[18] Cohn J. H. E., Eight diophantine equations, Proc London Math Soc, 1966, 16:153—166; Addendum: ibid, 1967, 17:381.

[19] Erdős P., Stewart C. L., Tijdeman R., On the number of solutions of the equation $x + y = z$ in S-units. Compositio Math, 1988, 66:37—56.

[20] Guo Y-D., On the diophantine equation $x^2 = 2^{2a}k^{2m} - 2^{2a}k^{m+n} + 1$, Discuss Math, 1996, 16:10—14.

[21] Guo Y-D, Le M-H., A note on the exponential diophantine equation $x^2 - 2^m = y^n$. Proc Amer Math Soc, 1995, 123:3627—3629.

[22] 郭永东,乐茂华. 关于广义 Ramanujan-Nagell 方程 $x^2 + D = k^n$ 的解数,数学学报,即将发表.

[23] 华罗庚,数论导引,北京:科学出版社,1979.

[24] Jungnickel D., Difference sets, In: Dinitz J, Stinson D R, eds., Contemporary Design Theory, A Collection of Surveys, New York:Wiley, 1992:241—324.

[25] 乐茂华,关于广义 Ramanujan-Nagell 方程 I,科学通报,1984,29:268—271;II:ibid,1985,30:396;III:东北数学,1988,4:180—184.

[26] 乐茂华,一类虚二次域类数的可除性,科学通报,1987,32:724—727.

[27] Le M-H. , The diophantine equation $x^2 + D^m = p^n$, Acta Arith, 1989, 52: 255—265.

[28] Le M-H. , The diophantine equation $x^2 = 4q^n + 4q^m + 1$, Proc Amer Math Soc, 1989, 106: 599—604.

[29] Le M-H. , On the generalized Ramanujan-Nagell equation $x^2 - D = p^n$, Acta Arith, 1991, 58: 289—298.

[30] 乐茂华, 关于丢番图方程 $x^2 - D = p^n$ 的解数, 数学学报, 1991, 34: 378—387.

[31] Le M-H. , On the number of solutions of generalized Ramanujan-Nagell equation $x^2 - D = 2^{n+2}$. Acta Arith, 1991, 60: 149—167.

[32] Le M-H. , On the generalized Ramanujan-Nagell equation $x^2 - D = 2^{n+2}$, Trans Amer Math Soc, 1992, 334: 809—825.

[33] Le M-H. , On the diophantine equation $x^2 + D = 4p^n$. J Number Theory, 1992, 41: 87—97.

[34] Le M-H. , On the diophantine equation $x^2 - D = 4p^n$. J Number Theory, 1992, 41: 257—271.

[35] Le M-H. , Sur le nombre de solutions de l'equation diophantienne $x^2 + D = p^n$, C R Acad Sci Paris Sér I Math, 1993, 317: 135—138.

[36] Le M-H. , The diophantine equation $D_1 x^2 + D_2 = 2^{n+2}$, Acta Arith, 1993, 64: 29—41.

[37] Le M-H. , On the number of solutions of generalized Ramanujan-Nagell equation $x^2 - D = p^n$, Publ Math Debrecen, 1994, 45: 239—245.

[38] Le M-H. , On the diophantine equation $x^2 + D^m = 2^{n+2}$, Commen Math Univ St Pauli, 1994, 43: 127—133.

[39] 乐茂华, 关于指数型丢番图方程的整数解, 数学进展, 1994, 23: 385—395.

[40] Le M-H. , A note on the generalized Ramanujan-Nagell equation, J Number Theory, 1995, 50: 193—201.

[41] Le M-H. , A note on the number of solutions of the generalized Ramanujan-Nagell equation $x^2 + D = k^n$, Acta Arith, 1996, 78: 11—18.

[42] Le M-H. , A note on the number of solutions of the generalized Ramanujan-Nagell equation $D_1 x^2 + D_2 = 4p^n$, J Number Theory, 1997, 62: 100—106.

[43] 乐茂华, 关于丢番图方程 $D_1 x^2 + 2^m D_2 = y^n$ 的解数, 数学进展, 1997, 26: 43—49.

[44] Le M-H. , A note on the diophantine equation $(x^m - 1)/(x - 1) = (y^n - 1)/(y - 1)$, Trans Amer Math Soc, to appear.

[45] Le M-H. , On the number of solutions of the generalized Ramanujan-Nagell equation $D_1 x^2 + D_2 = p^n$. Sém Théor Nombres Bordeaux, to appear.

[46] Le M-H,Xiang Q. ,A result on Ma's conjecture,J Combin Theory,1996,73A: 181—184.

[47] Ljunggren W. ,Über die Gleichungen $1+Dx^2=2y^n$ und $1+Dx^2=4y^n$. Norske Vid Selsk Forh,1944,Trondhjem 17:93—96.

[48] Ljunggren W. ,Oppgave nr 2,Norsk Mat Tidsskrift,1945,25:29.

[49] Ma S-L. ,McFarland's conjecture on abelian difference sets with multiplier -1, Designs Codes Cryptography,1992,1:321—322.

[50] Ma S-L. ,A survey of partial difference sets. Designs Codes Cryptography,1994, 4:221—261.

[51] Mahler K. ,On the greatest prime factor of ax^m+by^n,Nieuw Arch Wisk(3), 1953,1:113—122.

[52] McFarland R. L. ,A family of difference sets in non-cyclic groups,J Combin Theory,1973,A15:1—10.

[53] Merriman J. R. ,Smart N P. ,The calculation of all algebraic integers of degree 3 with discriminant a product of powers of 2 and 3 only,Publ Math Debrecen, 1993,43:195—205.

[54] Mignotte M. ,On the automatic resolution of certain diophantine equations,In: Proc EUROSAM 84,Lecture Notes Comput Sci 174,Berlin:Springer-Verlag, 1985:378—385.

[55] Moree P. , Stewart C. L. , Some Ramanujan-Nagell equations with many solutions,Indag Math (NS),1990,1:465—472.

[56] Nagell T. ,Løsning til oppgave nr 2,Norsk Mat Tidsskrift,1948,30:62—64.

[57] Nagell T. ,The diophantine equation $x^2+7=2^n$. Ark Mat,1960,4:185—187.

[58] Pethö A. ,de Weger B. M. M. ,Products of prime powers in binary recurrence sequences I,Math Comp,1986,47:713—727; II :ibid,47:729—739.

[59] Ramanujan S. ,Question 464,J Indian Math Soc,1913,5:120.

[60] Ramasamy A. M. S. ,Ramanujan's equation,J Ramanujan Math Soc,1992,7:133 —153.

[61] Schinzel A. ,On two theorems of Gel'fond and some of their applications,Acta Arith,1967,13:177—236;Addendum:ibid,1990,56:181.

[62] Shapiro H. S. ,Slotnick D. L. ,On the mathematical theory of error-correcting codes,I B M J Res Dovelop,1959,3:25—34.

[63] Skinner C. ,The diophantine equation $x^2=4q^n-4q+1$,Pacific J Math,1989,139: 303—309.

[64] Smart N. P. ,A class of diophantine equations,Publ Math Debrecen,1992,41: 225—229.

[65] Smart N. P. ,Solving a quartic discriminant form equation,Publ Math Debrecen, 1993,43:29—39.

[66] Smart N. P. ,S-integral points on elliptic curves,Math Proc Cambridge Philos Soc,1994,116:391—399.

[67] Stewart C. L. ,On the number of solutions of polynomial congruences and Thue equations,J Amer Math Soc,1991,4:793—835.

[68] 孙琦,曹珍富,关于方程 $x^2+D^m=p^n$ 和方程 $x^2+2^m=y^n$,四川大学学报(自然科学版),1988,25:164—169.

[69] Tanahashi K. ,On the diophantine equation $x^2+7^m=2^n$ and $x^2+11^m=3^n$,J Predent Fac Cifu College Dent,1977:77—79.

[70] Toyoizumi M. ,On the diophantine equation $x^2+D^m=2^n$,Comment Math Univ St Pauli,1979,27:105—111.

[71] Toyoizumi M. ,On the diophantine equation: $y^2+D^m=p^n$,Acta Arith,1983,42:303—309.

[72] Tzanakis N. ,On the diophantine equation $y^2-D=2^k$,J Number Theory,1983,17:144—164.

[73] Tzanakis N,Wolfskill J. ,On the diophantine equation $y^2=4q^n+4q+1$,J Number Theory,1986,23:219—237.

[74] Tzanakis N,Wolfskill J. ,The diophantine equation $x^2=4q^{a/2}+4q+1$ with an application to coding theory,1987,26:96—116.

[75] Xu T-J, Le M-H, On the diophantine equation $D_1x^2+D_2=k^n$, Publ Math Debrecen,1995,47:293—297.

第四章　椭圆方程、超椭圆方程

设 m,n 是大于 1 的正整数，$f(X)$ 是 m 次整系数多项式. 当 $mn=6$ 时，方程

$$f(x) = y^n, x, y \in \mathbb{Z}$$

称为椭圆方程；当 $mn>6$ 时，称为超椭圆方程. 目前讨论较多的二元非齐次多项式方程大多属于这两种类型. 本章主要介绍 Gel′fond-Baker 方法在椭圆方程和超椭圆方程中的应用.

§4.1　椭　圆　方　程

设 a_0, a_1, a_2, a_3, k 是适合 $a_0 k \neq 0$ 的整数. 椭圆方程通常可表成

$$a_0 X^3 + a_1 X^2 + a_2 X + a_3 = kY^2, X, Y \in \mathbb{Z}. \quad (4.1.1)$$

历史上，Fermat，Euler，Legendre 等数学大师都曾对此有过很多研究，有关这方面的早期工作可参考文献[27]，[73].

设 $x = 36a_0 k X + 12a_1 k, y = 216a_0 k^2 Y$. 将此代入 (4.1.1) 可得

$$x^3 - ax - b = y^2, x, y \in \mathbb{Z}, \quad (4.1.2)$$

其中 $a = 432(a_1^2 - 3a_0 a_2)k^2, b = 1728(a_1^3 - 27a_0^2 a_3 - 3a_1)k^3$. 方程 (4.1.2) 称为椭圆方程 (4.1.1) 的 Weierstrass 形式. 1914 年，Mordell[69] 通过分析该方程与四次 Thue 方程的关系，讨论了它的解数的有限性. 对于二元四次原型 $g = g(X, Y) = b_0 X^4 + 4b_1 X^3 Y + 6b_2 X^2 Y^2 + 4b_3 XY^3 + b_4 Y^4$，设

$$I_2(g) = b_0 b_4 - 4b_1 b_3 + 3b_2^2, I_3(g) = \begin{vmatrix} b_0 & b_1 & b_2 \\ b_1 & b_2 & b_3 \\ b_2 & b_3 & b_4 \end{vmatrix};$$

$$(4.1.3)$$

又设多项式

$$u = u(X,Y) = -\frac{1}{144}\begin{vmatrix} \dfrac{\partial^2 g}{\partial X^2} & \dfrac{\partial^2 g}{\partial X\partial Y} \\[2mm] \dfrac{\partial^2 g}{\partial X\partial Y} & \dfrac{\partial^2 g}{\partial Y^2} \end{vmatrix}, v = v(X,Y)$$

$$= -\frac{1}{8}\begin{vmatrix} \dfrac{\partial g}{\partial X} & \dfrac{\partial g}{\partial Y} \\[2mm] \dfrac{\partial u}{\partial X} & \dfrac{\partial u}{\partial Y} \end{vmatrix}.$$

$$(4.1.4)$$

对于方程(4.1.2),设 $D = 4a^3 - 27b^2$. Mordell[66]证明了:当 $D \neq 0$ 时,如果(x,y)是方程(4.1.2)的一组解,则有适合

$$I_2(g) = 4a, I_3(g) = 4b \qquad (4.1.5)$$

的二元四次原型 $g = g(X,Y)$以及整数 r,s 可使

$$g(r,s) = 1, u(r,s) = x, v(r,s) = 2y. \qquad (4.1.6)$$

由于已知适合(4.1.5)的二元四次原型 $g(X,Y)$仅有有限多个[44];又从 Thue[100]的结果可知,对于给定的 $g(X,Y)$,适合(4.1.6)中第一个等式的整数(r,s)仅有有限多组. 因此,当 $D \neq 0$ 时,方程(4.1.2)仅有有限多组解(x,y). 此后,Siegel[88]根据这一证明思路,运用丢番图逼近方法给出了解的非实效性上界.

1968 年,Baker[2]运用代数数对数线性型的下界估计,给出了 Thue 方程的解的可有效计算的上界. 由于从(4.1.3),(4.1.5)可知(4.1.6)中 $g(X,Y)$的系数仅与 a,b 有关,因此从上述分析可在 $D \neq 0$ 的情况下得出方程(4.1.2)解的可有效计算的上界. 同时,Baker[2]还用更为直接的方式证明了上述结果:

定理 4.1.1 当 $D \neq 0$ 时,方程(4.1.2)的解(x,y)都满足 $\max(|x|,|y|) < C_1(A)$,其中 $A = \max(|a|,|b|)$.

证 设(x,y)是方程(4.1.2)的一组解. 当 $xy = 0$ 时,本定理显然成立. 因此以下仅须考虑 $xy \neq 0$ 时的情况.

因为 $D \neq 0$,故有

$$x^3 - ax - b = (x - \alpha_1)(x - \alpha_2)(x - \alpha_3), \qquad (4.1.7)$$

其中 $\alpha_1, \alpha_2, \alpha_3$ 是互不相同的代数整数. 设 $K = \mathbb{Q}(\alpha_1, \alpha_2, \alpha_3)$. 由于 $|\Delta_K| < C_2(A)$, 故从 $(4.1.2),(4.1.7)$ 可得

$$x - \alpha_i = \frac{\gamma_i}{\delta_i}\beta_i^2, i = 1, 2, 3, \qquad (4.1.8)$$

其中 $\beta_i, \gamma_i, \delta_i (i = 1, 2, 3)$ 是 O_K 中满足条件

$$\max\left(\overline{|\gamma_i|}, \overline{|\delta_i|}\right) < C_3(A), i = 1, 2, 3 \qquad (4.1.9)$$

的代数整数. 设

$$\lambda_i = \frac{\gamma_i}{\delta_i}, i = 1, 2, 3. \qquad (4.1.10)$$

从 $(4.1.8),(4.1.10)$ 可得

$$\begin{cases} \lambda_1\beta_1^2 - \lambda_2\beta_2^2 = \alpha_2 - \alpha_1, \\ \lambda_2\beta_2^2 - \lambda_3\beta_3^2 = \alpha_3 - \alpha_2, \\ \lambda_3\beta_3^2 - \lambda_1\beta_1^2 = \alpha_1 - \alpha_3. \end{cases} \qquad (4.1.11)$$

设 $L = K(\lambda_1^{1/2}, \lambda_2^{1/2}, \lambda_3^{1/2})$. 此时 $[L : K] \leqslant 8$, 并且从 $(4.1.9)$, $(4.1.10)$ 可知

$$|\Delta_L| < C_4(A). \qquad (4.1.12)$$

又设 $\zeta = \delta_1\delta_2\delta_3$,

$$\varepsilon_1 = \lambda_2^{1/2}\beta_2 - \lambda_3^{1/2}\beta_3, \varepsilon_2 = \lambda_3^{1/2}\beta_3 - \lambda_2^{1/2}\beta_2, \varepsilon_3 = \lambda_1^{1/2}\beta_1 - \lambda_2^{1/2}\beta_2.$$

$$(4.1.13)$$

此时从 $(4.1.9)$ 可知

$$\overline{|\zeta|} < (C_3(A))^3; \qquad (4.1.14)$$

又从 $(4.1.10),(4.1.13)$ 可知 $\zeta\varepsilon_1, \zeta\varepsilon_2, \zeta\varepsilon_3$ 是 L 中满足

$$\zeta\varepsilon_1 + \zeta\varepsilon_2 + \zeta\varepsilon_3 = 0 \qquad (4.1.15)$$

的代数整数. 因为 $\alpha_1, \alpha_2, \alpha_3$ 互不相同, 所以从 $(4.1.13)$ 可知 $\varepsilon_1\varepsilon_2\varepsilon_3 \neq 0$. 因此 $\zeta\varepsilon_i(i = 1, 2, 3)$ 分别可表成

$$\zeta\varepsilon_i = \xi_i\eta_i^3, i = 1, 2, 3, \qquad (4.1.16)$$

其中 $\eta_i(i = 1, 2, 3)$ 是 L 中的单位数, $\xi_i(i = 1, 2, 3)$ 是 O_L 中适合

$$\max\left(\overline{|\xi_1|}, \overline{|\xi_2|}, \overline{|\xi_3|}\right) < C_5(A) \qquad (4.1.17)$$

的非零代数整数. 从 $(4.1.15),(4.1.16)$ 可得

$$\xi_1\left(\frac{\eta_1}{\eta_3}\right)^3 + \xi_2\left(\frac{\eta_2}{\eta_3}\right)^3 = -\xi_3. \qquad (4.1.18)$$

设 $\theta_1 = \eta_1/\eta_3, \theta_2 = \eta_2/\eta_3$. 从(4.1.18)可知此时 $(X,Y) = (\theta_1, \theta_2)$ 是 L 上的三次 Thue 方程

$$\xi_1 X^3 + \xi_2 Y^3 = -\xi_3, X,Y \in O_L \qquad (4.1.19)$$

的解. 由于从文献[1:I]可知:方程(4.1.19)的解 (X,Y) 都满足 $\max\left(\overline{|X|}, \overline{|Y|}\right) < C_6\left(d, \overline{|\xi_1|}, \overline{|\xi_2|}, \overline{|\xi_3|}\right)$,其中 d 是 L 的次数. 因此从(4.1.12),(4.1.17),(4.1.18)可知

$$\max\left(\overline{|\theta_1|}, \overline{|\theta_2|}\right) < C_7(A). \qquad (4.1.20)$$

于是从(4.1.8),(4.1.9),(4.1.10),(4.1.15),(4.1.20)可得 $|x| < C_8(A)$,并且从(4.1.2)立得 $\max(|x|, |y|) < C_1(A)$. 定理证完.

关于定理 4.1.1 中的常数 $C_1(A)$,文献[2]具体算出 $C_1(A) < \exp(10^5 A^{10^5})$. 此后,Stark,Sprindžuk,Schmidt 等人分别作了改进,但是他们得到的结果基本上都是形如 $C_1(A) < \exp(C_9 A^{C_{10}})$ 之形的上界(参见文献[91]). 1985 年,Lang[48]根据函数域上椭圆曲线的几何性质,对于解的上界提出了以下猜想:

猜想 4.1.1 当 $D \neq 0$ 时,方程(4.1.2)的解 (x,y) 都满足 $\max(|x|, |y|) < C_{11} A^{C_{12}}$.

这是一个迄今尚未解决的问题. 目前有关这方面的最好结果是由 Pintér[73]得到的. 他根据 Brindza,Evertse 和 Győry[12]对于 Thue 方程的结果证明了:当 $D \neq 0$ 时,方程(4.1.2)的解 (x,y) 都满足 $\max(|x|, |y|) < C_{13}(|D|) A^{23}$.

另外,Zagier[111]曾经对方程(4.1.2)的解的上界提出了比猜想 4.1.1 更强的猜想:

猜想 4.1.2 当 $D \neq 0$ 时,方程(4.1.2)的解 (x,y) 都适合

$$\frac{\log|x|}{\log \max(e, |a|^{1/2}, |b|^{1/3})} < 10 + o(1).$$

然而,Elkies 对上述猜想提出了反例(参见文献[111: Addendum]). 他证明了:存在无限多组适合 $D \neq 0$ 的整数 a, b,可

使方程(4.1.2)有满足

$$\frac{\log|x|}{\log\max(e,|a|^{1/2},|b|^{1/3})}>12+o(1)$$

的解(x,y). 由此自然产生了以下猜想:

猜想 4.1.3 存在无限多组适合 $D\neq0$ 的整数 a、b,可使方程 (4.1.2)有满足

$$\frac{\log|x|}{\log\max(e,|a|^{1/2},|b|^{1/3})}>C_{14}+o(1).$$

对于给定的整数 a,b,Stroeker 和 Tzanakis[94],Stroeker 和 de Weger[93],Bilu[8],Gebel,Pethö 和 Zimmer[33],Tzanakis[104]等人分别给出了求解方程(4.1.2)的具体算法,其中的关键步骤都与 Gel'fond-Baker 方法有关.

当 $a=0$ 且 $b\neq0$ 时,方程(4.1.2)可写成

$$x^3-b=y^2,x,y\in\mathbb{Z}, \tag{4.1.21}$$

称为 Mordell 方程. 这是一类重要的椭圆方程,文献[69]第 26 章详细介绍了这方面的早期工作. 1968 年,Baker[11]证明了:方程 (4.1.21)的解(x,y)都满足 $\max(|x|,|y|)<\exp\left(10^{10}|b|^{10^4}\right)$. 此后,Stark[91]进一步证明了:对于任何正数 δ,$\max(|x|,|y|)<\exp(C_{15}(\delta)|b|^{1+\delta})$. 另外,从文献[97]可知当 $|b|$ 充分大时,方程 (4.1.21)的解的上界还可以进一步改进.

设 x,y 是适合 $x^3\neq y^2$ 的正整数. Hall[39]曾经对此提出了以下两个猜想:

猜想 4.1.4 $|x^3-y^2|>C_{16}x^{1/2}$.

猜想 4.1.5 对于任何适合 $\delta<1/2$ 的正数 δ,$|x^3-y^2|>C_{17}(\delta)x^\delta$.

显然,上述猜想都与 Mordell 方程的解的上界有关. 同时,它们还与其它数论问题有着密切的联系(参见文献[23],[29],[49], [70],[76]).

对于给定的非零整数 b,设 $N(b)$ 是方程(4.1.21)适合 $\gcd(x,y)=1$ 的解(x,y)的个数. Stephens[92],Mohanty 和 Ramasamy[64],

Kihara[45]等人分别找出了可使解数 $N(b)$ 很大的 b 值. 例如, 文献 [45] 证明了: 存在无限多个 b 值, 可使 $N(b) \geqslant 20$. 另外, Mohanty[63], Lee 和 Vélez[57]等人还讨论了方程(4.1.21)的可使 y 构成等差数列的解数.

关于一般的椭圆方程(4.1.2)的解数, Schmidt[85]提出了以下猜想:

猜想 4.1.6 当 $D \neq 0$ 时, 对于任何正数 δ, 方程(4.1.2)至多有 $C_{18}(\delta)A^{\delta}$ 组解 (x, y) 适合 $\gcd(x, y) = 1$.

设 $f(X) = X^3 - aX - b$, $\Delta_f = 16(4a^3 - 27b^2)$ 是 $f(X)$ 的判别式. 方程(4.1.2)与有理椭圆曲线 $E: f(X) = Y^2$ 的算术性质有着直接的联系. 设 f_E 是椭圆曲线 E 的导子. Szpiro[97,98]曾经对此有过以下两个猜想:

猜想 4.1.7 $|\Delta_f| < f_E^{C_{19}}$.

猜想 4.1.8 对于任何正数 δ, $|\Delta_f| < C_{20}(\delta)f_E^{6+\delta}$.

这是两个迄今尚未解决的难题. 已知对于某些类型的椭圆曲线 E, 猜想 4.1.8 等价于:

猜想 4.1.9 如果 a, b, c 是适合
$$a + b + c = 0, a \equiv 1 \pmod 4,$$
$$c \equiv 0 \pmod{32}, \gcd(a, b) = 1 \qquad (4.1.22)$$
的非零整数, G 是 $|abc|$ 的不同素因数的乘积, 则对于任何正数 δ, 必有 $|abc/16|^2 < C_{21}(\delta)G^{6+\delta}$.

显然, 上述的猜想 4.1.9 类似于 Oesterlè-Masser abc -猜想 (参见本书 §6.4 节), 因此这是一个相当困难的问题. 对此, Masser[62]证明了猜想 4.1.8 和 4.1.9 中的指数"$6+\delta$"是无法改进的. 有关这些猜想的背景和进展情况可参考文献[99], [105].

§4.2 超椭圆方程

设 m, n 是适合 $m \geqslant 2, n \geqslant 2$ 以及 $mn > 6$ 的正整数, $f(X) = a_0 X^m + a_1 X^{m-1} + \cdots + a_m$ 是 m 次整系数多项式. 此时, 方程

$$f(x) = y^n, x, y \in \mathbb{Z} \tag{4.2.1}$$

称为超椭圆方程. 早在本世纪 20 年代, Thue[101], Landau 和 Ostrowski[47], Siegel[87]就已经开始讨论了此类方程. 综合上述结果可知: 如果

(i)$m \geqslant 2, n > 3$ 且 $f(X)$ 至少有两个不同的根; 或者

(ii)$m > 3, n \geqslant 2$ 且 $f(X)$ 至少有三个不同的根;

则方程(4.2.1)仅有有限多组解(x, y). 1964 年, LeVeque[58]给出了该方程解数有限性的另一个必要条件. 设 $\alpha_1, \alpha_2, \cdots, \alpha_k$ 是多项式 $f(X)$ 的所有不同的根, $e_1, e_2, \cdots, e_k$ 分别是它们的重数. 此时

$$f(X) = a_0(X - \alpha_1)^{e_1}(X - \alpha_2)^{e_2}\cdots(X - \alpha_k)^{e_k}. \tag{4.2.2}$$

又设

$$m_i = \frac{n}{\gcd(e_i, n)}, i = 1, 2, \cdots, k. \tag{4.2.3}$$

LeVeque 证明了: 如果

(iii)数组$(m_1, m_2, \cdots, m_k)$不是$(2, 2, 1, 1, \cdots, 1)$或$(t, 1, 1, \cdots, 1)$的排列, 其中 t 是大于 1 的正整数; 则方程(4.2.1)仅有有限多组解(x, y).

1969 年, Baker[3]首先对于条件(i)或(ii)成立的情况, 给出了该方程解的可有效计算的上界. 他证明了:

定理 4.2.1 如果条件(i)或(ii)成立, 则方程(4.2.1)的解(x, y)都满足 $\max(|x|, |y|) < C_1(m, n, H_f)$.

证 设 $\alpha_1, \alpha_2, \cdots, \alpha_m$ 是多项式 $f(X)$ 的全部根, $K = \mathbb{Q}(\alpha_1, \alpha_2, \cdots, \alpha_m)$. 此时, 如果$(x, y)$是方程(4.2.1)的一组解, 则有

$$a_0(x - \alpha_1)(x - \alpha_2)\cdots(x - \alpha_m) = y^n. \tag{4.2.4}$$

首先考虑条件(i)成立时的情况. 不妨假定 $\alpha_1 \neq \alpha_2$. 此时从(4.2.4)可知存在 O_K 中的代数整数 $\beta_i, \gamma_i, \delta_i (i=1,2)$适合

$$x - \alpha_i = \frac{\gamma_i}{\delta_i}\beta_i^n, i = 1, 2, \tag{4.2.5}$$

其中 $\gamma_i, \delta_i(i=1,2)$满足

$$\max\left(\overline{|\gamma_i|}, \overline{|\delta_i|}\right) < C_2(m, H_f), i = 1, 2. \tag{4.2.6}$$

在(4.2.5)消去 x 后可得

$$\gamma_1\delta_2\beta_1^n - \gamma_2\delta_1\beta_2^n = (\alpha_2 - \alpha_1)\delta_1\delta_2. \qquad (4.2.7)$$

因为 $\alpha_1 \neq \alpha_2$，故从(4.2.7)可知此时 $(X,Y)=(\beta_1,\beta_2)$ 是 K 上的 n 次 Thue 方程

$$\gamma_1\delta_2 X^n - \gamma_2\delta_1 Y^n = (\alpha_2 - \alpha_1)\delta_1\delta_2, X,Y \in O_K \quad (4.2.8)$$

的一组解. 由于从文献[1：I]可知定理 2.1.1 中的结果可以推广到任意代数数域上去，所以根据该定理，从(4.2.6),(4.2.8)可得

$$\max(|\beta_1|,|\beta_2|) < C_3(m,n,H_f). \qquad (4.2.9)$$

于是从 (4.2.1),(4.2.5),(4.2.9) 可知 $\max(|x|,|y|) < C_1(m,n,H_f)$.

再考虑条件(ii)成立的情况. 不妨假定(4.2.4)中的 $\alpha_1,\alpha_2,\cdots,\alpha_m$ 适合 $\alpha_1 \neq \alpha_2$ 以及 $\alpha_2 \neq \alpha_3$. 此时,运用定理 4.1.1 的证明方法亦可得 $\max(|x|,|y|) < C_1(m,n,H_f)$. 定理证完.

关于定理 4.2.1 中的常数 $C_1(m,n,H_f)$, 文献[3]具体算出：当 $n=2$ 时, $C_1(m,n,H_f) < \exp\exp\exp\left(m^{10m^3}H_f^{m^2}\right)$; 当 $n \geq 3$ 时, $C_1(m,n,H_f) < \exp\exp\left((5n)^{10}m^{10m^3}H_f^{m^2}\right)$. 此后, Baker 和 Coates, Györy, Sprindžuk, Trelina, Kotov 等人相继对上述结果作了改进. 目前有关这方面的最好结果分别是由 Brindza[10], Poulakis[75—77], Voutier[109] 等人得到的. 综合他们的结果可知 $C_1(m,n,H_f)$ 不超过 m,n,H_f 的一重指数函数. 另外,乐茂华[55]运用初等方法,对于一类无法直接用条件(i),(ii)或(iii)来判别的超椭圆方程,证明了解数有限并给出了解的可有效计算的上界. 他证明了：当 $n|m, a_0 = 1, a_1,\cdots,a_m$ 不全为零且其中第一个非零数与 n 互素时,方程 (4.2.1)仅有有限多个解 (x,y), 而且这些解都满足 $|x| < (4mH_f)^{2m/n+1}$ 以及 $|y| < (4mH_f)^{4m^2/n^2+m/n+1}$.

关于方程 (4.2.1) 的解数, Evertse 和 Silverman[30]证明了：当 $m \geq 3$, $n=2$ 且 $f(X)$ 至少有 3 个不同的根时,该方程至多有 $7^{4m^2+9m}h_K$ 组解 (x,y); 当 $m \geq 2$, $n \geq 3$ 且 $f(X)$ 至少有 2 个不

同的根时，至多有 $17^{6m^2+m}n^{2m}h_K$ 组解；其中 h_K 是代数数域 $K=\mathbb{Q}$ (α_1, α_2, $\cdots$, α_m) 的类数.

设 $f(X)$, $g(Y)$ 分别是次数为 m, n 的整系数多项式. 此时, 方程

$$f(x) = g(y), x, y \in \mathbb{Z} \qquad (4.2.10)$$

是方程 (4.2.1) 的推广. 这是一类内容十分丰富的高次方程, 除了椭圆方程和超椭圆方程以外, Ljunggren, Mordell, Macleod 和 Barrodale, Boyd 和 Kisilevsky, Schinzel, Cohn, Ponnudurai, Avanesov 等人分别讨论了其它情况 (参见文献 [86] 第 6 章). 然而, 到目前为止尚未见到有关该方程的解和解数的一般性结果. 1961 年, Davenport, Lewis 和 Schinzel[25]证明了: 当 $|m-n|=1$ 或 gcd (m, n) >1 时, 方程 (4.2.10) 仅有有限多组解 (x, y). 1990 年, Cochrare[20]对上述结果中的后一种情况作了补充. 他证明了: 当 $m|n$ 且 $f(X)$, $g(Y)$ 的首项系数 a, b 的商 a/b 是有理数的 m 次幂时, 如果方程 (4.2.10) 有无限多组解 (x, y), 则必有 $g(Y) = f(h(Y))$, 其中 $h(Y)$ 是 n/m 次整系数多项式.

设 $f(X, Z) = a_0 X^m + a_1 X^{m-1}Z + \cdots + a_m Z^m$ 是二元 m 次原型. 方程

$$f(x, z) = y^n, x, y, z \in \mathbb{Z}, \gcd(x, z) = 1 \qquad (4.2.11)$$

是方程 (4.2.1) 的另一类推广. 由于包括著名的 Fermat 猜想在内的很多重要问题都与此类方程有关, 所以这是一个相当困难的问题, 目前只能解决一些很特殊的情况.

设 p_1, p_2, $\cdots$, p_k 是适合 $p_1 < p_2 < \cdots < p_k$ 的素数, 集合 $S = S(p_1, p_2, \cdots, p_k) = \{\pm p_1^{r_1} p_2^{r_2} \cdots p_k^{r_k} | r_1, r_2, \cdots, r_k$ 均为非负整数$\}$. 1979 年, Kotov 和 Trelina[46]证明了: 当条件 (i) 或 (ii) 成立时, 方程 (4.2.11) 仅有有限多组解 (x, y, z) 适合 $z \in S$, 而且这些解都满足 $\max(|x|, |y|, |z|) < \exp \exp(C_4(m, n, H_f)p_k)$. 1984 年, Brindza[10]对于条件(iii)成立的情况给出了同样的结果. 上述结果的证明都用到了 Gel'fond-Baker 方法, 证明的具体过程基本上与定理 5.3.1 相同.

§4.3 方程 $x^4 - Dy^2 = 1$

设 D 是无平方因数的正整数. 方程

$$x^4 - Dy^2 = 1, x, y \in \mathbb{N} \qquad (4.3.1)$$

是一类讨论较多的四次超椭圆方程. 50 多年来, Ljunggren, Mordell, Cohn, 柯召和孙琦、曹珍富等人分别运用初等数论方法和代数数论方法对它进行了大量的研究, 有关这方面的早期工作可参见文献[69]的第 28 章.

设 $u_1 + v_1\sqrt{D}$ 是 Pell 方程

$$u^2 - Dv^2 = 1, u, v \in \mathbb{Z} \qquad (4.3.2)$$

的基本解. 1984 年, 乐茂华[50]和朱卫三[112]分别独立地给出了方程 (4.3.1) 有解 (x, y) 的充要条件. 他们证明了: 当且仅当方程 (4.3.2) 的基本解满足 u_1 或 $u_1^2 + Dv_1^2$ 为平方数时, 方程 (4.3.1) 有解 (x, y). 上述结果的证明用到了 Jacobi 符号的基本性质, 此类方法称为柯召-Terjanian-Rotkiewicz 方法[95]. 此后, 该方法被广泛用于讨论更一般的四次方程

$$D_1 x^4 - D_2 y^2 = \pm 1 \text{ 或 } \pm 4, x, y \in \mathbb{N}, \gcd(x, y) = 1$$

$$(4.3.3)$$

的可解性, 这里 D_1, D_2 是互素的正整数(参见文献[52], [53]).

1942 年, Ljunggren[59]运用代数数论方法证明了: 对于给定的 D, 方程 (4.3.1) 至多有 2 组解 (x, y). 1989 年, 乐茂华[51]运用 Gel'fond-Baker 方法对上述结果作了本质上的改进. 他证明了:

定理 4.3.1 当 $D > C_1$ 时, 方程 (4.3.1) 至多有 1 组解 (x, y).

证 假如方程 (4.3.1) 有 2 组解 (x_1, y_1) 和 (x_2, y_2), 不妨假定 $x_1 < x_2$. 由于从文献[59]可知此时该方程没有其它解, 所以运用文献[50]中的方法可以证明: 存在奇素数 p, 可使

$$x_2^2 + y_2\sqrt{D} = \left(x_1^2 + y_1\sqrt{D}\right)^p. \qquad (4.3.4)$$

从(4.3.4)可得
$$x_2 \equiv 0 (\bmod\ x_1).\qquad(4.3.5)$$
因为 $x_1^4 - 1 = Dy_1^2$，故有正整数 $\delta, d_1, d_2, y_{11}, y_{12}$ 适合
$$x_1^2 + 1 = \delta d_1 y_{11}^2,\ x_1^2 - 1 = \delta d_2 y_{12}^2,\qquad(4.3.6)$$
$$d_1 d_2 = D,\ \delta y_{11} y_{12} = y_1, \delta = \begin{cases} 1,\text{当}\ 2|x_1\ \text{时}, \\ 2,\text{当}\ 2\nmid x_1\ \text{时}. \end{cases}\qquad(4.3.7)$$
同时，从 $x_2^4 - 1 = Dy_2^2$ 可得
$$x_2^2 + 1 = \delta d_1 y_{21}^2,\ x_2^2 - 1 = \delta d_2 y_{22}^2,\qquad(4.3.8)$$
其中 y_{21}, y_{22} 是适合
$$\delta y_{21} y_{22} = y_2\qquad(4.3.9)$$
的正整数.

设
$$\alpha_1 = x_1 + y_{11}\sqrt{\delta d_1},\ \bar{\alpha}_1 = x_1 - y_{11}\sqrt{\delta d_1},\quad(4.3.10)$$
$$\alpha_2 = x_1 + y_{12}\sqrt{\delta d_2},\ \bar{\alpha}_2 = x_1 - y_{12}\sqrt{\delta d_2}.\quad(4.3.11)$$
从(4.3.5),(4.3.8),(4.3.9)可知存在大于 1 的奇数 b_1, b_2 可使
$$x_2 + y_{21}\sqrt{\delta d_1} = \alpha_1^{b_1},\ x_2 - y_{21}\sqrt{\delta d_1} = \bar{\alpha}_1^{b_1},\quad(4.3.12)$$
$$x_2 + y_{22}\sqrt{\delta d_2} = \alpha_2^{b_2},\ x_2 - y_{22}\sqrt{\delta d_2} = \bar{\alpha}_2^{b_2}.\quad(4.3.13)$$
由于从(4.3.10),(4.3.11),(4.3.12),(4.3.13)可知
$$\alpha_1 + \bar{\alpha}_1 = \alpha_2 + \bar{\alpha}_2,\qquad(4.3.14)$$
$$\alpha_1^{b_1} + \bar{\alpha}_1^{b_1} = \alpha_2^{b_2} + \bar{\alpha}_2^{b_2};\qquad(4.3.15)$$
又 从 (4.3.6)可知 $\alpha_1 \bar{\alpha}_1 = -1$ 以及 $\alpha_2 \bar{\alpha}_2 = 1$，故从(4.3.14)，(4.3.15)可得 $b_2 > b_1$ 以及
$$b_2 > \alpha_1^2 (\log \alpha_1) e^{-4/\alpha_2^2}.\qquad(4.3.16)$$
设 $\Lambda = b_1 \log \alpha_1 - b_2 \log \alpha_2$. 从(4.3.14),(4.3.15)可得
$$0 < \Lambda < \frac{2}{\alpha_2^{2b_2}}.\qquad(4.3.17)$$

同时,由于从(4.3.6),(4.3.10),(4.3.11)可知 $h(\alpha_1) = \frac{1}{2}\log\alpha_1$,

$h(\alpha_2) = \frac{1}{2}\log\alpha_2$ 以及 $[\mathbb{Q}(\alpha_1,\alpha_2):\mathbb{Q}] = 4$,因此根据引理 1.8.1 可得

$$\log\Lambda > - C_2(\log\alpha_1)(\log\alpha_2)(\log b_2). \qquad (4.3.18)$$

结合(4.3.17),(4.3.18)可得

$$b_2 < C_3\log\alpha_1; \qquad (4.3.19)$$

又从(4.3.16),(4.3.19)可得

$$\alpha_1 < C_4. \qquad (4.3.20)$$

因为从(4.3.10),(4.3.11)可知 $\alpha_1^2 > 4\sqrt{d_1 d_2} = 4\sqrt{D}$,于是从 (4.3.20)立得 $D < C_1$. 由此可知:当 $D > C_1$ 时,方程(4.3.1)至多有 1 组解 (x,y). 定理证完.

关于定理 4.3.1 中的常数 C_1,文献[118]曾经宣布已经证明了 $C_1 < 2^{2376}$,文献[51]具体算出 $C_1 < e^{64}$. 此后,乐茂华[53],Cipu[17] 分别运用同样的方法证明了 $C_1 < 9.379 \cdot 10^8$ 以及 $C_1 < e^{20.4}$. 由于长期以来仅知当 $D = 1785$ 时方程(4.3.1)有 2 组解 (x,y),所以文献[51]对于该方程的解数提出了以下猜想:

猜想 4.3.1 当 $D \neq 1785$ 时,方程(4.3.1)至多有 1 组解 (x, y).

最近,Cipu[18]根据引理 1.8.2,运用定理 4.3.1 的证明方法证实了上述猜想. 同时,Cohn[21·1]、孙琦和袁平之[96]分别指出:运用文献[50]中已经证明了的关系式(4.3.4),也可从 Ljunggren[59]的结果中推知猜想 4.3.1 成立. 由于从本书 §1.5 节可知方程 (4.3.2)的基本解 $u_1 + v_1\sqrt{D}$ 满足 $\log(u_1 + v_1\sqrt{D}) < \sqrt{D}\log D$, 所以根据文献[50]中得到的有关方程(4.3.1)有解的充要条件可知:该方程的解 (x,y) 都满足 $\max(x,y) < D^2\sqrt{D}$. 至此,方程 (4.3.1) 的求解问题已得到了圆满的解决.

运用定理 4.3.1 的证明方法还可以讨论其它形如(4.3.3)的四次方程的解数. 以下介绍这方面的一些结果.

对于互素的正整数 D_1,D_2,乐茂华[53]证明了:当 $\max(D_1,$

D_2) $>2.374 \cdot 10^{10}$且 D_1 为平方数时，方程

$$D_1 x^4 - D_2 y^2 = 1, x, y \in \mathbb{N} \qquad (4.3.21)$$

至多有 1 组解 (x, y).

设 D 是正整数. Ljunggren[60]运用代数数论方法证明了：方程

$$x^2 - D y^4 = -1, x, y \in \mathbb{N} \qquad (4.3.22)$$

至多有 2 组解 (x, y)；特别是当 $D=2$ 时，该方程恰有 2 组解 $(x, y) = (1, 1)$ 和 $(239, 13)$. 1994 年，陈建华[14]运用 Gel'fond-Baker 方法证明了：当 $D > C_5$ 时，该方程至多有 1 组解 (x, y). 最近，陈建华[13]、陈建华和 Voutier[16]运用丢番图逼近方法完整地解决了方程 (4.3.22) 的解数问题. 他证明了：当 $D > 2$ 时，该方程至多有 1 组解 (x, y)；而且当 $D = a^2 d$, a, d 是正整数，d 无平方因数时，该组解满足 $x + y^2 \sqrt{D} = (u_1' + v_1' \sqrt{D})^d$，其中 (u_1', v_1') 是方程

$$u'^2 - D v'^2 = -1, u', v' \in \mathbb{Z} \qquad (4.3.23)$$

的最小正整数解. 另外，陈建华[15]还将上述结果推广到了一般的方程

$$D_1 x^2 - D_2 y^4 = -1, x, y \in \mathbb{N}. \qquad (4.3.24)$$

1942 年，Ljunggren[61]还用代数数论方法证明了：方程

$$x^4 - D y^2 = -1, x, y \in \mathbb{N} \qquad (4.3.25)$$

至多有 1 组解 (x, y). 显然，当 (x, y) 是该方程的解时，方程 (4.3.23) 有正整数解 $(u', v') = (x^2, y)$. 最近，Cohn[22]运用初等数论方法证明了：如果方程 (4.3.23) 的最小正整数解 (u_1', v_1') 可表成 $u_1' = b^2 k$，其中 b, k 是正整数，k 无平方因数，则方程 (4.3.25) 的解 (x, y) 适合

$$x^2 + y \sqrt{D} = (u_1' + v_1' \sqrt{D})^k. \qquad (4.3.26)$$

设

$$\rho = u_1' + v_1' \sqrt{D}, \bar{\rho} = u_1' - v_1' \sqrt{D}. \qquad (4.3.27)$$

从 (4.3.26), (4.3.27) 可得

$$x^2 = \frac{\rho^k + \bar{\rho}^k}{2}. \qquad (4.3.28)$$

由于此时 k 必为正奇数，而且方程 (4.3.25) 至多有 1 组解，故从 (4.3.28) 可知 $u_1'|x$ 以及

$$kz^2 = \frac{\rho^k + \bar{\rho}^k}{\rho + \bar{\rho}}, \tag{4.3.29}$$

其中 $z = x/bk$. 文献 [22] 对于所有适合 $D < 10^5$ 的 D 找出了方程 (4.3.25) 的解，发现此时 (4.3.29) 中的 k 都等于 1. 因此，Cohn[22] 提出了以下两个猜想：

猜想 4.3.2 如果方程 (4.3.25) 有解 (x, y)，则 (4.3.29) 中的 k 必定等于 1.

猜想 4.3.3 设 (u_1', v_1') 是方程 (4.3.23) 的最小正整数解，$\rho, \bar{\rho}$ 适合 (4.3.27). 当 $2 \nmid u_1'$ 时，不存在大于 1 的奇数 k 以及正整数 z 满足 (4.3.29).

§ 4.4 方程 $x^n \pm 1 = Dy^2$

设 n 是大于 2 的正整数，D 是无平方因数正整数. 方程

$$x^n - 1 = Dy^2, x, y \in \mathbb{N} \tag{4.4.1}$$

以及

$$x^n + 1 = Dy^2, x, y \in \mathbb{N} \tag{4.4.2}$$

是两类讨论较多的椭圆方程和超椭圆方程，本书上一节提到的方程 (4.3.1) 和 (4.3.25) 分别是它们在 $n = 4$ 时的特例.

设 $h(-D)$ 是虚二次域 $K = \mathbb{Q}(\sqrt{-D})$ 的类数. 如果方程 (4.4.1) 有解 (x, y)，则可得 O_K 中的理想数方程

$$[x]^n = [1 + y\sqrt{-D}][1 - y\sqrt{D}]. \tag{4.4.3}$$

由于从 (1.5.8) 可知此时 K 中的单位数的个数有限，而且当 $D \neq 1$ 或 3 时，K 仅有单位数 ± 1，所以从 (4.4.3) 可知方程 (4.4.1) 比较容易解决. 对此，Nagell[74] 证明了：当 $D = 2$ 时，方程 (4.4.1) 仅当 $n = 5$ 时有解 $(x, y) = (3, 11)$；当 $D > 2$ 且 n 是适合 $n > 3$ 以及 $n \nmid h(-D)$ 的奇素数时，该方程没有适合 $2 \nmid x$ 的解 (x, y). 因为从 (1.5.39) 可知类数 $h(-D)$ 满足 $h(-D) <$

$\sqrt{D}\log D$，所以从上述分析可知：当 n 是适合 $n > \sqrt{D}\log D$ 的奇素数时，方程（4.4.1）没有适合 $2\nmid x$ 的解 (x, y).

设实二次域 $K = \mathbb{Q}(\sqrt{D})$. 由于从（1.5.10）可知 K 中存在无限多个单位数，所以在利用上述方法来讨论方程（4.4.2）的过程中会遇到一定的困难. 运用 Gel'fond-Baker 方法可以对该方程得到与方程（4.4.1）同样的结果：

定理 4.4.1 当 n 是适合 $n > C_1 D (\log D)^2$ 的奇素数时，方程（4.4.2）没有适合 $2\nmid x$ 的解 (x, y).

证　设 (x, y) 是方程（4.4.2）的一组适合 $2\nmid x$ 的解，又设 $h(D)$ 是实二次域 $K = \mathbb{Q}(\sqrt{D})$ 的类数. 从（1.5.39）可知 $h(D) < \sqrt{D}$，所以当 n 是适合 $n > C_1 D (\log D)^2$ 的奇素数时，必有 $n \nmid h(D)$. 此时，从（4.4.2）可得

$$1 + y\sqrt{D} = \left(a + \lambda b\sqrt{D}\right)^n \left(u + v\sqrt{D}\right),$$
$$\lambda \in \{-1, 1\}, \tag{4.4.4}$$

其中 (u, v) 是 Pell 方程

$$u^2 - Dv^2 = 1, u, v \in \mathbb{Z} \tag{4.4.5}$$

的解，a, b 是适合

$$a^2 - Db^2 = -x, \gcd(a, b) = 1 \tag{4.4.6}$$

以及

$$1 < \left| \frac{a + b\sqrt{D}}{a - b\sqrt{D}} \right| < \left(u_1 + v_1\sqrt{D}\right)^2 \tag{4.4.7}$$

的正整数，这里 $u_1 + v_1\sqrt{D}$ 是方程（4.4.5）的基本解.

设

$$\varepsilon = a + b\sqrt{D}, \bar{\varepsilon} = a - b\sqrt{D}, \tag{4.4.8}$$

$$\rho = u_1 + v_1\sqrt{D}, \bar{\rho} = u_1 - v_1\sqrt{D}. \tag{4.4.9}$$

由于从（4.4.4）可知

$$1 - y\sqrt{D} = \left(a - \lambda b\sqrt{D}\right)\left(u - v\sqrt{D}\right), \tag{4.4.10}$$

所以结合（4.4.4）和（4.4.10），根据（4.4.7）可得

$$1 + y\sqrt{D} = \begin{cases} \varepsilon^n \bar{\rho}^s, \\ -\bar{\varepsilon}^n \rho^s, \end{cases} \quad 1 - y\sqrt{D} = \begin{cases} \bar{\varepsilon}^n \rho^s, \\ -\varepsilon^n \bar{\rho}^s, \end{cases}$$
$$(4.4.11)$$

其中 s 是适合 $0 \leqslant s < n$ 的整数. 从 (4.4.11) 立得

$$\varepsilon^n \bar{\rho}^s - (-\bar{\varepsilon})^n \rho^s = \pm 2. \qquad (4.4.12)$$

由于从 (4.4.5)，(4.4.9) 可知 $\rho\bar{\rho} = 1$，故从 (4.4.12) 可得

$$0 < \left| n\log\left(-\frac{\varepsilon}{\bar{\varepsilon}}\right) - 2s\log\rho \right| < \frac{4}{y\sqrt{D}} < \frac{4}{x^{n/2}}.$$
$$(4.4.13)$$

设 $\Lambda = n\log(-\varepsilon/\bar{\varepsilon}) - 2s\log\rho$. 由于从 (4.4.6)，(4.4.7)，(4.4.8)，(4.4.9) 可知 $h(-\varepsilon/\bar{\varepsilon}) < \log\rho\sqrt{x}$，$h(\rho) = \log\sqrt{\rho}$，又因 $0 \leqslant s < n$，所以根据引理 1.8.1 可得

$$\log|\Lambda| > -C_2\left(\log\rho\sqrt{x}\right)\left(\log\sqrt{\rho}\right)(\log n). \quad (4.4.14)$$

结合 (4.4.13)，(4.4.14) 立得

$$\frac{\log 4}{\log x} + C_2\left(\frac{\log\rho\sqrt{x}}{\log x}\right)(\log\rho)(\log n) > n. \quad (4.4.15)$$

从 (4.4.15) 可以算出

$$n < C_1(\log\rho)^2. \qquad (4.4.16)$$

由于从 §1.5 节可知 $\log\rho < \sqrt{D}\log D$，故从 (4.4.16) 立得 $n < C_1 D(\log D)^2$. 因此，当 $n > C_1 D(\log D)^2$ 时，方程 (4.4.2) 没有适合 $2\nmid x$ 的解 (x, y). 定理证完.

对于大于 1 的正整数 x 以及正奇数 n，设 $E_n(x) = (x^n \pm 1)/(x \pm 1)$. 当 n 是奇素数时，已知 $E_n(x)$ 的素因数 p 都满足 $p = n$ 或 $p \equiv 1 \pmod{2n}$，而且当 $n \mid E_n(x)$ 时，必有 $n^2 \nmid E_n(x)$. 因此，当 D，n 满足

$$\gcd(n, D\varphi(D)) = 1 \qquad (4.4.17)$$

时，方程 (4.4.1) 和 (4.4.2) 比较容易解决. 在此条件下，Euler, Lebesgue, Störmer, Nagell, Ljunggren, van der Waall 和 Robert

等人分别对 $n=3$ 的情况,讨论了这两个方程的一些特殊情况.
1981 年,柯召和孙琦[47]运用初等数论方法完整地解决了这个问题.他们证明了:当 $n=3,D>6$ 且 n,D 满足条件(4.4.17)时,方程(4.4.1)和(4.4.2)均无解 (x,y). 此后,Cohn[22]证明了同样的结果.1988 年,乐茂华[54]运用初等方法证明了:当 $n=5,D>2$ 且 $n,$ D 满足条件(4.4.17)时,方程(4.4.1)和(4.4.2)均无解 (x,y). 根据上述结果,我们有以下猜想:

猜想 4.4.1 当 $D>2,n$ 是大于 5 的奇素数且 n,D 满足条件(4.4.17)时,方程(4.4.1)和(4.4.2)均无解 (x,y).

§4.5 三元 n 次方程组

设 D_1,D_2 是大于 1 的正整数.对于非零整数 $k_1,k_2,$ Ljunggren, Kanagasabapathy 和 Ponnudurai,Jones,Veluppilai, Mohanty 和 Ramasamy 等人分别运用初等方法讨论了形如

$$\begin{cases} x^2 - D_1 y^2 = k_1, \\ z^2 - D_2 y^2 = k_2, \end{cases} x,y,z \in \mathbb{N}, \gcd(x,y) = \gcd(z,y) = 1$$

(4.5.1)

以及

$$\begin{cases} x^2 - D_1 y^2 = k_1, \\ y^2 - D_2 z^2 = k_2, \end{cases} x,y,z \in \mathbb{N}, \gcd(x,y) = \gcd(y,z) = 1$$

(4.5.2)

的三元二次方程组(参见文献[92]的第 6 章).1969 年,Baker 和 Davenport[5]首先将 Gel'fond-Baker 方法引入了此类方程组的研究.他们证明了:当 $D_1=3,D_2=8,k_1=-2,k_2=-7$ 时,方程组(4.5.1)仅有解 $(x,y,z)=(1,1,1)$ 和 $(19,11,31)$. 在一般情况下,运用定理 4.3.1 的证明方法,可以得出这两类方程组的解的可有效计算的上界.

定理 4.5.1 当 D_1,D_2 是大于 1 的无平方因数正整数时,方程组(4.5.1)和(4.5.2)仅有有限多组解 (x,y,z),而且这些解都

满足 $\max(x,y,z)<C_1(A)$,其中 $A=\max(D_1,D_2,|k_1|,|k_2|)$.

证 首先考虑方程组(4.5.1).设 (x,y,z) 是该方程组的一组解.此时,(x,y) 和 (z,y) 分别是方程

$$x^2 - D_1 y^2 = k_1, x,y \in \mathbb{Z}, \gcd(x,y)=1 \qquad (4.5.3)$$

以及

$$z^2 - D_2 y^2 = k_2, z,y \in \mathbb{Z}, \gcd(z,y)=1 \qquad (4.5.4)$$

的正整数解.设 $u_{11}+v_{11}\sqrt{D_1}$ 和 $u_{21}+v_{21}\sqrt{D_2}$ 分别是 Pell 方程

$$u_1^2 - D_1 v_1^2 = 1, u_1,v_1 \in \mathbb{Z} \qquad (4.5.5)$$

以及

$$u_2^2 - D_2 v_2^2 = 1, u_2,v_2 \in \mathbb{Z} \qquad (4.5.6)$$

的基本解.根据文献[75]中的结果可知:此时方程(4.5.3),(4.5.4)分别有适合

$$x_{11} + y_{11}\sqrt{D_1} < \sqrt{2u_{11}|k_1|} \qquad (4.5.7)$$

以及

$$z_{21} + y_{21}\sqrt{D_2} < \sqrt{2u_{21}|k_2|} \qquad (4.5.8)$$

的正整数解 $(x_{11},y_{11}),(z_{21},y_{21})$,可使

$$x+y\sqrt{D_1}=\left(x_{11}+y_{11}\sqrt{D_1}\right)\left(u_1+v_1\sqrt{D_1}\right), \qquad (4.5.9)$$

$$z+y\sqrt{D_2}=\left(z_{21}+y_{21}\sqrt{D_1}\right)\left(u_2+v_2\sqrt{D_2}\right), \qquad (4.5.10)$$

其中 $(u_1,v_1),(u_2,v_2)$ 分别是方程(4.5.5),(4.5.6)的正整数解.

设

$$\alpha_1 = x_{11} + y_{11}\sqrt{D_1}, \bar{\alpha}_1 = x_{11} - y_{11}\sqrt{D_1}, \qquad (4.5.11)$$

$$\alpha_2 = z_{21} + y_{21}\sqrt{D_2}, \bar{\alpha}_2 = z_{21} - y_{21}\sqrt{D_2}, \qquad (4.5.12)$$

$$\rho_1 = u_{11} + v_{11}\sqrt{D_1}, \bar{\rho}_1 = u_{11} - v_{11}\sqrt{D_1}, \qquad (4.5.13)$$

$$\rho_2 = u_{21} + v_{21}\sqrt{D_1}, \bar{\rho}_2 = u_{21} - v_{21}\sqrt{D_2}. \qquad (4.5.14)$$

从(4.5.9),(4.5.10)可知,存在适当的非负整数 t_1,t_2 可使

$$x + y \sqrt{D_1} = \alpha_1 \rho_1^{t_1}, x - y \sqrt{D_1} = \bar{\alpha}_1 \bar{\rho}_1^{t_1}, \quad (4.5.15)$$

$$z + y \sqrt{D_2} = \alpha_2 \rho_2^{t_2}, z - y \sqrt{D_2} = \bar{\alpha}_2 \bar{\rho}_2^{t_2}. \quad (4.5.16)$$

从(4.5.15),(4.5.16)可得

$$y = \frac{\alpha_1 \rho_1^{t_1} - \bar{\alpha}_1 \bar{\rho}_1^{t_1}}{2 \sqrt{D_1}} = \frac{\alpha_2 \rho_2^{t_2} - \bar{\alpha}_2 \bar{\rho}_2^{t_2}}{2 \sqrt{D_2}}. \quad (4.5.17)$$

设 $\delta = \bar{\alpha}_1 \bar{\rho}_1^{t_1} \sqrt{D_2} - \bar{\alpha}_2 \bar{\rho}_2^{t_2} \sqrt{D_1}$. 由于从(4.5.5),(4.5.6),(4.5.13),
(4.5.14)可知 $\rho_1 \bar{\rho}_1 = \rho_2 \bar{\rho}_2 = 1$,故从(4.5.17)可得

$$\left| \log\left(\frac{\alpha_1 \sqrt{D_2}}{\alpha_2 \sqrt{D_1}} \right) + t_1 \log\rho_1 - t_2 \log\rho_2 \right|$$

$$= \left| \frac{2\delta}{2\alpha_2 \rho_2^{t_2} + \delta} \sum_{i=0}^{\infty} \frac{1}{2i+1} \left(\frac{\delta}{2\alpha_2 \rho_2^{t_2} + \delta} \right)^{2i} \right|. \quad (4.5.18)$$

设 $t = \max(t_1, t_2)$. 从(4.5.7),(4.5.8)可知,假如 $\max(x, y, z) > C_1(A)$,则必有

$$t > C_2(A). \quad (4.5.19)$$

设 $\Lambda = \log\left(\alpha_1 \sqrt{D_2} / \alpha_2 \sqrt{D_1} \right) + t_1 \log\rho_1 - t_2 \log\rho_2$. 从(4.5.18),
(4.5.19)可得

$$0 < |\Lambda| < \frac{C_3(A)}{e^t}. \quad (4.5.20)$$

同时,根据引理1.8.1,从(4.5.7),(4.5.8),(4.5.11)—(4.5.14)可知

$$\log|\Lambda| > - C_4(A)\log t. \quad (4.5.21)$$

结合(4.5.20),(4.5.21)可得

$$t < C_2(A) \quad (4.5.22)$$

这一与(4.5.19)矛盾的结果. 因此,方程组(4.5.1)的解(x, y, z)都满足 $\max(x, y, z) < C_1(A)$. 同理可证方程组(4.5.2)的情况. 定理证完.

1984 年,Turk[109]具体给出了上述定理中的常数 $C_1(A)$. 另

外,Pinch[78],Rickert[86],Bennett[6]等人还用丢番图逼近方法讨论了方程组(4.5.1)和(4.5.2)的求解问题.

设 $b_0,b_1,b_2,c_0,c_1,c_2,k_1,k_2$ 是适合 $(b_1^2-4b_0b_2)(c_1^2-4c_0c_2)k_1k_2 \neq 0$ 的整数.定理 4.5.1 的证明方法可以直接用来讨论一般的三元二次方程组

$$\begin{cases} b_0x^2 + b_1xy + b_2y^2 = k_1, \\ c_0x^2 + c_1xz + c_2z^2 = k_2, \end{cases} x,y,z \in \mathbb{Z}. \quad (4.5.23)$$

如果该方程组有无限多组解 (x,y,z),则其中的每个方程都有无限多组解,故必有 $b_1^2-4b_0b_2>0,c_1^2-4c_0c_2>0,b_2c_2\neq 0$,而且它们都是非平方数.从(4.5.23)可得

$$\begin{cases} (b_1x + 2b_2y)^2 - (b_1^2 - 4b_0b_2)x^2 = 4b_2k_1, \\ (c_1x + 2c_2z)^2 - (c_1^2 - 4c_0c_2)x^2 = 4c_2k_2; \end{cases} \quad (4.5.24)$$

又从(4.5.24)可得

$$\big((b_1^2 - 4b_0b_2)x^2 + 4b_2k_1 \big) \big((c_1^2 - 4c_0c_2)x^2 + 4c_2k_2 \big)$$
$$= \big((b_1x + 2b_2y)(c_1x + 2c_2z) \big)^2. \quad (4.5.25)$$

显然,方程(4.5.25)是一个四次超椭圆方程.因为多项式 $(b_1^2-4b_0b_2)X^2+4b_2k_1$ 和 $(c_1^2-4c_0c_2)X^2+4c_2k_2$ 都有两个不同的根,所以从文献[93]中的结果可知,如果方程组(4.5.23)有无限多组解,则必有

$$\frac{4b_2k_1}{b_1^2 - 4b_0b_2} = \frac{4c_2k_2}{c_1^2 - 4c_0c_2}. \quad (4.5.26)$$

从(4.5.26)可知

$$\frac{b_2k_1}{c_2k_2} = \frac{b_1^2 - 4b_0b_2}{c_1^2 - 4c_0c_2}, \quad (4.5.27)$$

而且 b_2k_1/c_2k_2 是有理数的平方.当上述条件不成立时,运用定理 4.5.1 的证明方法可知该方程组仅有有限多组解 (x,y,z),而且这些解都满足 $\max(x,y,z)<C_5(H)$,其中 $H=\max(|b_0|,|b_1|,|b_2|,|c_0|,|c_1|,|c_2|,|k_1|,|k_2|)$.

以下介绍 Gel'fond-Baker 方法在指数型高次方程组中的一个应用.1989 年,Ribenboim[85]运用该方法讨论了方程

$$(x^m + 1)(x^n + 1) = y^2, x, y, m, n \in \mathbb{N}, x > 1, n > m \geqslant 1. \tag{4.5.28}$$

他证明了:方程(4.5.28)没有适合 $2 \mid x$ 的解 (x, y, m, n);该方程仅有有限多组适合 $2 \nmid x$ 的解,而且这些解都满足 $\max(x, y, m, n) < C_6$. 上述结果不难从定理 5.3.1 推出. 设 (x, y, m, n) 是方程(4.5.28)的一组适合 $2 \nmid x$ 的解. 运用初等数论方法可得

$$\begin{cases} x^m + 1 = 2y_1^2, \\ x^n + 1 = 2y_2^2, \end{cases} x, y_1, y_2, m, n \in \mathbb{N},$$

$$x > 1, 2y_1 y_2 = y, n > m \geqslant 1. \tag{4.5.29}$$

最近,乐茂华[60]完整地解决了方程组(4.5.29)的求解问题. 他证明了:

定理 4.5.2 方程组(4.5.29)仅有解 $(x, y, m, n) = (7, 20, 1, 2)$.

证 首先运用初等方法可知:方程组(4.5.29)的解 (x, y, m, n) 中的 m, n 必定满足 $m = 1$ 且 $n = 2$ 或者 $m = 2, n > 2$ 且 $2 \nmid n$.

当 $m = 1$ 且 $n = 2$ 时,根据 Pell 方程

$$u^2 - 2v^2 = -1, u, v \in \mathbb{Z} \tag{4.5.30}$$

的基本性质,从(4.5.29)可得 $(x, y, m, n) = (7, 20, 1, 2)$.

当 $m = 2, n > 2$ 且 $2 \nmid n$ 时,从(4.5.29)可得

$$x^2 + 1 = 2y_1^2, \tag{4.5.31}$$

$$x^n + 1 = 2y_2^2, n > 2, 2 \nmid n. \tag{4.5.32}$$

根据方程(4.5.30)的解的基本性质,运用初等方法从(4.5.31),(4.5.32)可得

$$n \geqslant 482885. \tag{4.5.33}$$

同时,从(4.5.32)可得

$$1 - 2y_2^2 = (-x)^n. \tag{4.5.34}$$

从(4.5.34)可知此时方程

$$X^2 - 2Y^2 = (-x)^Z, X, Y, Z \in \mathbb{Z}, \gcd(X, Y) = 1, Z > 0 \tag{4.5.35}$$

有解 $(X, Y, Z) = (1, y_2, n)$. 由于已知实二次域 $\mathbb{Q}(\sqrt{2})$ 的类数等于 1,所以运用定理 4.4.1 的证明方法,从 (4.5.34) 可得 $n <$ 482885 这一与 (4.5.33) 矛盾的结果. 综上所述可知方程组 (4.5.29) 仅有解 $(x, y, m, n) = (7, 20, 1, 2)$. 定理证完.

$$\S 4.6 \quad \text{方程 } f(x, y) = 0$$

设 n 是正整数,n 次多项式

$$f(X, Y) = \sum_{\substack{0 \leqslant i, j \leqslant n \\ i+j \leqslant n}} a_{ij} X^i Y^j \in \mathbb{Q}[X, Y]. \qquad (4.6.1)$$

此时,曲线

$$f : f(X, Y) = 0 \qquad (4.6.2)$$

称为有理代数曲线. 讨论有理代数曲线上有理点的基本性质是算术代数几何的主要内容之一,它与高次丢番图方程有着直接的联系.

对于给定的 n 次多项式 (4.6.1),存在唯一的 n 次齐次多项式

$$F(X, Y, Z) = \sum_{\substack{0 \leqslant i, j \leqslant n \\ i+j \leqslant n}} a_{ij} X^i Y^j Z^{n-i-j} \in \mathbb{Q}[X, Y, Z] \qquad (4.6.3)$$

满足 $F(X, Y, 1) = f(X, Y)$. 如此的曲面

$$F : F(X, Y, Z) = 0 \qquad (4.6.4)$$

称为曲线 f 的射影曲面. 同时,曲线 f 称为曲面 F 的仿射曲线. 如果曲面 F 上的点 $\rho = \rho(X, Y, Z)$ 适合

$$\left. \frac{\partial F}{\partial X} \right|_\rho = \left. \frac{\partial F}{\partial Y} \right|_\rho = \left. \frac{\partial F}{\partial Z} \right|_\rho = 0, \qquad (4.6.5)$$

则称 ρ 是 F 的奇点. 此时,

$$g_f = \frac{1}{2}(n-1)(n-2) - \sum_\rho \upsilon(\rho) \qquad (4.6.6)$$

称为有理代数曲线 f 的亏数,其中 $\upsilon(\rho)$ 是与曲面 F 上的奇点 ρ 有关的正整数,"$\sum_\rho$"表示"对曲面 F 上的所有奇点 ρ 求和". 亏数 g_f 是个非负整数,它是衡量有理代数曲线 f 上有理点分布的复杂性

的重要标志.

包括椭圆方程和超椭圆方程在内的许多二元和三元齐次方程分别是方程

$$f(x,y) = 0, x,y \in \mathbb{Z} \tag{4.6.7}$$

以及

$$f(x,y) = 0, x,y \in \mathbb{Q} \tag{4.6.8}$$

的特例. 当 $g_f=0$ 时, f 称为单向曲线. 此时, 如果方程(4.6.7)有解(x,y), 则它必有无限多组解[42]. 当 $g_f=1$ 时, f 称为椭圆曲线. 对此, Mordell[70] 在 1922 年解决了 Poincaré[80] 提出的一个猜想, 即证明了: 当 $g_f=1$ 时, 如果方程(4.6.8)有解(x,y), 则方程(4.6.7)仅有有限多组解(x,y), 方程(4.6.8)有无限多组解(x,y), 而且该方程的所有解构成一个有限生成的 Abel 群. 同时, Mordell[71]对亏数大于 1 的有理代数曲线提出了下列猜想:

猜想 4.6.1 当 $g_f>1$ 时, 方程(4.6.7)仅有有限多组解(x,y).

猜想 4.6.2 当 $g_f>1$ 时, 方程(4.6.8)仅有有限多组解(x,y).

1926 年, Siegel[93]运用丢番图逼近方法证实了猜想 4.6.1. 此后, 猜想 4.6.2 称为 Mordell 猜想. 这是一个相当困难的问题, 直到 1983 年才由 Faltings[32]运用算术代数几何方法加以解决. 由于很多令人感兴趣的三元高次方程都与方程(4.6.8)有关, 所以 Faltings 的工作使得这方面的研究获得了突破性的进展. 例如, 本书在前面提到的 Fermat 猜想就是要证明: 当 $n \geqslant 3$ 时, 方程

$$x^n + y^n = z^n, x,y,z \in \mathbb{N}, \gcd(x,y,z) = 1 \tag{4.6.9}$$

无解(x,y,z). 设 $F(X,Y,Z) = X^n + Y^n - Z^n$. 此时, 曲面 F 的仿射曲线是 $f: f(X,Y) = X^n + Y^n - 1 = 0$. 由于曲面 F 上没有奇点, 所以当 $n \geqslant 4$ 时, 曲线 f 的亏数 $g_f = (n-1)(n-2)/2 > 1$. 因此, 根据 Faltings 的结果可知此时方程

$$x^n + y^n = 1, x,y \in \mathbb{Q} \tag{4.6.10}$$

仅有有限多组解(x,y). 由此可知: 对于给定的正整数 n, 当 $n \geqslant 4$

时,方程(4.6.9)仅有有限多组解(x,y,z).这是当时有关 Fermat 猜想的最好结果.最近,Granville[37],Darmon 和 Granville[25]对上述结果作了进一步的推广.设 a,b,c 是互素的正整数,r,s,t 是大于 1 的正整数.他们证明了:当 $1/r+1/s+1/t<1$ 时,方程

$$ax^r+by^s=cz^t,x,y,z\in\mathbb{N},\gcd(x,y,z)=1 \quad (4.6.11)$$

仅有有限多组解(x,y,z).上述结果解决了 Tijdeman[108]提出的一个猜想.

同时应该指出:由于 Faltings 在文献[32]中有关 Mordell 猜想的证明是非实效性的,所以由此无法得出方程(4.6.8)的解数和解的可有效计算的上界.1990 年前后,Vojta[112]将丢番图逼近方法和算术代数几何中的相交理论引入了 Mordell 猜想的研究,从而给出了一个实效性的证明.此后,Bombieri[9],Faltings[33]等人进一步简化了 Vojta 的证明.根据上述工作,可以对方程(4.6.8)的解数得出可有效计算的上界,有关这方面的进展情况可参考文献[34],[45],[113].

以下考虑(4.6.1)中的 $f(X,Y)$ 是在 $\mathbb{Q}$ 上不可约的 n 次整系数多项式的情况.1970 年,Baker 和 Coates[4]运用 Gel′fond-Baker 方法证明了:当 $g_f=1$ 时,方程(4.6.7)的解(x,y)都满足 $\max(|x|,|y|)<\exp\exp\exp\left((2H_f)^{10^{n^{10}}}\right)$.1992 年,Schmidt[91]将上述结果改进为 $\max(|x|,|y|)<\exp\left(C_1 H_f^{(4n)^{13}}\right)$.这是目前在 $g_f=1$ 时已知的最好结果,它的证明用到了代数函数域的算术性质(参见文献[89],[90]).另外,对于 $g_f>1$ 的情况,这仍是一个尚未解决的问题.

设多项式 $f(X,Y)$ 中未定元 X,Y 的最高次数分别是 r,s.1887 年,Runge[87]运用代数函数的 Puiseux 展开式(参见文献[84]),讨论了方程(4.6.7)解数的有限性问题.他证明了:如果该方程有无限多组解(x,y),则下列条件必定同时成立:

(i)$f(X,Y)$中未定元 X,Y 的最高次项分别为 $a_{r0}X^r,a_{0s}Y^s$.

(ii)$f(X,Y)$中的每个项 $a_{ij}X^iY^j$ 的次数都满足 $rj+si\leqslant rs$.

(iii)$f(X,Y)$中适合 $rj+si=rs$ 的项之和

$$h(X,Y) = \sum_{rj+si=rs} a_{ij}X^iY^j \qquad (4.6.12)$$

必为非零整数与$\mathbb{Q}$上不可约多项式的方幂的乘积,这里的$h(X,Y)$称为$f(X,Y)$的首型.

1969 年,Schinzel[88]对 Runge 的结果作了重要改进,他指出上述的条件(iii)可以加强为:

(iii)' $f(X,Y)$的首型$h(X,Y)$可表成$ag(X^{r/d},Y^{s/d})$,其中a是非零整数,$g(X,Y)$是二元一次原型或判别式小于 0 的二元二次原型,$d=\gcd(r,s)$.

从上述结果可知,如果$f(X,Y)$不满足条件(i),(ii),(iii)或(iii)'中的任何一条,则方程(4.6.7)仅有有限多组解(x,y).设$l=\min(r,s)$,$m=\max(r,s)$.1983 年,Hilliker 和 Straus[43]证明了:此时方程(4.6.7)的解(x,y)都满足

$$\max(|x|,|y|) < \begin{cases} 4(H_f+1)^2, & \text{当}\ l=1\ \text{时}, \\ (8mH_f)^{m^{2m^3}}, & \text{当}\ l>1\ \text{时}. \end{cases} \qquad (4.6.13)$$

上述结果的证明用到了 Puiseux 展开式的定量形式——Eisenstein 定理(参见文献[29]). 最近,Walsh[116]和 Grytczuk[39]根据 Coates[19],Hilliker 和 Straus[44],Schmidt[89],Dwork 和 van der Poorten[28]等人有关 Eisenstein 定理中某些常数的估计改进了上界(4.6.13). 例如,Grytczuk[39]证明了:如果$f(X,Y)$中的未定元X不适合条件(i),则方程(4.6.7)的解(x,y)都满足

$$|x| \leqslant \left(2^{17}r^3s^6H_f\right)^{16rs^6(r+2)(s+2)},$$

$$|y| \leqslant \left(2^{17}r^3s^6H_f\right)^{16r^2s^5(r+2)(s+2)}; \qquad (4.6.14)$$

如果条件(i)成立但条件(ii)或(iii)不成立,则有

$$|x| \leqslant \left(2^{17}l^3m^6H_f\right)^{16l^5ms(r+2)(s+2)},$$

$$|y| \leqslant \left(2^{17}l^3m^6H_f\right)^{16l^5mr(r+2)(s+2)}. \qquad (4.6.15)$$

1922 年,Skolem[95]运用消元法重新证明了 Runge 的上述结果.1991 年,Grytczut 和 Schinzel[40]完善了 Skolem 的证明,并且根据这一思路给出了方程(4.6.7)的解的另一类上界. 他们证明

了：如果 $f(X,Y)$ 中的未定元 X 不适合条件(i)，则该方程的解 (x,y) 都满足

$$|x| \leqslant \left((r+1)(s+1)(rs+1)^{2/s} H_f \right)^{2s(rs+1)^3},$$

$$|y| \leqslant \left((r+1)(s+1)(rs+1)^{2/s} H_f \right)^{2(rs+1)^3};$$

$$(4.6.16)$$

如果条件(i)成立但条件(ii)不成立，则有

$$|x| < \left((4rsl)^{8rs/d} H_f \right)^{96r^3 s^4 l^4/d^4 + l/r},$$

$$(4.6.17)$$

$$|y| < \left((4rsl)^{8rs/d} H_f \right)^{96r^4 s^3 l^4/d^4 + l/s};$$

如果条件(i),(ii)都成立但条件(iii)不成立，则有

$$|x| < \left((rs)^{3rs/d} H_f \right)^{5r^3 s^4 d^4/128 + d^2/r},$$

$$(4.6.18)$$

$$|y| < \left((rs)^{3rs/d} H_f \right)^{5r^4 s^3 d^4/128 + d^2/s}.$$

参 考 文 献

[1] Baker A., Contributions to the theory of diophantine equations I: On the representation of integers by binary forms, Philos Trans Roy Soc London, 1968, A263:173−191; II: The diophantine equation $y^2 = x^3 + k$, ibid, 1968, A263:192−208.

[2] Baker A., The diophantine equation $y^2 = ax^3 + bx^2 + cx + d$, J London Math Soc, 1968, 43:1−9.

[3] Baker A., Bounds for the solutions of the hyperelliptic equation, Math Proc Cambridge Philos Soc, 1969, 65:439−444.

[4] Baker A., Coates J., Integer points on curves of genus 1, Math Proc Cambridge Philos Soc, 1970, 67:595−602.

[5] Baker A., Davenport H., The equations $3x^2 - 2 = y^2$ and $8x^2 - 7 = z^2$, Quart J Math Oxford Ser 2, 1969, 20:129−137.

[6] Bennett M. A., Simultaneous rational approximation to pairs of algebraic numbers, In: Number Theory, Halifax, NS, 1994, CMS Conf Proc 15, Providence Rl: Amer Math Soc, 1995:55−65.

[7] Bennett M. A., Simultaneous rational approximation to binomial functions, Trans Amer Math Soc, 1996, 348:1717−1738.

[8] Bilu Y., Effective analysis of integral points on algebraic curves, Israel J Math, 1995, 90:235−252.

[9] Bombieri E. , The Mordell conjecture revisited, Ann Scuola Norm Sup Pisa Cl Sci (4), 1990, 17:615—640.

[10] Brindza B. , On S-integral solutions of the equation $y^m = f(x)$, Acta Math Hungar, 1984, 44:133—139.

[11] Brindza B. , Thue equations and multiplicative independence, In: Loxton J Hed. Number Theory and Cryptography, Cambridge: Cambridge Univ Press, 1990:213 —220.

[12] Brindza B. , Evertse J-H. , Győry K. , Bounds for the solutions of some diophantine equations in terms of discriminants, J Austral Math Soc, Ser A, 1991, 51:8—26.

[13] Chen J-H. , A new solution of the diophantine equation $X^2 + 1 = 2Y^4$, J Number Theory, 1994, 48:62—74.

[14] Chen J-H. , A note on the diophantine equation $x^2 + 1 = dy^4$, Abh Math Sem Univ Hamburg, 1994, 64:1—10.

[15] Chen J-H. , On the diophantine equation $ax^2 - by^4 = -1$, Abh Math Sem Univ Hamburg, to appear.

[16] Chen J-H. , Voutier P. , Complete solution of the diophantine equation $X^2 + 1 = dY^4$ and a related family of quartic Thue equations, J Number Theory, 1997, 62: 71—99.

[17] Cipu M. , Diophantine equations with at most one positive solution, Inst Math, Romanian Acad, Bucurest: Preprint No. 19, 1996.

[18] Cipu M. , Diophantine equations with at most one positive solution, Manuscripta Math, 1997, 93:349—356.

[19] Coates J. , Construction of rational functions on a curve, Math Proc Cambridge Philos Soc, 1970, 68:105—123.

[20] Cochrare T. , The diophantine equation $f(x) = g(y)$, Proc Amer Math Soc, 1990, 109:573—578.

[21] Cohn J. H. E. , The diophantine equation $x^4 - Dy^2 = 1$, Quart J Math Oxford (2), 1975, 26:279—281; II : Acta Arith, 1997, 78:401—403.

[22] Cohn J. H. E. , The diophantine equations $x^3 = Ny^2 \pm 1$, Quart J Math Oxford (2), 1991, 42:27—30.

[23] Cohn J. H. E. , The diophantine equation $x^4 + 1 = Dy^2$, Math Comp, 1997, 66:1347 —1351.

[24] Danilov L. V. , The diophantine equation $x^3 - y^2 = k$ and a conjecture of M. Hall, Mat Zametki, 1984, 36:457—458.

[25] Darmon H. ,Granville A. ,On the equation $Z^m = F(x,y)$ and $Ax^p + By^q = Cz^r$, Bull London Math Soc,1995,27:513—543.

[26] Davenport H. ,Lewis D. J. ,Schinzel A. ,Equations of the form $f(x) = g(y)$, Quart J Math Oxford (2),1961,12:304—312.

[27] Dickson L. E. ,History of the Theory of Numbers,Vol II ,Washington:Carnegie Inst,1920.

[28] Dwork B. M. , van der Poorten A. J. , The Eisenstein constant,Duke Math J, 1992,65:23—43;Corrections:ibid,1994,76:669—672.

[29] Eisenstein G. , Über eine allgemeine Eigenschaff der Reihen-Entwiclungen aller algebraischen Funktionen,Bericht Königl Preuss Akad Wiss Berlin,1852,414— 443.

[30] Erdös P. ,Woods A. C. ,On a problem of M. Hall,Bull Acad Serbe,1989,17:13 —22.

[31] Evertse J-H. ,Silverman J. H. ,Uniform bounds for the number of solutions to $Y^n = f(X)$,Math Proc Cambridge Philos Soc,1986,100:237—248.

[32] Faltings G. ,Endlich Keitssäze für abelsche Varietäten über Zahlkörpern,Invent Math,1983,73:349—366;Corrections:ibid,1984,75:381.

[33] Faltings G. ,Diophantine approximation on abelian varieties,Ann of Math (2), 1991,133:549—576.

[34] Faltings G. , Wüstholz G. , Diophantine approximations on projective spaces, Invent Math,1994,116:109—138.

[35] Gebel J. ,Pethö A. ,Zimmer H. G. ,Computing integral points on elliptic curves, Acta Arith,1994,68:171—192.

[36] Goldfeld D. , Szpiro L. , Bounds for the order of the Tate-Shafarevich group, Compositio Math,1995,97:71—87.

[37] Granville A. ,On the number of solutions to the generalized Fermat equation,In: Number Theory, Halifax, NS, 1994 CMS Conf Proc, 15, Providence, Rl: Amer Math Soc,1995:197—207.

[38] Gross R. , Silverman J. H. , S-integer points on elliptic curves, Pacific J Math, 1995,167:263—288.

[39] Grytczuk A. , Matrices and diophantine equations, Dissertationes Math, to appear.

[40] Grytczuk A. ,Schinzel A. ,On Runge's theorem about diophantine equations,In: Sets, Graphs and Numbers, Budapest, 1991, Colloq Math Soc Janos Bolyai, 60, North Holl Pub,1992:329—356.

[41] Hall M. Jr, The diophantine equation $x^3 - y^2 = k$, In: Atkin A. O. , Birch B. J. eds. , Computers in Number Theory, Proc Sci Res Council Atlas Symp, 2, Oxford, London: Academic Press, 1969: 173—198.

[42] Hilbert D. , Hurwitz A. , Über die diophantischen Gleichungen von Geschlecht Null, Acta Math, 1890, 4: 217—224.

[43] Hilliker D. L. , Straus E. G. , Determination of bounds for the solutions to those diophantine equations that satisfy hypotheses of Runge's theorem, Trans Amer Math Soc, 1983, 280: 637—657.

[44] Hilliker D. L. , Straus E G. , On Puiseux series whose curves pas through an infinity of algebraic lattice points, Bull Amer Math Soc, 1983, 8: 59—62.

[45] Hindry M. , Sur les conjectures de Mordell et Lang (d'après Vojta, Faltings et Bombieri), Astérisque, 1992, 209: 39—56.

[46] Julia G. , Étude sur les formes binaires non quadratiques, Mem Acad Sci l'Inst France, 1917, 55: 1—293.

[47] 柯召, 孙琦, 关于丢番图方程 $x^3 \pm 1 = Dy^2$. 中国科学, 1981, : 1453—1457.

[48] Kihara S. , On coprime integral solutions of $y^2 = x^3 + k$, Proc Japan Acad Ser A Math Sci, 1987, 63: 13—16.

[49] Kotov S. V. , Trelina L. A. , S-ganze Punkte auf elliptischen Kurven, J Reine Angew Math, 1979, 306: 28—41.

[50] Landau E. , Ostrowski A. , On the diophantine equation $ay^2 + by + c = dx^n$, Proc London Math Soc(2), 1920, 19: 276—280.

[51] Lang S. , In: Arithmetic and Geometry, Vol I, Progr Math, 35, Boston, MA: Birkhäuser Boston, 1983: 155—171.

[52] Langevin M. , Partie sans facteur carré dún produit d'entiers vasins, In: Approximations Diophantinnes et Nombres Transcendants, Luminy, 1990, Berlin: Walter de Gruyter, 1992: 203—214.

[53] 乐茂华, 方程 $x^4 - Dy^2 = 1$ 有正整数解的充要条件, 科学通报, 1984, 22: 1407.

[54] 乐茂华, 关于丢番图方程 $x^p \pm 1 = Dy^2$. 东北数学, 1988, 4: 309—315.

[55] Le M-H. , A note on the diophantine equation $x^{2p} - Dy^2 = 1$, Proc Amer Math Soc, 1989, 107: 27—34.

[56] Le M-H. , The solvability of diophantine equation $D_1 x^2 - D_2 y^4 = 1$, Colloq Math, 1995, 68: 165—170.

[57] Le M-H. , On the diophantine equation $D_1 x^4 - D_2 y^2 = 1$, Acta Arith, 1996, 76: 1—9.

[58] 乐茂华, 一类超椭圆曲线的整点个数. 数学学报, 1996, 39: 289—293.

[59] 乐茂华,一类超椭圆方程的整数解,数学学报,1996,39:450—455.

[60] Le M-H. ,On the diophantine equation $(x^m+1)(x^n+1)=y^2$,Acta Arith,1997, 82:17—26.

[61] Lee J-B. ,Vélez W. Y. ,Integral solutions in arithmetic progression for $y^2=x^3+k$,Period Math Hungar,1992,25:31—49.

[62] LeVeque W J. ,On the equation $y^m=f(x)$,Acta Arith,1964,9:209—219.

[63] Ljunggren W. ,Über die Gleichung $x^4-Dy^2=1$, Arch Math Naturv, 1942, 45 (5):61—70.

[64] Ljunggren W. ,Zur Theorie der Gleichung $x^2+1=Dy^4$,Avh Norske Vid Akad, 1942,1,No. 5,27pp.

[65] Ljunggren W. ,Einige Sätze über unbestimmte Gleichungen von der Form $Ax^4+Bx^2+C=Dy^2$,Vid Akad Skr Norske Oslo,1942,No. 9.

[66] Masser D. W. ,Note on a conjecture of Szpiro,Astérisque,1990,183:19—23.

[67] Mohanty S. P. ,Integer points of $y^2=x^3-4x+1$,J Number Theory,1988,30:86 —93.

[68] Mohanty S. P. ,Ramasamy A. M. S. ,On the number of coprime solutions of $y^2=x^3+k$,J Number Theory,1983,17:323—326.

[69] Mordell L. J. ,Indeterminate equations of the third and fourth degrees,Quart J Pure Appl Math,1914,45:170—186.

[70] Mordell L. J. ,Note on the integer solutions of the equations $Ey^2=Ax^3+Bx^2+Cx+D$,Messenger Math,1922,51:169—171.

[71] Mordell L. J. ,On the integer solutions of the equation $ey^2=ax^3+bx^2+cx+d$, Proc London Math Soc(2),1923,21:415—419.

[72] Mordell L. J. ,On the rational solutions of the indeterminate equations of the third and fourth degrees,Math Proc Cambridge Philos Soc,1923,21:179—192.

[73] Mordell L. J. ,Diophantine Equations,London:Academic Press,1969.

[74] Nagell T. ,Sur I'impossibilite de quelques equations a deux indeterminess,Norsk Mat Forenings Skr(1),1921,13:65—82.

[75] Nagell T. ,Bemerkung über die Diophantische Gleichung $u^2-Dv^2=c$, Arch Math,1952,3:8—9.

[76] Nair M. ,A note on the equation $x^3-y^2=k$,Quart J Math Oxford(2),1978,29: 483—487.

[77] Nitaj A. ,La conjecture abc,Enseigh Math (2),1996,42:3—24.

[78] Pinch R. G. E. ,Simultaneous Pellian equations,Math Proc Cambridge Philos Soc,1988,103:35—46.

[79] Pintér Á. , On the maghitude of integer points on elliptic curves, Bull Austral Math Soc,1995,52:195—199.

[80] Poincarè H. , Sur les propriétés arithmétiques des courbes algébriques, J Math (3),1901,7:161—233.

[81] Poulakis D. , Solutions entièrs de l'équation $Y^m = f(X)$, Sém Théor Nombres Bordeaux(2),1991,3:187—190.

[82] Poulakis D. , Points entiers sur les courbes hyperelliptiques, Acta Arith,1992, 62:25—43.

[83] Poulakis D. , Points entiers et modèles des courbes algébriques, Monatsh Math, 1994,118:111—143.

[84] Puiseux V. A. , Recherches sur les fonctions algebriques, J Math,1850,15:385—480.

[85] Ribenboim P. , Square classes of $(a^n-1)/(a-1)$ and a^n+1,四川大学学报(特辑),1989,26:196—199.

[86] Rickert J. H. , Simultaneous rational approximations and related diophantine equations, Math Proc Cambridge Philos Soc,1993,113:461—472.

[87] Runge C. , Über ganzzahlige Lösungen von Gleichungen zwischen zwei Veranderlichen, J Reine Angew Math,1887,100:425—435.

[88] Schinzel A. , An improvement of Runge's theorem on diophantine equations, Common Pontif Acad Sci,1969,2:1—9.

[89] Schmidt W. M. , Eisenstein's theorem on power series expansions of algebraic functions, Acta Arith,1990,56:161—179.

[90] Schmidt W. M. , Construction and estimation of bases in function fields, J Number Theory,1991,39:181—224.

[91] Schmidt W. M. , Integer points on curves of genus 1, Compositio Math,1992,81: 33—59.

[92] Shorey T. N. , Tijdeman R. , Exponential Diophantine Equations, Cambridge: Cambridge Univ Press,1986.

[93] Siegel C. L. , The integer solutions of the equation $y^2 = ax^n + bx^{n-1} + \cdots + k$, J London Math Soc,1926,1:66—68.

[94] Siegel C. L. , Über einige Anwendungen diophantischer Approximationen, Abh Preuss Akad Wiss Phys-Math Kl,1929,No. 1,70pp.

[95] Skolem T. , Über ganzzahlige Lösungen einer Klasse unbestimmten Gleichungen, Forenings Skr Ser I,1922,No. 10.

[96] Sprindzuk V. G. , Classical Diophantine Equations, Lecture Notes in Math,1559, Berlin: Springer-Verlag,1993.

[97] Stark H. M. , Effective estimates of solutions of some diophantine equations, Acta Arith, 1973, 24:251—259.

[98] Stephens N. , On the number of coprime solutions of $y^2 = x^3 + k$, Proc Amer Math Soc, 1975, 48:325—327.

[99] Stroeker R. J. , de Weger B. M. M. , On elliptic diophantine equations that defy Thue's method: the case of the Ochoa curve, Experiment Math, 1994, 3:209—220.

[100] Stroeker R. J. , Tzanakis N. , Solving elliptic diophantine equations by estimating linear forms in elliptic logarithms, Acta Arith, 1994, 67:177—196.

[101] 孙琦, 关于丢番图方程中的柯召-Terjanian-Rotkiewicz 方法, 数学进展, 1989, 18:1—4.

[102] Sun Q. , Yuan P-Z. , On the diophantine equation $x^4 - Dy^2 = 1$, 数学进展, 1996, 25:84.

[103] Szpiro L. , Seminaire sur les pinceaux de courbes de genre au moins deux, Astérisque, 1981, 86:44—78.

[104] Szpiro L. , Présentation de la théorie d'Arakélov, Contemp Math, 1987, 67:279—293.

[105] Szpiro L. , Discriminant et conducteur des courbes elliptiques, Astérisque, 1990, 183:7—18.

[106] Thue A. , Über Annäherungswerta algebraischer Zahlen, J Reine Angew Math, 1909, 135:284—305.

[107] Thue A. , Über die Unlösbarkeit der Gleichung $ax^2 + bx + c = dy^n$ in grossen ganzen Zahlen x und y, Arch Math Naturv Kristiania, 1917, 34, Nr 16.

[108] Tijdeman R. , Diophantine equations and diophantine approximations, In: Mollin R A ed. , Number Theory and Applications, Banff, AB, 1988, Dordrecht: Kluwer Acad Publ, 1989:215—243.

[109] Turk J. , Almost powers in short intervals, Arch Math, 1984, 43:157—166.

[110] Tzanakis N. , Solving elliptic diophantine equations by estimating linear forms in elliptic logarithms: the case of quartic equations, Acta Arith, 1996, 75:165—190.

[111] Vojta P. , On algebraic points on curves, Compositio Math, 1991, 78:29—36.

[112] Vojta P. , Siegel's theorem in the compact case, Ann of Math(2), 1991, 133:509—548.

[113] Vojta P. , A generalization of theorem of Faltings and Thue-Siegel-Roth-Wisting, J Amer Math Soc, 1992, 5:763—804.

[114] Voutier P. M. ,On the number of S-integral solutions to $Y^m = f(X)$,Monatsh Math,1995,119:125—139.

[115] Voutier P. M. ,An upper bound for the size of integral solutions to $Y^m = f(X)$, J Number Theory,1995,53:247—271.

[116] Walsh P. G. , A quantitative version of Runge's theorem on diophantine equations, Acta Arith, 1992, 62:157 — 172;Corrections:ibid, 1995, 73: 397 — 398.

[117] Zagier D. ,Large integral points on elliptic curves,Math Comp,1987,48:425— 436;Addendum:ibid,1988,51:375.

[118] 朱卫三,$x^4 - Dy^2 = 1$ 可解的充要条件,数学学报,1985,28:681—683.

第五章　指数型超椭圆方程

设 m,n 是适合 $m>1,n>1$ 以及 $mn>4$ 的正整数；又设 $f(X)$ $\in \mathbb{Z}[X]$ 是 m 次多项式. 如果 m 或 n 是未知数，则形如

$$f(x)=y^n$$

的方程及其推广形式统称为指数型超椭圆方程，很多近年来讨论较多的丢番图方程都属于这一类型. 本章将介绍 Gel'fond-Baker 方法在此类方程中的应用.

§5.1　方程 $D_1x^2 \pm D_2 = \delta y^n, \delta \in \{1,2,4\}$

设 D 是正整数. 方程

$$x^2+D=y^n, x,y,n \in \mathbb{N}, \gcd(x,y)=1, n>2 \qquad (5.1.1)$$

是一类最基本的指数型超椭圆方程. 近百年来，Lebesgue, Störmer, Nagell, Ljunggren, Blass, Steiner, Aigner, Brown, Cardell, Wren, Cohn 等人先后对此进行了大量的研究. 设 (x,y,n) 是方程 (5.1.1) 的一组解. 如果 n 有大于 2 的真约数 d，则 $(x,y^{n/d},d)$ 也是它的解. 因此，为了叙述简便，这里用不同的 x 值来表示方程 (5.1.1) 的所有解.

首先考虑一类比较简单的情况. 现在假定 D 是适合 $D \not\equiv 7 \pmod 8$ 的无平方因子正整数，而且虚二次域 $K=\mathbb{Q}(\sqrt{-D})$ 的类数 $h_K=1$. 此时 O_K 中的代数整数满足唯一分解定理. 设 (x,y,n) 是方程 (5.1.1) 的一组解. 当 $2|n$ 时，从 (5.1.1) 可得 $y^{n/2}+x=D_1$ 以及 $y^{n/2}-x=D_2$，其中 D_1,D_2 是适合 $D_1D_2=D$ 以及 $D_1>D_2$ 的正整数. 由此可得

$$x=\frac{D_1-D_2}{2}, y^{n/2}=\frac{D_1+D_2}{2}. \qquad (5.1.2)$$

对于给定的 D,可从(5.1.2)求得方程(5.1.1)所有适合 $2|n$ 的解. 当 $2|n$ 时,因为 $n>2$,所以 n 必有奇素因数 p. 此时 $(x,y^{n/p},p)$ 也是(5.1.1)的解. 因此不妨假定 n 是奇素数. 同时,从 $n>2$ 以及 D $\not\equiv 7 \pmod 8$ 可得 $2 \nmid y$. 由于 $x+\sqrt{-D}$, $x-\sqrt{-D} \in O_K$,故从(5.1.1)可得 O_K 上的理想数方程

$$[x+\sqrt{-D}][x-\sqrt{-D}]=[y]^n. \qquad (5.1.3)$$

因为已知 $2\nmid y$,所以 $\gcd([x+\sqrt{-D}],[x-\sqrt{-D}])=I$;又因 h_K $=1$,故从(5.1.3)可得

$$x+\sqrt{-D}=(a+b\sqrt{-D})^n \ \text{或} \left(\frac{a'+b'\sqrt{-D}}{2}\right)^n,$$

$$D \equiv 3 \pmod 8, \qquad (5.1.4)$$

其中 a,b,a',b' 分别是适合

$$a^2+Db^2=y, \gcd(a,b)=1 \qquad (5.1.5)$$

以及

$$a'^2+Db'^2=4y, \gcd(a',b')=1, a' \equiv b' \equiv 1 \pmod 2$$

$$(5.1.6)$$

的整数.

因为 n 是奇素数,所以根据 Lucas 数的基本性质可知:(5.1.4)中的后一种情况仅当 $n=3$ 时才可能成立. 此时从(5.1.4)可得 $b'=\pm 1$ 以及 $3a'^2-D=\pm 8$. 于是从(5.1.4),(5.1.6)可知:当且仅当存在正奇数 s 可使 $D=3s^2 \pm 8$ 时,方程(5.1.1)有解 (x,y,n) $=(s^3 \pm s, s^2 \pm 2, 3)$ 适合(5.1.4)中的后一种情况.

对于(5.1.4)中的前一种情况,可得 $b=\pm 1$ 以及

$$\binom{n}{1}a^{n-1}+\binom{n}{3}(-D)a^{n-3}+\cdots+\binom{n}{n}(-D)^{(n-1)/2}=\pm 1.$$

$$(5.1.7)$$

因此从(5.1.4),(5.1.5)可知:此时方程(5.1.1)有解的充要条件是存在正整数 a 以及奇素数 n 满足(5.1.7). 当此条件成立时,该方程有解

$$x = \left| a^n + \binom{n}{2}(-D)a^{n-2} + \cdots + \binom{n}{n-1}(-D)^{(n-1)/2}a \right|,$$

$$y = a^2 + D. \tag{5.1.8}$$

运用初等数论方法,可得(5.1.7)成立的一些条件(参见文献[36], [37],[38],[108]). 根据这些条件,可在 $h_K=1$ 的情况下得出以下结果:当 $D=1,3$ 或 43 时,方程(5.1.1)无解;当 $D=2,11,19$ 或 67 时,该方程分别仅有解 $(x,y,n)=(5,3,3)$,$(x,y,n)=(4,3,3)$ 和 $(58,15,3)$,$(x,y,n)=(18,7,3)$ 和 $(22434,55,5)$ 以及 $(x,y,n)=(110,23,3)$[38].

从本书 §1.5 节可知:当且仅当 $D=1,2,3,11,19,43,67$ 或 163 时,D 满足 $D\not\equiv 7(\bmod 8)$ 以及 $h_K=1$. 根据前面提到的结果,还须考虑 $D=163$ 的情况. 最近,乐茂华[100]运用 Gel'fond-Baker 方法证明了此时方程(5.1.1)无解. 利用这一方法,乐茂华[99]还证明了以下更一般的结果:

定理 5.1.1 设 D 是正整数,$h(-4D)$ 是判别式等于 $-4D$ 的二元二次原型的类数. 当 $D\not\equiv 7(\bmod 8)$ 且 n 是适合 $n\nmid h(-4D)$ 的奇素数时,必有

(i)如果 $n=3$,则方程(5.1.1)仅当 $D=3a^2\pm 1$,其中 a 是正整数时,有解 $(x,y,n)=(2a^3\pm a,4a^2\pm 1,3)$.

(ii)如果 $n=5$,则仅当 $D=19$ 或 341 时有解 $(x,y,n)=(22434,55,5)$ 以及 $(x,y,n)=(2759646,377,5)$.

(iii)如果 $n=7$,则方程(5.1.1)无解 (x,y,n).

(iv)如果 $n>7$,则必有 $n<C_1$. 此时若方程(5.1.1)有解 (x,y,n),则存在适合(5.1.7)以及

$$a = \left[\sqrt{D}\,\mathrm{ctg}\,\frac{k\pi}{n} \right], k\in\mathbb{N}, 1\leqslant k\leqslant \frac{n-1}{2}, \quad (5.1.9)$$

$$\left| a - \sqrt{D}\,\mathrm{ctg}\,\frac{k\pi}{n} \right| < \frac{4Dn}{\pi^2\sqrt{(a^2+D)^n - D}} \quad (5.1.10)$$

的正整数 a,可使 x、y 满足(5.1.8).

证 因为 $D\not\equiv 7(\bmod 8)$ 且 $n\geqslant 3$,所以方程(5.1.1)的解 $(x,y,$

n)适合 $2 \nmid y$. 又因此时方程

$$X^2 + DY^2 = y^z, X, Y, Z \in \mathbb{Z}, \gcd(X, Y) = 1, Z > 0$$

$$(5.1.11)$$

有解 $(X, Y, Z) = (x, 1, n)$,所以根据引理 1.5.1 可知:当 n 是适合 $n \nmid h(-4D)$ 的奇素数时,必有

$$x + \sqrt{-D} = \lambda_1(a + \lambda_2 b \sqrt{-D})^n, \lambda_1, \lambda_2 \in \{-1, 1\},$$

$$(5.1.12)$$

其中 a, b 是适合(5.1.5)的正整数. 从(5.1.12)可得 $b = 1$ 且 a, n 满足(5.1.7),并且 x, y 适合(5.1.8).

当 $n = 3$ 时,从(5.1.7),(5.1.8)直接可得结论(i). 当 $n = 5$ 或 7 时,从文献[13]和[14]分别可得结论(ii)和(iii).

当 $n > 7$ 时,设

$$\varepsilon = a + \sqrt{-D}, \bar{\varepsilon} = a - \sqrt{-D}. \quad (5.1.13)$$

从(5.1.7),(5.1.13)可得

$$\left| \frac{\varepsilon^n - \bar{\varepsilon}^n}{\varepsilon - \bar{\varepsilon}} \right| = 1. \quad (5.1.14)$$

于是,根据定理 1.8.1,从(5.1.14)可知 $n < C_1$.

从(5.1.8),(5.1.13)可知存在实数 θ 可使

$$\varepsilon = \sqrt{y} e^{\theta \sqrt{-1}}, \bar{\varepsilon} = \sqrt{y} e^{-\theta \sqrt{-1}}. \quad (5.1.15)$$

因为从(5.1.8)可得

$$0 < \sin\theta = \sqrt{\frac{D}{y}} < 1, \quad (5.1.16)$$

所以不妨假定 θ 满足 $0 < \theta < \pi/2$. 又从(5.1.14)可知

$$0 < |\sin n\theta| = \sqrt{\frac{D}{y^n}} < 1, \quad (5.1.17)$$

故从(5.1.16),(5.1.17)可得

$$n\theta = k\pi + \varphi, k \in \mathbb{N}, 1 \leqslant k \leqslant \frac{n-1}{2}, \quad (5.1.18)$$

其中 φ 是适合

$$|\sin \varphi| = \sqrt{\frac{D}{y^n}}, 0 < |\varphi| < \theta \qquad (5.1.19)$$

的实数. 因为从(5.1.8),(5.1.16),(5.1.18)可知

$$a = \sqrt{y - D} = \sqrt{D}\,\mathrm{ctg}\,\theta = \sqrt{D}\,\mathrm{ctg}\left(\frac{k\pi}{n} + \frac{\varphi}{n}\right),$$

$$(5.1.20)$$

故从(5.1.17),(5.1.20)可知正整数 a 适合(5.1.9)和(5.1.10).
由此可得结论(iv). 定理证完.

综合运用上述方法,可以对较小的 D 求出方程(5.1.1)的全
部解. 当 $D \leqslant 100$ 时,目前已对除了

$$D = 7,15,18,23,25,28,31,39,45,47,55,60,$$

$$63,71,72,79,87,92,95,99,100 \qquad (5.1.21)$$

以外的 79 个 D 值解决了该方程的求解问题. 有关这方面的详细
情况可参见文献[38]和[122].

从(5.1.21)可知,在这些尚未解决的情况中,包括了所有适合
$D \leqslant 100$ 以及 $D \equiv 7 \pmod 8$ 的 D 值. 这是因为当 $D \equiv 7 \pmod 8$ 时,
方程(5.1.1)可能有适合 $2 | y$ 的解. 由于到目前为止还没有解决此
类情况的有效而简便的方法,所以这是一个相当困难的问题. 在这
方面,Cohn[38]曾经提出:

猜想 5.1.1 当 $D = 7$ 时,方程(5.1.1)仅有适合 $x = 1, 3, 5,$
11 和 181 的解 (x, y, n).

对此,从文献[108]可知:当 $D = 7$ 时,方程(5.1.1)没有适合
$2 | y$ 的解 (x, y, n). 最近,乐茂华[98]运用 Gel'fond-Baker 方法证明
了:此时该方程仅有有限多组解 (x, y, n) 适合 $2 | y$,而且这些解都
满足 $n < 5 \cdot 10^6$ 以及 $y < \exp \exp \exp 30$. 此文中的方法还可以用
来讨论其它 D 适合 $D \equiv 7 \pmod 8$ 的情况.

对于一般的正整数 D,设 h_K 是虚二次域 $K = \mathbb{Q}(\sqrt{-Q})$ 的类
数. 1968 年,Aigner[2]曾经提出:

猜想 5.1.2 当 $4 | D$ 且 $D/4$ 无平方因数时,方程(5.1.1)没
有可使 n 为适合 $n > 3$ 以及 $n \nmid h_K$ 的奇素数的解 (x, y, n).

1993 年,乐茂华[86]运用 Gel′fond-Baker 方法基本上解决了上述猜想. 他证明了:当 $D>C_2$ 时,该猜想是正确的. 这一结果不难推广为以下更一般的定理.

定理 5.1.2 当 $D=2^{2m}D_1$,其中 m 是正整数,D_1 是无平方因数正整数时,如果 $D>C_3$,则方程(5.1.1)没有适合 $n>3$ 以及 $\gcd(n,2h_K)=1$ 的解 (x,y,n).

证 由于在题设条件下,方程(5.1.1)的解 (x,y,n) 都满足 $2\nmid y,2\nmid n$ 以及 $\gcd(n,h_K)=1$,故从本节前面的分析可得

$$x+2^m\sqrt{-D_1}=\lambda_1\left(a+\lambda_2 b\sqrt{-D_1}\right)^n,\lambda_1,\lambda_2\in\{-1,1\},$$

(5.1.22)

其中的 a,b 是适合

$$a^2+D_1b^2=y,\gcd(a,b)=1 \qquad (5.1.23)$$

的正整数. 因为 $2\nmid n$ 且 $D=2^{2m}D_1$,故从(5.1.22)可知 $b=2^m$ 且 a 满足(5.1.7). 设 $\varepsilon,\bar\varepsilon$ 适合(5.1.13). 从(5.1.7)可知此时(5.1.14)成立,故从定理 1.8.1 可得 $n<C_1$. 同时,由于从(5.1.7)可知 $n\neq 5$,故有 $n\geqslant 7$. 因此,根据定理 2.1.1,从(5.1.7)可得 $D\leqslant\max(a^2,D)<C_4(n)<C_3$. 定理得证.

设 D_1、D_2 是互素的正整数,$\delta\in\{1,2,4\}$. 方程

$$D_1x^2+D_2=\delta y^n,x,y,n\in\mathbb{N},\gcd(x,\delta y)=1,n>2$$

(5.1.24)

是方程(5.1.1)的自然推广. 本节提到的方法都可以用来讨论此类方程,有关这方面的早期工作可参见文献[84],运用 Gel′fond-Baker 方法得到的结果可参见文献[28],[29],[30],[79],[83],[84],[97].

设 $K=\mathbb{Q}(\sqrt{-D_1D_2})$. 讨论方程(5.1.24)的一个重要意义是它与类数 h_K 的可除性之间的联系. 例如,Cowles[39],Gross 和 Rohrlich[59],陆洪文[111]等人先后运用算术代数几何方法和代数数论方法证明了:当 $D_2=1$ 且 D_1 是适合

$$1 + D_1 a^2 = 4k^n, a, k, n \in \mathbb{N}, k > 1, n > 1 \quad (5.1.25)$$

的无平方因数正整数时,如果 $a=1$ 或者 k, n 均为奇素数,则必有 $h_K \equiv 0 \pmod{n}$. 文献[80]将适合(5.1.25)的整数组 (a, k, n) 看作是方程(5.1.24)在 $D_2=1$ 且 $\delta=4$ 时的一组解. 于是,根据引理 1.5.1,运用初等方法得出了一般性的结果:当 $D_1 > 3, D_2 = 1$ 且 D_1 适合(5.1.25)时,必有

$$h_K \equiv \begin{cases} 0\left(\mod \dfrac{n}{4}\right), & \text{当}(D_1, a, k, n)=(7, 3, 2, 4)\text{时}, \\ 0\left(\mod \dfrac{n}{2}\right), & \text{当} 2 \mid n \text{ 且 } a=a_1 a_2, a_1^2 - D_1 a_2^2 \\ & \qquad\qquad = (-1)^k 2, a_1, a_2 \in \mathbb{N} \text{ 时}, \\ 0 \pmod{n}, & \text{其它情况.} \end{cases} \quad (5.1.26)$$

根据上述结果可以直接推知:对于任何正整数 n,存在无限多个虚二次域 K 可使 $h_K \equiv 0 \pmod{n}$,而且还可以具体构造出这样的虚二次域. 值得注意的是,在此之前有关该结果的非构造性证明要用到 Hilbert 类域论方面的知识[205]. 关于方程(5.1.24)与虚二次域类数可除性方面的新近结果,可参见文献[28],[29],[30],[79],[83],[84],[86],[93],[97].

对于方程

$$x^2 - D = y^n, x, y, n \in \mathbb{N}, \gcd(x, y) = 1, y > 1, n > 2,$$
$$(5.1.27)$$

当 D 是平方数时,运用 Gel'fond-Baker 方法很容易证明该方程解数的有限性,并能具体算出解的上界. 此时 $D = a^2$,其中 a 是正整数. 设 (x, y, n) 是方程(5.1.27)的一组解. 如果 $2 \nmid y$,则从(5.1.27)可得 $x + a = y_1^n$ 以及 $x - a = y_2^n$,其中 y_1, y_2 是适合 $y_1 y_2 = y$ 的正奇数. 由此可得

$$y_1^n - y_2^n = 2a. \quad (5.1.28)$$

因为 $y_1^n - y_2^n \geqslant 2(y_1^{n-1} + y_1^{n-2} y_2 + \cdots + y_2^{n-1}) > 2 \cdot 3^{n-1}$,故从(5.1.28)立得 $n < C_5 \log D$.

如果 $2 \mid y$,则从(5.1.27)可得

$$|y_1^n - 2^{n-2}y_2^n| = a, \tag{5.1.29}$$

其中 y_1, y_2 是适合 $2y_1y_2 = y$ 的正整数. 从(5.1.29)可知

$$0 < \left| n \log \frac{y_1}{y_2} - (n-2)\log 2 \right| < \frac{4a}{y_1^n + 2^{n-2}y_2^n}.$$

$$\tag{5.1.30}$$

同时,根据(1.8.12)可知

$$\log \left| n \log \frac{y_1}{y_2} - (n-2)\log 2 \right| > - C_6 (\log y_1)(\log n).$$

$$\tag{5.1.31}$$

结合(5.1.30),(5.1.31)亦可得 $n < C_5 \log D$.

当 D 为非平方数时,由于方程(5.1.27)的求解过程通常会涉及实二次域 $\mathbb{Q}(\sqrt{D})$ 中的单位数,所以这是一个比较困难的问题. 此时,运用定理 3.2.1 的证明方法可知:该方程仅有有限多组解 (x, y, n) 适合 $2 \nmid y$,而且这些解都满足 $n < C_7 \sqrt{D}(\log D)^6$.

设 D_1、D_2 是互素的正整数, $\delta \in \{1,2,4\}$. 对于方程

$$D_1 x^2 - D_2 = \delta y^n, x, y, n \in \mathbb{N}, \gcd(D_1 x, D_2 y)$$

$$= 1, y > 1, n > 2, \tag{5.1.32}$$

至今还未见到一般性的结果. 设 $D = D_1 D_2, K = \mathbb{Q}(\sqrt{D})$. 该方程适合 $\gcd(n, h_K) = 1$ 的解 (x, y, n) 显然与类数 h_K 的可除性有关. 例如,Tanahashi[196]和陆洪文[112]证明了:当 D_1 无平方因数且 $D_2 = 1$ 时,如果存在正整数 a, k, n 适合

$$D_1 a^2 - 1 = 4k^{2m}, k > 1, m > 1, \tag{5.1.33}$$

则当 $a = 1$ 时,必有 $h_K \equiv 0 \pmod{m}$. 由于当 $D_2 = 1$ 且 D_1 适合(5.1.33)时,方程(5.1.32)在 $\delta = 4$ 时有解 $(x, y, n) = (a, k, 2m)$. 因此,乐茂华[80]根据引理 1.5.1,运用初等方法证明了:当 $a > 1$ 且 a, n 满足某些条件时,必有 $h_K \equiv 0 \pmod{m}$ 或 $h_K \equiv 0 \pmod{m/2}$. 根据这一结果,可以对任何正整数 n,构造出无限多个类数 h_K 满足 $h_K \equiv 0 \pmod{n}$ 的实二次域 K. 关于上述命题的非构造性证明是由 Osada[131]运用代数数论方法得到的. 有关利用方程(5.1.32)来讨论实二次域类数可除性的新近结果可参见文献[31],[218],

[219]，[220].

从总体来看,方程(5.1.1)和(5.1.27)除了与二次域类数的可除性问题有关以外,研究它们的另一项重要意义是讨论正整数中完全方幂的差. 如果正整数 k 可表成 a^b,其中 a、b 都是大于 1 的整数,则称 k 是一个完全方幂. 关于两个完全方幂的差,Erdös 曾经提出以下两个猜想(参见文献[63]中的问题 $D9$):

猜想 5.1.3 存在无限多个正整数 D,使得 D 不能表成两个完全方幂的差.

猜想 5.1.4 设 $\{a_i\}_{i=0}^{\infty}$ 是由全体完全方幂构成的递增数列,其中 $a_0=1$. 此时必有 $a_{n+1}-a_n > C_8 n^{C_9}(n=1,2,\cdots)$.

这是两个相当困难的问题,至今仍未见到解决的迹象. 显然,若能证明对于给定的正整数 D,方程(5.1.1)和(5.1.27)均无解,则此时 D 不能表成含有平方数的两个完全方幂之差. 这对于猜想 5.1.3 的解决有一定帮助.

§5.2 方程 $x^2 \pm D^m = y^n$

设 D 为非完全方幂正整数. 方程

$$x^2 + D^m = y^n, x,y,m,n \in \mathbb{N}, \gcd(x,y)=1, n > 1$$

$$(5.2.1)$$

是方程(5.1.1)的直接推广. 由于该方程比(5.1.1)多了一个未知数,所以它的求解比较困难. 目前仅对一些较小的 D 值找出了该方程的全部解 (x,y,m,n).

当 $D=2$ 时,方程(5.2.1)可写成

$$x^2 + 2^m = y^n, x,y,m,n \in \mathbb{N}, \gcd(x,y)=1, n > 1.$$

$$(5.2.2)$$

对此,Ljunggren[107]证明了:方程(5.2.2)仅有解 $(x,y,m,n)=(5,3,1,3)$ 适合 $m=1$. Nagell[128]证明了:该方程仅有解 $(x,y,m,n)=(11,5,2,3)$ 适合 $m=2$. Toyoizumi[202]证明了:该方程仅有解 $(x,y,m,n)=(5,3,1,3)$ 和 $(11,5,2,3)$ 适合 $n=3$. 上述结果的证明用

到了初等数论方法和代数数论方法. 1986 年, 曹珍富[27]曾经宣布已经找出了方程(5.2.2)的全部解, 但是迄今尚未见到该结果的详细证明. 此后, Cohn[35]运用初等方法证明了: 方程(5.2.2)仅有解 $(x,y,m,n)=(5,3,1,3)$ 和 $(7,3,5,4)$ 适合 $2 \nmid m$. 乐茂华[96]运用 Gel'fond-Baker 方法证明了: 方程(5.2.2)仅有有限多组解 (x,y,m,n) 适合 $2|m$, 并且给出了这些解的可有效计算的上界. 最近, 乐茂华和郭永东[103]综合运用各种方法, 完整地解决了该方程的求解问题. 它们证明了:

定理 5.2.1 方程(5.2.2)仅有 4 组解 $(x,y,m,n)=(3,5,4,2),(5,3,1,3),(7,3,5,4)$ 和 $(11,5,2,3)$.

证 设 (x,y,m,n) 是方程(5.2.2)在题设以外的一组解. 从文献[35], [128]可知该解满足 $2|m$ 以及 $m>4$; 又从文献[96]可知 n 是适合 $23 \leqslant n < 43728$ 以及 $n \equiv 7 \pmod 8$ 的奇素数, 而且

$$y = a^2 + 2^m, \tag{5.2.3}$$

其中 a 是适合

$$\sum_{i=0}^{(n-1)/2} (-1)^i \binom{n}{2i} 2^{m(n-2i-1)/2} a^{2i} = 1 \tag{5.2.4}$$

的正奇数.

运用初等数论方法, 从(5.2.4)可知 m 满足 $3|m$; 又用定理 5.1.1 的证明方法可知(5.2.3)中的正奇数 a 满足

$$\left| \frac{2^{m/2}}{a} - \text{tg} \frac{k\pi}{n} \right| < \frac{\pi}{na^{n-1}}, k \in \mathbb{N}, 1 \leqslant k \leqslant \frac{n-1}{2}. \tag{5.2.5}$$

由于借助计算机可以验证: 当 $n<43728$ 且 $m/2 \leqslant 99$ 时, 任何正奇数 a 都不满足(5.2.5). 因此有 $m/2 \geqslant 102$, 并且从(5.2.3)可知 $y>2^{204}$. 于是, 根据引理 1.8.3, 从(5.2.4)可得 $n<3816$.

另外, 运用初等数论方法可知: 如果(5.2.4)成立, 则 Pell 方程

$$u^2 - nv^2 = 1, u,v \in \mathbb{Z} \tag{5.2.6}$$

的基本解 $u_1 + v_1 \sqrt{n}$ 满足 $2^{m/2}|u_1$. 然而借助计算机可以验证: 当 n 是适合 $n \equiv 7 \pmod 8$ 以及 $n<3816$ 时, 方程(5.2.6)的基本解都不

满足上述条件. 由此可知方程(5.2.2)仅有题设中给出的 4 组解. 定理证完.

运用定理 5.2.1 的证明中用到的方法, 可以对一般的 D 讨论方程(5.2.1)的求解问题. 例如, Brown[22,23]运用初等数论方法和代数数论方法证明了: 当 $D=3$ 时, 方程(5.2.1)没有适合 $2 \nmid m$ 的解 (x,y,m,n). 但是人们至今尚未找出它的全部解. 对此我们有以下猜想:

猜想 5.2.1 当 $D=3$ 时, 方程(5.2.1)仅有解 $(x,y,m,n)=(46,13,4,3)$.

设 D_1, D_2 是互素的正整数, 其中 $D_1>1, D_2>1, D_2$ 为非完全方幂; 又设 $K=\mathbb{Q}\left(\sqrt{-D_1 D_2}\right)$. 1995 年, 乐茂华[93]运用 Gel' fond-Baker 方法讨论了更一般的方程

$$D_1 x^2 + D_2^m = 4y^n, x,y,m,n \in \mathbb{N}, \gcd(D_1 x, D_2 y)$$
$$= 1, n>1. \tag{5.2.7}$$

他证明了: 当 $\max(D_1, D_2)>C_1$ 时, 方程(5.2.7)没有适合 $n>5$ 以及 $\gcd(n, h_K)=1$ 的解 (x,y,m,n); 当 $\max(D_1, D_2)<C_1$ 时, 该方程适合 $\gcd(m, h_K)=1$ 的解都满足 $n<C_2$. 关于上述结果中的常数, 文献[93]具体算出: $C_2<8 \cdot 10^6$. 此后, Mignotte[121]将此改进为 $C_2<52000$. 由于至今仍未发现方程(5.2.7)有适合 $n>5$ 以及 $\gcd(n, h_K)=1$ 的解, 所以我们有:

猜想 5.2.2 对于任何互素的正奇数 D_1, D_2, 方程(5.2.7)都没有适合 $n>5$ 以及 $\gcd(n, h_K)=1$ 的解 (x,y,m,n).

对于方程(5.2.1)的另一类推广

$$px^2 + 2^m = y^p, x,y,m \in \mathbb{N}, \gcd(x,y)$$
$$= 1, p \in \mathbb{P}^*, \tag{5.2.8}$$

Brown[23], Rabinowicz[144]等人运用代数数论方法证明了: 该方程仅有解 $(x,y,m,p)=(21,11,3,3)$ 适合 $p=3$. 乐茂华[91]运用 Gel'-fond-Baker 方法解决了它的一般情况. 他证明了: 方程(5.2.8)没有适合 $p>3$ 的解 (x,y,m,p).

关于方程

$$x^2 - D^m = y^n, x, y, m, n \in \mathbb{N}, \gcd(x, y)$$
$$= 1, y > 1, n > 2, \tag{5.2.9}$$

因为利用现有方法进行讨论时会涉及实二次域$\mathbb{Q}(\sqrt{D})$中的单位数,所以这是一个比较困难的问题,至今还未见到较为完整的结果.

当$D=2$时,方程(5.2.9)可写成

$$x^2 - 2^m = y^n, x, y, m, n \in \mathbb{N}, \gcd(x, y)$$
$$= 1, y > 1, n > 2. \tag{5.2.10}$$

对此,Rabinowicz[143]运用代数数论方法证明了:该方程仅有解$(x, y, m, n) = (71, 17, 7, 3)$适合$n=3$. 1995年,郭永东和乐茂华[61]运用 Gel′fond-Baker 方法给出了以下一般性的结果:

定理 5.2.2 方程(5.2.10)仅有有限多组解(x, y, m, n),而且这些解都满足$n < C_3$.

证 设(x, y, m, n)是方程(5.2.10)的一组解. 运用初等数论方法可知此时m, n都是奇数. 设$K = \mathbb{Q}(\sqrt{2})$. 因为$h_K = 1$且$2 \nmid y$,故从(5.2.10)可得

$$x + 2^{(m-1)/2}\sqrt{2} = (a + \lambda b\sqrt{2})^n (u + v\sqrt{2}),$$
$$\lambda \in \{-1, 1\}, \tag{5.2.11}$$

其中a, b是适合

$$a^2 - 2b^2 = y, \gcd(a, b) = 1 \tag{5.2.12}$$

以及

$$1 < \frac{a + b\sqrt{2}}{a - b\sqrt{2}} < \left(3 + 2\sqrt{2}\right)^2 \tag{5.2.13}$$

的正整数,(u, v)是 Pell 方程

$$u^2 - 2v^2 = 1, u, v \in \mathbb{Z} \tag{5.2.14}$$

的解. 设

$$\varepsilon = a + b\sqrt{2}, \bar{\varepsilon} = a - b\sqrt{2},$$

$$\rho = 3 + 2\sqrt{2}, \bar{\rho} = 3 - 2\sqrt{2}. \qquad (5.2.15)$$

从(5.2.11)可得

$$x + 2^{(m-1)/2}\sqrt{2} = \begin{cases} \varepsilon^n \bar{\rho}^s, \\ \bar{\varepsilon}^n \rho^s, \end{cases}$$

$$x - 2^{(m-1)/2}\sqrt{2} = \begin{cases} \bar{\varepsilon}^n \rho^s, \\ \varepsilon^n \bar{\rho}^s, \end{cases} \qquad (5.2.16)$$

其中 s 是适合 $0 \leqslant s \leqslant n$ 的整数. 从(5.2.16)立得

$$\left| \varepsilon^n \bar{\rho}^s - \bar{\varepsilon}^n \rho^s \right| = 2^{(m+1)/2}\sqrt{2}. \qquad (5.2.17)$$

设 $\Lambda = (\varepsilon/\bar{\varepsilon})^n - \rho^{2s}$. 由于在 O_K 中的主理想数 $[2] = P^2$,其中 P 是 O_K 中的素理想数,故从(5.2.17)可得

$$\text{ord}_p \Lambda = m + 2. \qquad (5.2.18)$$

同时,根据引理 1.8.3 和 1.8.5,从(5.2.12),(5.2.13),(5.2.15)可得

$$\log|\Lambda| > - C_4 (\log\varepsilon)(\log n)^2 \qquad (5.2.19)$$

以及

$$\text{ord}_p \Lambda < C_5 (\log\varepsilon)(\log n)^2. \qquad (5.2.20)$$

于是从(5.2.18),(5.2.19),(5.2.20)可得 $n < C_3$. 又因从文献[75]可知:当 $\max(x,y) > C_6(n)$ 时, $x^2 - y^n$ 的最大素因数 $P(x^2 - y^n)$ 满足 $P(x^2 - y^n) > C_7(n)((\log\log X)(\log\log\log X))^{1/2}$,其中 $X = \max(x,y)$. 因此从(5.2.10)以及 $n < C_3$ 可知该方程仅有有限多组解 (x,y,m,n),而且这些解都是可以有效计算的. 定理证完.

关于定理 5.2.2 中的常数 C_3,文献[61]具体算出 $C_3 < 2 \cdot 10^9$. 此后,Bugeaud[25]将此改进为 $C_3 < 550000$.

另外,乐茂华[90]运用同样的方法讨论了方程

$$x^2 - 2^m = - y^n, x, y, m, n \in \mathbb{N}, \gcd(x,y)$$
$$= 1, n > 2. \qquad (5.2.21)$$

他证明了:该方程仅有有限多组解 (x,y,m,n),而且这些解都满足 $n < C_8$. 文献[25]具体算出该常数适合 $C_8 < 730000$.

设 p 是给定的奇素数. 最近,Bugeaud[24]运用定理 5.2.2 的证

明方法,将上述结果推广到了方程
$$x^2 - p^m = y^n, x, y, m, n \in \mathbb{N}, \gcd(x, y)$$
$$= 1, y > 1, n > 2 \tag{5.2.22}$$
以及
$$x^2 - p^m = -y^n, x, y, m, n \in \mathbb{N}, \gcd(x, y)$$
$$= 1, y > 1, n > 2. \tag{5.2.23}$$
他证明了:当 $p \equiv 3 \pmod 4$ 时,方程(5.2.22)和(5.2.23)仅有有限多组解 (x, y, m, n),而且这些解分别满足
$$n \leqslant 4500000 p^2 (\log p)^2 \tag{5.2.24}$$
以及
$$n \leqslant 560000 p^2 (\log p)^2; \tag{5.2.25}$$
当 $p \equiv 1 \pmod 4$ 时,这两个方程仅有有限多组解 (x, y, m, n) 适合 $2 \mid m$ 或 $2 \nmid y$,而且这些解也分别满足(5.2.24)以及(5.2.25).

§5.3 方程 $f(x) = y^n$

设 $f(X) = a_0 X^m + a_1 X^{m-1} + \cdots + a_m \in \mathbb{Z}[X]$ 是给定的 $m(m > 1)$ 次多项式,k 是非零整数. 本章前两节讨论的方程显然都是方程
$$f(X) = k y^n, x, y \in \mathbb{Z}, |y| > 1, n \in \mathbb{N}, n > 2 \tag{5.3.1}$$
的特例. 这是一类基本而又重要的指数型超椭圆方程.

1976 年,Tijdeman[199]首先运用 Gel'fond-Baker 方法证明了:当 $f(X)$ 至少有两个不同的有理数根时,方程(5.3.1)仅有有限多组解 (x, y, n),而且这些解都满足 $n < C_1(m, |k|, H_f)$. 此后,Schinzel 和 Tijdeman[163]进一步得到了以下一般性的结果:

定理 5.3.1 当 $f(X)$ 至少有两个不同的根时,方程(5.3.1)仅有有限多组解 (x, y, n),而且这些解都满足 $n < C_2(m, |k|, H_f)$.

证 不妨假定 $a_0 = 1$. 此时 $f(X)$ 可表成
$$f(X) = (X - \alpha_1)^{m_1} (X - \alpha_2)^{m_2} \cdots (X - \alpha_r)^{m_r}, \tag{5.3.2}$$
其中 $\alpha_1, \alpha_2, \cdots, \alpha_r$ 是 $f(X)$ 的所有不同的根,$m_1, m_2, \cdots, m_r$ 是适合 $m_1 + m_2 + \cdots + m_r = m$ 的正整数. 设 (x, y, n) 是方程(5.3.1)的一组

适合

$$n > C_2(m, |k|, H_f) \qquad (5.3.3)$$

的解. 从(5.3.2)可得

$$(x - \alpha_1)^{m_1}(x - \alpha_2)^{m_2}\cdots(x - \alpha_r)^{m_r} = ky^n. \qquad (5.3.4)$$

设 $K = \mathbb{Q}(\alpha_1, \alpha_2, \cdots, \alpha_r)$, h_K, O_K 分别是 K 的类数和代数整数环; 又设 O_K 中的主理想数

$$\Delta = \left[k \prod_{1 \le i < j \le r} (\alpha_i - \alpha_j) \right]. \qquad (5.3.5)$$

因为 $k \ne 0$, 所以 Δ 是非零理想数. 设 $P_1, P_2, \cdots, P_t$ 是 Δ 在 O_K 中所有不同的素理想因子. 由于 $P_j^{h_K}(j=1, 2, \cdots, t)$ 都是主理想数, 故有

$$P_j^{h_K} = [\theta_j], \theta_j \in O_K, j = 1, 2, \cdots, t. \qquad (5.3.6)$$

从(1.2.22), (5.3.5)可知, (5.3.6)中的 $\theta_j(j=1, 2, \cdots, t)$ 满足

$$\overline{|\theta_j|} < C_3(m, |k|, H_f), j = 1, 2, \cdots, t. \qquad (5.3.7)$$

同时, 从(5.3.4)可得

$$[(x - \alpha_i)^{m_i}] = P_1^{s_{i1}} P_2^{s_{i2}} \cdots P_t^{s_{it}} A_i^{m_i}, i = 1, 2, \cdots, r,$$
$$\qquad (5.3.8)$$

其中 $A_i(i=1, 2, \cdots, r)$ 是 O_K 中适合 $\gcd(A_i, \Delta) = I$ 的非零理想数, $s_{ij}(i=1, 2, \cdots, r; j=1, 2, \cdots, t)$ 是适合 $0 \le s_{ij} < h_K$ 的整数.

根据定理的题设条件可知 $r \ge 2$. 对于 O_K 中的素理想数 P, 如果正整数 l_1, l_2 可使 $P^{l_1} \| A_1^n$ 以及 $P^{l_2} \| A_2^n$, 则必有 $n | l_1$ 以及 $n | l_2$. 因此从(5.3.8)可知 m_1, m_2 适合 $m_1 | l_1$ 以及 $m_2 | l_2$. 由此可知

$$\frac{n}{\gcd(n, m_i)} \left| \frac{l_i}{m_i}, i = 1, 2. \right. \qquad (5.3.9)$$

设

$$n' = \frac{n}{\gcd(n, \operatorname{lcm}(m_1, m_2))}. \qquad (5.3.10)$$

根据(5.3.9), 从(5.3.8), (5.3.10)可得

$$[x - \alpha_i] = P_1^{s_{i1}'} P_2^{s_{i2}'} \cdots P_t^{s_{it}'} B_i^{n'}, i = 1, 2, \qquad (5.3.11)$$

其中 B_1, B_2 是 O_K 中的非零理想数, $s_{ij}'(i=1, 2; j=1, 2, \cdots, t)$ 是适合 $0 \le s_{ij}' < h_K$ 的整数. 由于

$$B_1^{h_K} = [\beta_1], B_2^{h_K} = [\beta_2], \beta_1, \beta_2 \in O_K, \beta_1 \beta_2 \neq 0,$$

$$(5.3.12)$$

故从(5.3.11)和(5.3.12)可得

$$(x - \alpha_i)^{h_K} = \rho_i \eta_1^{u_{1i}} \eta_2^{u_{2i}} \cdots \eta_l^{u_{li}} \theta_1'^{v_{i1}} \theta_2'^{v_{i2}} \cdots \theta_t'^{v_{it}} \beta_i^{n'}, i = 1, 2,$$

$$(5.3.13)$$

其中 ρ_1, ρ_2 是 O_K 中适合

$$\max\left(\left\lceil \rho_1 \right\rceil, \left\lceil \rho_2 \right\rceil \right) < C_4(m, |k|, H_f) \qquad (5.3.14)$$

的非零代数整数，$\{\eta_1, \eta_2, \cdots, \eta_l\}$ 是 K 的一组适合

$$\max\left(\left\lceil \eta_1 \right\rceil, \left\lceil \eta_2 \right\rceil, \cdots, \left\lceil \eta_l \right\rceil \right) < C_5(m, H_f) \qquad (5.3.15)$$

的基本单位数，$u_{ij}(i=1,2; j=1,2,\cdots,t)$ 是适合 $0 \leqslant u_{ij} < n'$ 的整数.

不妨假定 $\left\lceil \beta_1 \right\rceil \geqslant \left\lceil \beta_2 \right\rceil$. 设

$$\phi = \max\left(3, \left\lceil \beta_1 \right\rceil \right). \qquad (5.3.16)$$

又设 σ 是 K 到 $\mathbb{C}$ 的满足 $|\sigma(\beta_1)| = \left\lceil \beta_1 \right\rceil$ 的嵌入，

$$\tau_i = \sigma(x - \alpha_i) = x - \sigma(\alpha_i), i = 1, 2. \qquad (5.3.17)$$

因为从(5.3.10)可知

$$\frac{n}{\mathrm{lcm}(m_1, m_2)} \leqslant n' \leqslant n, \qquad (5.3.18)$$

故从(5.3.3)可得

$$n' > C_6(m, |k|, H_f). \qquad (5.3.19)$$

又因 $|y| > 1$，故从(5.3.1),(5.3.19)可知

$$\log |x| > C_7(m, |k|, H_f)n > C_6(m, |k|, H_f)C_7(m, |k|, H_f).$$

$$(5.3.20)$$

于是从(5.3.13),(5.3.16),(5.3.17)和(5.3.20)可推得

$$\left| \tau_1^{h_K} \right| \geqslant 2^{-h_K} |x|^{h_K} > \left(\frac{\phi}{C_8(m, H_f)} \right)^{n'}, \qquad (5.3.21)$$

其中 $C_8(m, H_f) > 1$.

假如$(x-\alpha_1)^{h_K}=(x-\alpha_2)^{h_K}$,则因 $\alpha_1\neq\alpha_2$,故有

$$x - \alpha_1 = (x - \alpha_2)\zeta, \tag{5.3.22}$$

其中 ζ 是次数不超过 h_K 的单位根. 当常数 $C_2(m,|k|,H_f)$ 充分大时,从(5.3.22)可得

$$\log|x|\leqslant\log\left((|\alpha_1|+|\alpha_2|)\csc\frac{\pi}{h_K}\right)$$
$$< C_6(m,|k|,H_f)C_7(m,|k|,H_f)$$

这一与(5.3.20)矛盾的结果. 由此可知$(x-\alpha_1)^{h_K}\neq(x-\alpha_2)^{h_K}$. 此时从(5.3.17)可得 $\tau_1^{h_K}\neq\tau_2^{h_K}$,故有

$$0 < \left|\tau_1^{h_K} - \tau_2^{h_K}\right| < C_9(m,H_f)|x|^{h_K-1}. \tag{5.3.23}$$

同时,根据引理1.8.1,从(5.3.7),(5.3.14),(5.3.15),(5.3.16)和(5.3.17)可得

$$\left|\left(\frac{\tau_2}{\tau_1}\right)^{h_K} - 1\right| > \phi^{-C_{10}(m,|k|,H_f)\log n'}. \tag{5.3.24}$$

因为 $\left|\tau_1^{h_K}-\tau_2^{h_K}\right|=\left|\tau_1^{h_K}\right|\left|(\tau_2/\tau_1)^{h_K}-1\right|$,所以结合(5.3.21),(5.3.23),(5.3.24)可知

$$|x| < \phi^{C_{11}(m,|k|,H_f)\log n'}. \tag{5.3.25}$$

又从(5.3.21),(5.3.23),(5.3.24)和(5.3.25)可得

$$\phi^{n'-C_{10}(m,|k|,H_f)\log n'}\leqslant\left|\tau_1^{h_K} - \tau_2^{h_K}\right|(C_8(m,H_f))^{n'}$$
$$< \phi^{C_{12}(m,|k|,H_f)\log n'}(C_8(m,H_f)^{n'}). \tag{5.3.26}$$

当常数 $C_2(m,|k|,H_f)$ 充分大时,从(5.3.19)和(5.3.26)可得

$$\phi < C_{13}(m,|k|,H_f). \tag{5.3.27}$$

此时,从(5.3.18),(5.3.25)和(5.3.27)可得

$$\log|x| < C_{14}(m,|k|,H_f)\log n'. \tag{5.3.28}$$

结合(5.3.20)和(5.3.28)立得 $n<C_2(m,|k|,H_f)$ 这一与(5.3.3)矛盾的结果. 因此方程(5.3.1)的解(x,y,n)都满足 $n<C_2(m,|k|,H_f)$. 又从定理4.2.1可知:对于给定的 n,该方程仅有有限多组解. 综上所述即得本定理. 证完.

1982 年前后,Sprindžuk[187],Turk[203,204]等人具体算出了上述定理中的常数 $C_2(m,|k|,H_f)$. 例如,Turk[204]证明了:

$$C_2(m,|k|,H_f) < \exp\left(\frac{C_{15}m^5(\log(3H_f))^2}{\log(m\log(3H_f))} \right)$$
$$(\log(3|k|))(\log\log(3|k|))^2.$$

此后,Brindza,Evertse 和 Györy[19]给出了仅与 m、$|k|$ 以及 $f(X)$ 的判别式 Δ_f 有关的上界. 他们证明了:当 $a_0=1,k=1$ 且 $f(X)$ 在$\mathbb{Q}$ 上不可约时,方程(5.3.1)的解 (x,y,n) 都满足 $n<(6m^3)^{30m^3}$ $|\Delta_K|^{5m^2}$.

设 $f(X,Y)$ 是二元 m 次原型,$p_1,p_2,\cdots,p_r$ 是适合 $p_1<p_2<\cdots<p_r$ 的素数;又设集合 $S=\{\pm p_1^{t_1}p_2^{t_2}\cdots p_r^{t_r}|t_1,t_2,\cdots,t_r$ 是非负整数$\}$. 1977 年,Shorey,van der Poorten,Tijdeman 和 Schinzel[186]运用定理 5.3.1 的证明方法讨论了更一般的方程

$$f(x,y)=kz^n,x,z\in\mathbb{Z},|z|>1,y\in S,n\in\mathbb{N},n>2.$$
$$(5.3.29)$$

他们证明了:对于给定的正整数 d,如果 $m>1$ 则方程(5.3.29)仅有有限多组解 (x,y,z,n) 适合 $\gcd(x,y)\leqslant d$,而且这些解都满足 $n<C_{16}(m,|k|,d,p_r,H_f)$. 另外,Brindza,Györy 和 Tijdeman[20]还讨论了方程

$$f(x)=kwy^n,x,y,n\in\mathbb{Z},|y|>1,n>1,w\in S.$$
$$(5.3.30)$$

他们证明了:该方程仅有有限多组解 (x,y,w,n),而且这些解都满足

$$n<C_{17}(m,H_f)\left((r+1)^{r+1}q \right)^{C_{18}(m,H_f)}(\log\max(3,|k|))$$
$$(\log\log\max(3,|k|))^2,$$

其中 $q=(\log p_1)(\log p_2)\cdots(\log p_r)$.

§5.4 整数递推数列中的完全方幂

如果数列 $\{F_m\}_{m=0}^{\infty},\{L_m\}_{m=0}^{\infty}$ 分别满足

$$F_0 = 0, F_1 = 1, F_{m+2} = F_{m+1} + F_m, m \geqslant 0 \quad (5.4.1)$$

以及

$$L_0 = 2, L_1 = 1, L_{m+2} = L_{m+1} + L_m, m \geqslant 0, \quad (5.4.2)$$

则称为 Fibonacci 数列和 Lucas 数列,其中的 $F_m, L_m (m \geqslant 0)$ 分别称为第 m 个 Fibonacci 数和 Lucas 数. 1964 年,Cohn[34] 和 Wylie[214] 分别独立地解决了《American Mathematical Monthly》上的一个公开问题. 他们证明了:当且仅当 $m = 1, 2$ 和 12 时,F_m 是平方数. 1969 年,London 和 Finkelstein[109] 找出了所有 Fibonacci 立方数. 此后,Steiner[188],Lagarias 和 Weisser[76],Robbins[149] 等人讨论了可表成高次完全方幂的 Fibonacci 数.

设 n 是大于 1 的整数. 由于 F_m, L_m 满足

$$L_m^2 - 5F_m^2 = (-1)^m 4, m \geqslant 0, \quad (5.4.3)$$

所以当 F_m 可表成 n 次方幂 $a^n (a \in \mathbb{N})$ 时,方程

$$x^2 - (-1)^m 4 = 5y^{2n}, x, y, n \in \mathbb{N}, n > 1 \quad (5.4.4)$$

必有解 $(x, y, n) = (L_m, a, n)$. 注意到方程 (5.4.4) 是指数型超椭圆方程 (5.3.1) 的特例. 1990 年,乐茂华[81,I] 运用 Gel′fond-Baker 方法证明了:仅有有限多个 Fibonacci 数 F_m 可表成完全方幂;如果 F_m 可表成 n 次方幂,则必有 $n < 2^{2415}$ 以及 $m < \exp \exp \exp 10$. 同时,此文还对 Lucas 数 L_m 给出了类似的结果. 显然,运用有关代数数对数线性型下界估计的新近结果,可以大大改进上述结果中的上界.

另外,Finkelstein[54,55],Robbins[150,151],Steiner[189],Williams[212],罗明[114,115] 等人分别找出了所有可表成 $a^2 \pm 1, a(a + 1)/2$ 以及 $a^3 \pm 1$ 之形的 Fibonacci 数和 Lucas 数.

设 r 是大于 1 的整数,$a_1, a_2, \cdots, a_r$ 是整数,$\{u_m\}_{m=0}^{\infty}$ 是满足初

始条件 $u_0, u_1, \cdots, u_{r-1}$ 以及递推关系

$$u_{m+r} = a_1 u_{m+r-1} + a_2 u_{m+r-2} + \cdots + a_r u_m, m \geqslant 0 \quad (5.4.5)$$

的 r 阶非退化整数递推数列. André-Jannin[4], Antoniadis[5,6], Joó 和 Phong[70], Nemes[129], Nemes 和 Pethö[130], Pethö[134—136], Ribenboim 和 McDaniel[147], Robbins[150—153], Shorey 和 Stewart[177—179], Stewart[190], Schlickewei 和 Schmidt[164]等人讨论了形如

$$u_m = k y^n + g(y), y \in \mathbb{Z}, |y| > 1, m, n \in \mathbb{N}, n > 1,$$
$$(5.4.6)$$

的方程,其中 k 是给定的非零整数,$g(Y) \in \mathbb{Z}[Y]$是给定的 s 次多项式. 综合这些结果可知:如果递推关系(5.4.5)至少有两个不同的特征根,则方程(5.4.6)仅有有限多组解(y, m, n),而且这些解都满足 $n < C_1(r, a_1, a_2, \cdots, a_r, u_0, u_1, \cdots, u_{r-1}, k, s, H_g)$以及 $m < C_2(r, a_1, a_2, \cdots, a_r, u_0, u_1, \cdots, u_{r-1}, k, s, H_g)$.

§5.5 Catalan 猜想

长期以来,完全方幂在正整数中的分布情况一直是一个引人注目的数论问题. 有关这方面的诸多问题和猜想中,最为著名的当属 Catalan 猜想.

1844 年,Catalan[33]曾经猜测:正整数 8 和 9 是唯一的两个连续的完全方幂. 显然,上述猜想可表述为:

猜想 5.5.1 方程

$$x^m - y^n = 1, x, y, m, n \in \mathbb{N}, m > 1, n > 1 \quad (5.5.1)$$

仅有解$(x, y, m, n) = (3, 2, 2, 3)$.

对此,Lebesgue,Nagell,Selberg,Obláth,LeVeque,Cassels,Hyyrö,Hampel,Schinzel,Inkeri,柯召,Chein,Rotkiewicz 等人先后运用初等方法进行了大量的研究. 有关这方面的详细情况可参见文献[123]的第 30 章、[181]的第 12 章以及 Ribenboim 的专著[146]. 在早期的工作中,Lebesgue[104]和柯召[74]分别证明了:方程

(5.5.1)没有适合 $2 \mid n$ 的解 (x, y, m, n)；该方程仅有解 (x, y, m, n) $= (3, 2, 2, 3)$ 适合 $2 \mid m$. 根据上述结果，Catalan 猜想尚未解决的部分可表述为：

猜想 5.5.2 方程

$$x^p - y^q = 1, x, y \in \mathbb{N}, p, q \in \mathbb{P}^* \qquad (5.5.2)$$

无解 (x, y, p, q).

对于方程(5.5.2)，Cassels[32;1]运用初等数论方法进行了深入的讨论. 他证明了：方程(5.5.2)的解 (x, y, p, q) 都满足

$$q \mid x, \ p \mid y. \qquad (5.5.3)$$

另外，Cassels[32;II]还提出了以下较弱的猜想：

猜想 5.5.3 方程(5.5.2)仅有有限多组解 (x, y, p, q).

1976 年，Tijdeman[200]运用 Gel'fond-Baker 方法解决了猜想 5.5.3. 他证明了：

定理 5.5.1 方程(5.5.2)仅有有限多组解 (x, y, p, q)，而且这些解都满足 $\max(p, q) < C_1$ 以及 $x^p < C_2$.

证 设 (x, y, p, q) 是方程(5.5.2)的一组解. 首先考虑

$$p > q \qquad (5.5.4)$$

时的情况. 此时从(5.5.2)可知

$$1 < x < y; \qquad (5.5.5)$$

又根据(5.5.3)可得

$$x - 1 = \frac{y_1^q}{p}, \frac{x^p - 1}{x - 1} = p y_2^q, \qquad (5.5.6)$$

$$y + 1 = \frac{x_1^p}{q}, \frac{y^q + 1}{y + 1} = q x_2^p, \qquad (5.5.7)$$

其中 x_1、x_2、y_1、y_2 是适合

$$x_1 x_2 = x, q \mid x_1, q \nmid x_2, \qquad (5.5.8)$$

$$y_1 y_2 = y, p \mid y_1, p \nmid y_2 \qquad (5.5.9)$$

的正整数. 由于从(5.5.2),(5.5.6),(5.5.7)可得

$$2^p y_1^{pq} > (y_1^q + 1)^p > x^p > y^q = \left(\frac{x_1^p}{q} - 1 \right)^q > \frac{x_1^{pq}}{(2q)^q},$$

$$(5.5.10)$$

故从(5.5.4),(5.5.10)可知

$$x_1 < (4q)^{1/q} y_1 < 2y_1. \qquad (5.5.11)$$

从(5.5.6),(5.5.7)分别可得

$$\log x = \log \frac{y_1^q}{p} + \delta_1, \log y = \log \frac{x_1^p}{q} - \delta_2, \quad (5.5.12)$$

其中 δ_1, δ_2 适合

$$0 < \delta_1 < \frac{2p}{y_1^q}, 0 < \delta_2 < \frac{2q}{x_1^p}. \qquad (5.5.13)$$

同时,从(5.5.2)可知

$$p\log x = q\log y + \delta_0, \qquad (5.5.14)$$

其中 δ_0 适合

$$0 < \delta_0 < \frac{2}{y^q}. \qquad (5.5.15)$$

因为从(5.5.5),(5.5.6),(5.5.7)可知 $q/x_1^p < p/y_1^q$,所以从(5.5.12),(5.5.13),(5.5.14),(5.5.15)可得

$$0 < p\log p - q\log q + pq\log \frac{x_1}{y_1} = -\delta_0 + \delta_1 p + \delta_2 q < \frac{4p^2}{y_1^q}. \qquad (5.5.16)$$

设 $\Lambda = p\log p - q\log q + pq\log(x_1/y_1)$. 由于 $\Lambda > 0$,故从(1.8.9)可知

$$\log |\Lambda| > -C_3 (\log p)(\log q)(\log\log p + \log\log q)$$
$$(\log\max(x_1, y_1))(\log pq). \qquad (5.5.17)$$

因此,根据(5.5.4),(5.5.11),结合(5.5.16),(5.5.17)立得

$$\log 4p^2 + 2C_3 (\log p)^4 (\log(2y_1)) > q\log y_1. \qquad (5.5.18)$$

因为从(5.5.9)可知 $y_1 \geqslant p$,故从(5.5.18)可得

$$q < C_4 (\log p)^4. \qquad (5.5.19)$$

另一方面,从(5.5.12),(5.5.13),(5.5.14),(5.5.15)可知

$$0 < p\log x - q\log \frac{x_1^p}{q} = \delta_0 + \delta_2 q < \frac{4p}{x_1^q}. \qquad (5.5.20)$$

又从(5.5.6),(5.5.20)可得

$$0 < q\log q - p\log \frac{x_1^q}{y_1^q/p + 1} < \frac{4q}{x_1^p}. \qquad (5.5.21)$$

设 $\Lambda' = q\log q - p\log(x_1^q/(y_1^q/p+1))$. 根据 $(1.8.9)$, 从 $(5.5.4)$ 可知

$$\log|\Lambda'| > -C_5(\log q)(\log\log q)(\log x_1^q)(\log p).$$

$$(5.5.22)$$

结合 $(5.5.21)$, $(5.5.22)$ 立得

$$\log 4q + C_5 q(\log p)^3(\log x_1) > p\log x_1. \qquad (5.5.23)$$

因为从 $(5.5.8)$ 可知 $x_1 \geqslant q$, 故从 $(5.5.23)$ 可得

$$p < C_6 q(\log p)^3. \qquad (5.5.24)$$

于是, 结合 $(5.5.19)$, $(5.5.24)$ 立得

$$p < C_7(\log p)^7. \qquad (5.5.25)$$

从 $(5.5.25)$ 可以算出 $p < C_1$. 同理可证: 当 $p < q$ 时, 必有 $q < C_1$. 由于已知 $\max(p,q) < C_1$, 所以根据定理 $4.2.1$, 从 $(5.5.2)$ 可知 $x^p < C_2$. 定理证完.

关于上述定理中的常数, Langevin[77] 具体算出: $C_1 < e^{241}$ 以及 $C_2 < \exp\exp\exp\exp 730$. 1992 年, Mignotte[108] 进一步证明了: 方程 $(5.5.2)$ 的解 (x,y,p,q) 都满足 $p < 1.21 \cdot 10^{26}$ 以及 $q < 1.31 \cdot 10^{18}$; 特别是当 $q \equiv 3\pmod 4$ 时, 必有 $p < 2.7 \cdot 10^{24}$ 以及 $q < 1.23 \cdot 10^{18}$.

另外, 运用初等数论方法和代数数论方法可以得到方程 $(5.5.2)$ 的解的下界. 在这方面, Inkeri[69], Glass, Meronk, Okada 和 Steiner[57], Mignotte[118,119], Schwarz[165] 等人分别对某些较小的奇素数 p,q, 证明了该方程无解. 综合上述结果可知: 方程 $(5.5.2)$ 的解 (x,y,p,q) 都满足 $\min(p,q) \geqslant 97$. 最近, Mignotte 和 Roy 宣布可将上述下界改进为 $\min(p,q) > 10^{4}$[120]. 根据有关 p,q 的下界, Aaltonen 和 Inkeri[1] 运用初等方法证明了: 方程 $(5.5.2)$ 的解 (x,y,p,q) 都满足 $x^p > 10^{500}$. 此外, Evertse[52] 运用丢番图逼近方法讨论了方程 $(5.5.1)$ 的解数. 他证明了: 对于给定的正整数 m,n,

该方程至多有$(mn)^{\min(m,n)}$组解.有关这方面的详细情况可参见文献[146].

设$p_1,p_2,\cdots,p_r$是适合$p<p_2<\cdots<p_r$的素数,$S=\{\pm p_1^{t_1}p_2^{t_2}\cdots p_r^{t_r}|t_1,t_2,\cdots,t_r$是非负整数$\}$. 1977年,van der Poorten[209]根据(1.8.38)对定理5.5.1进行了推广.他证明了:方程

$$x^m-y^n=z^l, x,y,z,m,n\in\mathbb{N},m>1,n>1,mn>4,$$
$$l=\operatorname{lcm}(m,n) \tag{5.5.26}$$

仅有有限多组解(x,y,z,m,n,l)适合$z\in S$,而且这些解都满足$\max(m,n)<C_8(p_r)$以及$x^m<C_9(p_r)$. 由于方程(5.5.26)中的l是m与n的最小公倍数,所以该方程可写成

$$\left(\frac{x}{u}\right)^m-\left(\frac{y}{v}\right)^n=1, x,y,u,v,m,n\in\mathbb{N},\gcd(x,u)=\gcd(y,v)$$
$$=1,m>1,n>1,mn>4. \tag{5.5.27}$$

对此,Shorey和Tijdeman[181]运用同样的方法证明了:该方程仅有有限多组解(x,y,u,v,m,n)可使x,y,u,v中至少有一数属于S,而且这些解都是可以有效计算的.另外,Tijdeman[201]还运用丢番图逼近方法,在u、v、m、n给定的条件下,给出了方程(5.5.27)的解的上界:

$$x<C_1^*u^{1+C_2^*(\log t)^4/\sqrt{t}}, y<C_1^*v^{1+C_2^*(\log t)^4/\sqrt{t}}, \tag{5.5.28}$$

其中$t=\max(m,n)$.

方程(5.5.27)可以写成类似方程(5.5.1)的形式:

$$x^m-y^n=1, x,y\in\mathbb{Q},x>0,y>0,m,n\in\mathbb{N},$$
$$m>1,n>1,mn>4. \tag{5.5.29}$$

对此,Shorey和Tijdeman[181]曾经提出:

猜想 5.5.4 方程(5.5.29)仅有有限多组解(x,y,m,n),而且这些解都是可以有效计算的.

这也是一个至今尚未解决的问题.

§5.6 Pillai猜想

设a,b,k是给定的正整数,其中a,b满足$\gcd(a,b)=1$. 1945

年,Pillai[139]曾经提出:

猜想 5.6.1 方程
$$ax^m - by^n = k, x, y, m, n \in \mathbb{N}, x > 1, y > 1,$$
$$m > 1, n > 1, mn > 4 \tag{5.6.1}$$
仅有有限多组解(x, y, m, n).

显然,Cassels 提出的猜想 5.5.3 是 Pillai 猜想在 $a = b = k = 1$ 时的特例. 根据定理 5.5.1 可知此时该猜想是成立的. 这是 Pillai 猜想已经被解决的唯一情况. 1974 年,Čudnovskiĭ[41]曾经宣布他已经能够证明:当 $a = b = 1$ 时,对于任何给定的正整数 k, 方程(5.6.1)都仅有有限多组解(x, y, m, n). 然而迄今没有见到该结果的证明. 因此,Pillai 猜想是一个目前远未解决的难题.

另外,Pillai 猜想还与数论及其相关领域中的很多重要问题有关. 例如,Hall[66]在讨论 T 型差集的存在性时提出:

猜想 5.6.2 方程
$$p^m = q^n + 2, p, q \in \mathbb{P}^*, m, n \in \mathbb{N}, m > 1, n > 1 \tag{5.6.2}$$
仅有解$(p, q, m, n) = (3, 5, 3, 2)$.

上述猜想与猜想 5.6.1 在 $a = b = 1$ 且 $k = 2$ 时的情况有关. 对此,根据文献[61]和[107]中的结果分别可知:方程(5.6.2)仅有解 $(p, q, m, n) = (3, 5, 3, 2)$ 适合 $2 \mid n$;该方程仅有有限多组解(p, q, m, n)适合 $2 \mid m$. 但是至今还不知道该方程是否仅有有限多组解 (p, q, m, n)适合 $2 \nmid mn$.

以下讨论方程(5.6.1)的一些较弱的形式. 当 a, b, k, x, y 都是给定的正整数时,方程(5.6.1)可写成
$$ax^m - by^n = k, m, n \in \mathbb{N}, m > 1, n > 1, mn > 4.$$
$$\tag{5.6.3}$$

对此,Pillai[138]运用初等数论方法证明了:该方程仅有有限多组解 (m, n). 1986 年,Shorey[171]运用 Gel'fond-Baker 方法讨论了方程 (5.6.3)的解数. 他证明了:该方程至多有 9 组解(m, n)适合 $ax^m > 953k^6$. 1992 年,乐茂华[82]证明了以下更一般的结果:

定理 5.6.1 当 $\min(x, y) > e^e$ 时,方程(5.6.3)至多有 3 组解

(m,n).

证　假如方程(5.6.3)有 4 组解 $(m_i,n_i)(i=1,2,3,4)$. 不妨假定这些解满足 $m_1<m_2<m_3<m_4$. 此时必有 $n_1<n_2<n_3<n_4$. 运用初等数论方法，从

$$ax^{m_i}-by^{n_i}=k,i=1,2,3,4 \qquad (5.6.4)$$

可得

$$x^{m_{j+1}-m_j}\equiv 1(\bmod by^{n_j}),y^{n_{j+1}-n_j}$$
$$\equiv 1(\bmod ax^{m_j}),j=1,2,3. \qquad (5.6.5)$$

从(5.6.5)可知

$$m_{j+1}-m_j=ru_jy^{n_j-n_1},n_{j+1}-n_j$$
$$=sv_jx^{m_j-m_1},j=1,2,3, \qquad (5.6.6)$$

其中 u_j、$v_j(j=1,2,3)$ 是适当的正整数，r,s 分别是适合

$$x^r\equiv 1(\bmod by^{n_1}),y^s\equiv 1(\bmod ax^{m_1}) \qquad (5.6.7)$$

的最小正整数.

因为从(5.6.4),(5.6.5),(5.6.6)可知

$$\log ax^{m_4}>\log by^{n_4}>n_4>n_4-n_3\geqslant x^{m_3-m_2}$$
$$\geqslant x^{y^{n_2-n_1}}>x^{ax^{m_1}}>x^k, \qquad (5.6.8)$$

故从(5.6.4),(5.6.8)可得

$$0<\log\frac{a}{b}+m_4\log x-n_4\log y<\frac{k}{ax^{m_4}+by^{n_4}}. \qquad (5.6.9)$$

设 $\Lambda=\log(a/b)+m_4\log x-n_4\log y$. 根据引理 1.8.1 可知

$$\log|\Lambda|>-C_1(\log\max(a,b))(\log x)(\log y)$$
$$(\log\max(m_4,n_4)). \qquad (5.6.10)$$

结合(5.6.9),(5.6.10)立得

$$\max(m_4,n_4)<C_2(\log\max(a,b))(\log\max(x,y)). \qquad (5.6.11)$$

另外，从(5.6.5),(5.6.6)可知

$$\max(m_4,n_4)>\max\left(rax^{m_1}y^{sby^{n_1}},sby^{n_1}x^{rax^{m_1}}\right). \qquad (5.6.12)$$

因为 $\min(x,y)>e^e$，故从(5.6.7),(5,6,11)和(5,6,12)可得矛盾.

由此可知方程(5.6.3)至多有 3 组解(m,n). 定理证完.

1993 年, Styer[194]借助计算机对所有适合 $\max(a,b) \leqslant 50, k \leqslant 1000$ 的正整数 a,b,k 以及适合 $\max(x,y) \leqslant 13$ 的素数 x,y, 求出了方程(5.6.3)的全部解(m,n). 这些解都满足 $\max(m,n) \leqslant 18$. 此项数值结果说明方程(5.6.3)的解(m,n)与给定的 a,b,k 相比不会很大. 因此定理 5.6.1 还有可能进一步改进. 在这方面, 对于某些特殊的正整数 a,b,k,x,y, 方程(5.6.3)的解数已经有了更精确的估计. 例如, LeVeque[105]证明了: 当 $a=b=k=1$ 时, 对于任何给定的正整数 x,y, 方程(5.6.3)至多有 1 组解(m,n); Herschfeld[67]证明了: 当 $a=b=1, x=2, y=3$ 且 k 充分大时, 该方程至多有 1 组解(m,n). 这一结果被 Pillai[138]推广到了一般的正整数 x,y 的情况, 并且猜测该结果在 $k \geqslant 13$ 时都成立. 这一猜想已被 Stroeker 和 Tijdeman[192]证实. 另外, Edgar[45]曾经提出: 对于给定的奇素数 p,q 以及正整数 h, 方程

$$p^m - q^n = 2^h, m,n \in \mathbb{N} \qquad (5.6.13)$$

有多少解(m,n)? 有关这个问题的最好结果是由 Scott[166]得到的. 他运用初等方法证明了: 除了有限多组已知的(p,q,h)以外, 方程(5.6.13)至多有 1 组解(m,n).

设 x,y,k 是给定的正整数. 不妨假定 $x>y$. 从文献[137]中的结果直接可知: 方程

$$|x^m - y^n| = k, m,n \in \mathbb{N} \qquad (5.6.14)$$

仅有有限多组解(m,n). 对此, Scott[166]进一步证明了: 当 x,y 均为素数时, 除了$(x,y,k)=(3,2,1),(5,2,3),(3,2,5)$这三种情况以外, 该方程至多有 2 组解$(m,n)$. 由于根据 Crawford 的计算结果可知: 当 $\max(x^m, y^n) < 2^{32}$ 时, 除了下列情况

$$(x,y,k) = (3,2,1),(5,2,3),(3,2,5),(13,3,10),(3,2,13),$$
$$(11,2,7),(5,3,2),(3,2,7),(17,2,15),$$
$$(257,2,255),(65537,2,65535), \qquad (5.6.15)$$

方程(5.6.14)至多有 1 组解(m,n). 因此 Scott[166]提出了以下猜想:

猜想 5.6.3 当 x,y 是适合 $x>y$ 的素数时,除了(5.6.15)中的 11 种情况以外,方程(5.6.14)至多有 1 组解 (m,n).

因为当 $x=2^{2^r}+1$ 是 Fermat 素数,$y=2,k=x-2$ 时,方程(5.6.14)至少有 2 组解 $(m,n)=(1,1)$ 和 $(1,2^r+1)$,所以猜想 5.6.3 必须在已知仅有 5 个 Fermat 素数 3、5、17、257 和 65537 的条件下才有可能得到解决. 由此可知这是一个非常困难的问题.

另外,Leech 曾经提出以下两个问题(参见文献[63]中的问题 D9):

问题 5.6.1 当 $k=|x-y|$ 时,方程(5.6.14)是否仅当 $(x,y)=(5,2)$ 或 $(13,3)$ 时有解 $(m,n)=(3,7)$?

问题 5.6.2 当 $k<x-y$ 时,方程(5.6.14)是否有解 (m,n)?

§5.7　Erdös-Graham 猜想

设 p 是奇素数,a 是适合 $p\nmid a$ 的整数. 根据初等数论中的 Fermat 定理和 Wilson 定理可知此时 $(a^{p-1}-1)/p$ 和 $((p-1)!+1)/p$ 都是整数,分别称为 Fermat 商和 Wilson 商. 本节将讨论有关这两类整数的方程.

Erdös 和 Graham[49]曾经提出:哪些奇素数 p 和正整数 a 可使相应的 Fermat 商与 Wilson 商之和等于 p 的方幂? 该问题运用方程的语言可表述为:

问题 5.7.1 方程

$$x^{p-1}+(p-1)!=p^n,x,n\in\mathbb{N},p\in\mathbb{P}^* \qquad (5.7.1)$$

有哪些解 (x,p,n)?

对此,Brindza 和 Erdös[18]证明了:方程(5.7.1)仅有有限多组解 (x,p,n),而且这些解都是可以有效计算的. 1996 年,乐茂华[94]运用 Gel′fond-Baker 方法完整地解决了这个问题. 他证明了:

定理 5.7.1 方程(5.7.1)仅有解 $(x,p,n)=(1,3,1),(1,5,2)$ 和 $(5,3,3)$.

证　运用初等数论方法不难证明:该方程仅有解 $(x,p,n)=$

$(1,3,1)$ 和 $(1,5,2)$ 适合 $x=1$;如果 (x,p,n) 是它的一组适合 $x>1$ 的解,则 p 必为 Fermat 素数,即 $p=2^{2^m}+1$,其中 m 是非负整数; 而且当 $m\leqslant 1$ 时,该方程仅有解 $(x,p,n)=(5,3,3)$.

当 $m>1$ 时,运用初等数论方法可知

$$p+2\leqslant x<p^2, p-1\leqslant n<2p. \tag{5.7.2}$$

如果 $p>2^{100}$,则根据引理 1.8.5,从 (5.7.2) 可得

$$\text{ord}_2(p^n-x^{p-1})<2^{14}3^{12}(\log 2)^2(\log p)(\log x)$$

$$\cdot\left(\log\frac{7n}{30}\right)<8.10^9(\log p)^3. \tag{5.7.3}$$

同时,从 (5.7.1) 可知

$$\text{ord}_2(p^n-x^{p-1})=\text{ord}_2(p-1)!=p-2. \tag{5.7.4}$$

于是,结合 (5.7.3) 和 (5.7.4) 立得 $p<2^{52}$ 这一矛盾.由此可知 $p<2^{100}$.因为 p 是 Fermat 素数,所以此时 p 仅可能取 $17,257,65537$ 这三个数值.最后,运用初等方法可知方程 (5.7.1) 在这三种情况下均无解.定理证完.

最近,于坤瑞和刘德华[215]也用 Gel′fond-Baker 方法证明了定理 5.7.1.

另外,Osada 和 Terai[132],Terai[197] 运用初等方法讨论了可表成完全方幂的 Fermat 商.该问题可归结为方程

$$x^{p-1}-1=py^n, x,y,n\in\mathbb{N},$$

$$x>1, y>1, n>1, p\in\mathbb{P}^*, p>3 \tag{5.7.5}$$

的求解问题.设 (x,y,p,n) 是方程 (5.7.5) 的解.当 $2\mid x$ 时,因为 $p-1$ 是偶数,而且 $\gcd(x^{(p-1)/2}+1,x^{(p-1)/2}-1)=1$,故从 (5.7.5) 可得

$$x^{(p-1)/2}+1=\begin{cases}py_1^n,\\y_2^n,\end{cases} x^{(p-1)/2}-1=\begin{cases}y_2^n,\\py_1^n,\end{cases} \tag{5.7.6}$$

其中 y_1,y_2 是适合 $y_1y_2=y$ 的正奇数.根据文献[74]和[104]中的结果,从 (5.7.6) 可知方程 (5.7.5) 仅有解 $(x,y,p,n)=(2,3,7,2)$ 适合 $2\mid x$ 以及 $2\mid n$;又从定理 5.5.1 可知:方程 (5.7.5) 仅有有限多组解 (x,y,p,n) 适合 $2\mid x$ 以及 $2\nmid n$.

当 $2 \nmid x$ 时,因为 $\gcd(x^{(p-1)/2}+1, x^{(p-1)/2}-1) = 2$,故从 (5.7.5)可得

$$x^{(p-1)/2} + 1 = \begin{cases} 2^{n-1}py_1^n, \\ 2^{n-1}y_1^n, \\ 2py_1^n, \\ 2y_1^n, \end{cases} \quad x^{(p-1)/2} - 1 = \begin{cases} 2y_2^n, \\ 2py_2^n, \\ 2^{n-1}y_2^n, \\ 2^{n-1}py_2^n, \end{cases}$$

$$(5.7.7)$$

其中 y_1, y_2 是适合 $2y_1y_2 = y$ 的正整数. 对于此类情况,目前尚未见到有关方程(5.7.5)的解数是否有限的一般性结果. 1993 年,乐茂华[87]运用 Gel'fond-Baker 方法证明了以下结果:

定理 5.7.2 方程(5.7.5)仅有有限多组解 (x, y, p, n) 适合 $2 \nmid x$ 以及 $p \equiv 1 \pmod 4$,而且这些解都满足 $p < C_1$ 以及 $x < C_2$.

证 设 (x, y, p, n) 是方程(5.7.5)的一组适合 $2 \nmid x$ 以及 $p \equiv 1 \pmod 4$ 的解. 因为此时 $(p-1)/2$ 是偶数,$x^{(p-1)/2}+1 \equiv 2 \pmod 4$,并且从文献[127]可知方程

$$X^2 + 1 = 2Y^n, X, Y, n \in \mathbb{N}, X > 1, Y > 1, n > 1$$

$$(5.7.8)$$

无解 (X, Y, n),所以从(5.7.7)可知此时仅须考虑以下情况

$$x^{(p-1)/2} + 1 = 2py_1^n, x^{(p-1)/2} - 1 = 2^{n-1}y_2^n. \quad (5.7.9)$$

从(5.7.9)立得

$$py_1^n - 2^{n-2}y_2^n = 1. \quad (5.7.10)$$

另外,从(5.7.9)还可得

$$x^{(p-1)/4} + 1 = \begin{cases} 2^{n-2}z_1^n, \\ 2z_2^n, \end{cases} \quad x^{(p-1)/4} - 1 = \begin{cases} 2z_2^n, \\ 2^{n-2}z_1^n, \end{cases}$$

$$(5.7.11)$$

其中 z_1, z_2 是适合 $z_1z_2 = y_2$ 的正整数. 从(5.7.11)可知 z_1, z_2 满足

$$(2z_1)^n - 8z_2^n = \pm 8. \quad (5.7.12)$$

从(5.7.12)可得

$$0 < \left| n\log\frac{2z_1}{z_2} - \log 8 \right| < \frac{32}{(2z_1)^n}. \quad (5.7.13)$$

设 $\Lambda = n\log(2z_1/z_2) - \log 8$. 根据引理 1.8.1 可知

$$\log|\Lambda| > - C_3(\log(2z_1))\log n. \qquad (5.7.14)$$

结合 (5.7.13),(5.7.14) 可得

$$n < C_4. \qquad (5.7.15)$$

另外,根据定理 2.1.1,从 (5.7.12) 可知

$$\max(2z_1, z_2) < C_5(n). \qquad (5.7.16)$$

因 为 $z_1 z_2 = y_2$,故 从 (5.7.15),(5.7.16) 可 得 $y_2 < C_6$. 于 是 从 (5.7.9),(5.7.15) 可知

$$x^{(p-1)/2} < C_7. \qquad (5.7.17)$$

从 (5.7.17) 立得 $p < C_1$ 以及 $x < C_2$. 定理证完.

$$\S 5.8 \quad 方程 \frac{x^m - 1}{x - 1} = y^n$$

设 k 是大于 1 的整数. 此时,任何给定的正整数 a 都可唯一地表成

$$a = b_0 + b_1 k + \cdots + b_t k^t, \qquad (5.8.1)$$

其中 t 是非负整数,$b_i (i = 0, 1, \cdots, t)$ 是适合 $0 \leqslant b_i \leqslant k-1$ 的整数. 此式称为 a 的 k-adic 表示. 当 (5.8.1) 中的 $b_i (i = 0, 1, \cdots, t)$ 都等于 1 时,a 称为 k-adic 重单位数. 从 (5.8.1) 可知如此的 a 满足

$$a = \frac{k^{t+1} - 1}{k - 1}. \qquad (5.8.2)$$

数论、群论以及组合数学中的很多重要问题都与重单位数中的完全方幂有关(参见文献 [53],[62],[133]). 从 (5.8.2) 可知此类问题可归结为方程

$$\frac{x^m - 1}{x - 1} = y^n, x, y, m, n \in \mathbb{N}, x > 1, y > 1, m > 2, n > 1$$

$$(5.8.3)$$

的求解问题. 近 50 年来,Ljunggren,Nagell,Oblàth,Inkeri, Richter,Shorey 和 Tijdeman 等人对该方程进行了大量的研究,有关这方面的早期工作可参见文献 [181] 的第十二章.

早在本世纪初,人们已经知道了方程(5.8.3)的 3 组解$(x,y,m,n)=(7,20,4,2),(3,11,5,2)$和$(18,7,3,3)$. 由于此后一直没有发现它有其它解,所以 Shorey 和 Tijdeman[181] 曾经提出:

猜想 5.8.1 方程(5.8.3)仅有解$(x,y,m,n)=(7,20,4,2)$,$(3,11,5,2)$和$(18,7,3,3)$.

这是一个非常困难的问题. 目前,人们甚至还无法解决以下较弱的猜想:

猜想 5.8.2 方程(5.8.3)仅有有限多组解(x,y,m,n).

1976 年,Shorey 和 Tijdeman[180] 根据运用 Gel′fond-Baker 方法在超椭圆方程方面取得的结果证明了:在方程(5.8.3)的 4 个未知数 x,y,m,n 中至少有一个是给定的数或有给定的素因数时,该方程仅有有限多组解(x,y,m,n),而且这些解都是可以有效计算的. 1993 年,乐茂华[85] 首先得到了方程(5.8.3)的没有上述限制的有限性结果. 他综合运用丢番图逼近方法和 Gel′fond-Baker 方法证明了:

定理 5.8.1 方程(5.8.3)仅有有限多组解(x,y,m,n)适合 $y\equiv 1(\mathrm{mod}\ x)$ 以及 x 是素数的方幂,而且这些解都满足 $x^m<C_1$.

证 设(x,y,m,n)是方程(5.8.3)的一组适合 $x^m>C_1,y\equiv 1(\mathrm{mod}\ x)$ 以及 x 是素数方幂的解. 因为从文献[106]可知方程(5.8.3)仅有解$(x,y,m,n)=(7,20,4,2)$和$(3,11,5,2)$适合 $2\mid n$,所以该解必定满足 $2\nmid n$. 此时 n 必有素因数 p. 由于$(x,y^{n/p},m,p)$也是方程(5.8.3)的一组适合同样条件的解,因此不妨假定 n 是奇素数. 同时,从文献[127]可知方程(5.8.3)仅有解$(x,y,m,n)=(7,20,4,2)$适合 $4\mid m$,所以当 $2\mid m$ 时,必有 $2\parallel m$. 因为此时 gcd$((x^{m/2}-1)/(x-1),x^{m/2}+1)=1$,故从(5.8.3)可得

$$\frac{x^{m/2}-1}{x-1}=y_1^n,\quad x^{m/2}+1=y_2^n, \tag{5.8.4}$$

其中 y_1,y_2 是适合 $y_1y_2=y$ 的正整数. 根据定理 5.5.1,从(5.8.4)中的第二个等式可得 $x^m<C_1$ 这一矛盾,故必有 $2\nmid m$. 同理可知此时 x 不是平方数.

因为 x 是素数的方幂,故有素数 p 和正整数 r 可使

$$x = p^r. \qquad (5.8.5)$$

又因 $y \equiv 1 \pmod{x}$,所以根据超几何级数的算术性质,运用丢番图逼近方法,从(5.8.5)可得

$$x < n^{10/9}. \qquad (5.8.6)$$

由于 $2 \nmid m$,故从(5.8.3)可得

$$\left(\frac{x^{(m+1)/2} - 1}{x - 1} \right)^2 - x \left(\frac{x^{(m-1)/2} - 1}{x - 1} \right)^2 = y^n. \qquad (5.8.7)$$

从(5.8.7)可知此时方程

$$X^2 - xY^2 = y^z, X, Y, Z \in \mathbb{Z}, \gcd(X, Y) = 1, Z > 0 \qquad (5.8.8)$$

有解

$$(X, Y, Z) = \left(\frac{x^{(m+1)/2} - 1}{x - 1}, \frac{x^{(m-1)/2} - 1}{x - 1}, n \right). \qquad (5.8.9)$$

因为 $2 \nmid y$ 且 x 为非平方数,所以根据引理 1.5.1,从(5.8.9)可知:方程(5.8.8)有适合 $X_1 > 0, Y_1 > 0$,

$$1 < \left| \frac{X_1 + Y_1 \sqrt{x}}{X_1 - Y_1 \sqrt{x}} \right| < \left(u_1 + v_1 \sqrt{x} \right)^2 \qquad (5.8.10)$$

以及

$$h(4x) \equiv 0 \pmod{Z_1} \qquad (5.8.11)$$

的解 (X_1, Y_1, Z_1) 可使

$$n = Z_1 t, \qquad (5.8.12)$$

$$\frac{x^{(m+1)/2} - 1}{x - 1} + \frac{x^{(m-1)/2} - 1}{x - 1} \sqrt{x}$$

$$= \left(X_1 + \lambda Y_1 \sqrt{x} \right)^t \left(u + v \sqrt{x} \right), \lambda \in \{-1, 1\}, \qquad (5.8.13)$$

其中 t 是正整数,(u, v) 是 Pell 方程

$$u^2 - xv^2 = 1, u, v \in \mathbb{Z} \qquad (5.8.14)$$

的解,$u_1 + v_1 \sqrt{x}$ 是方程(5.8.14)的基本解,$h(4x)$ 是判别式等于 $4x$ 的二元二次原型的类数.

因为 n 是奇素数,故从(5.8.12)可知 $t = 1$ 或 n. 当 $t = 1$ 时,Z_1

$=n.$ 根据文献[68]中的定理 12.10.1 和 12.14.3,从(5.8.6),
(5.8.11)可得

$$n \leqslant h(4x) < C_2 \sqrt{x} \log x < C_3 n^{5/9} \log n. \qquad (5.8.15)$$

从(5.8.15)可以算出

$$n < C_4. \qquad (5.8.16)$$

当 $t=n$ 时,$Z_1=1$ 且有

$$X_1^2 - xY_1^2 = y, X_1, Y_1 \in \mathbb{N}, \gcd(X_1, Y_1) = 1, \quad (5.8.17)$$

并且从(5.8.13)可得

$$\frac{x^{(m+1)/2}-1}{x-1} + \frac{x^{(m-1)/2}-1}{x-1}\sqrt{x}$$
$$= \left(X_1 + \lambda Y_1 \sqrt{x} \right)^n \left(u + v \sqrt{x} \right), \lambda \in \{-1, 1\}. \qquad (5.8.18)$$

设

$$\varepsilon = X_1 + Y_1 \sqrt{x}, \quad \bar{\varepsilon} = X_1 - Y_1 \sqrt{x}, \quad \rho = u_1 + v_1 \sqrt{x},$$
$$\bar{\rho} = u_1 - v_1 \sqrt{x}. \qquad (5.8.19)$$

从(5.8.10),(5.8.18)可知存在适合 $o \leqslant r \leqslant n$ 的整数 r,可使

$$\frac{x^{(m+1)/2}-1}{x-1} + \frac{x^{(m-1)/2}-1}{x-1}\sqrt{x} = \varepsilon^n \bar{\rho}^r \text{ 或 } \bar{\varepsilon}^n \rho^r.$$

$$(5.8.20)$$

从(5.8.20)可知

$$\frac{x^{(m+1)/2}-1}{x-1} - \frac{x^{(m-1)/2}-1}{x-1}\sqrt{x} = \bar{\varepsilon}^n \rho^r \text{ 或 } \varepsilon^n \bar{\rho}^r.$$

$$(5.8.21)$$

结合(5.8.20),(5.8.21)立得

$$\varepsilon^n \bar{\rho}^r \left(\sqrt{x} \pm 1 \right) - \bar{\varepsilon}^n \rho^r \left(\sqrt{x} \mp 1 \right) = \pm 2. \qquad (5.8.22)$$

设 $\alpha_1 = \varepsilon/\bar{\varepsilon}, \alpha_2 = \rho, \alpha_3 = \left(\sqrt{x}+1 \right)/\left(\sqrt{x}-1 \right)$. 从(5.8.20)、
(5.8.22)可得

$$0 < \left| n \log \alpha_1 - 2r \log \alpha_2 \pm \log \alpha_3 \right| < \frac{8}{y^{n/2}}. \qquad (5.8.23)$$

设 $\Lambda = n \log \alpha_1 - 2r \log \alpha_2 \pm \log \alpha_3$. 因为 $0 \leqslant r \leqslant n$,并且从(5.8.10),
(5.8.17),(5.8.19)可知 $h(\alpha_1) < \log \rho^2 \sqrt{y}, h(\alpha_2) = \log \rho$ 以及

$h(\alpha_3) \leqslant \log x$，所以根据引理 1. 8. 1 可得

$$\log|\Lambda| > -C_5\big(\log\big(\rho^2\sqrt{y}\,\big)\big)(\log\rho)(\log x)(\log 2n).$$

$$(5.8.24)$$

结合(5. 8. 23),(5. 8. 24)立得

$$\frac{\log 8}{\log\sqrt{y}} + C_5\Big(1 + \frac{2\log\rho}{\log\sqrt{y}}\Big)(\log\rho)(\log x)(\log 2n) > n.$$

$$(5.8.25)$$

由于 $y \equiv 1 \pmod{x}$，故有 $y > x$；又从文献[68]中的定理 12. 13. 4 可知 $\log\rho < C_6\sqrt{x}\log x$. 因此从(5. 8. 6),(5. 8. 25)可知此时 (5. 8. 16)亦成立. 于是根据定理 5. 3. 1,从(5. 8. 3),(5. 8. 6), (5. 8. 16)可得 $m < C_7$ 以及 $x^m < C_1$ 这一矛盾,故必有 $x^m < C_1$. 定理证完.

此后,袁平之[217]运用相同的方法去掉了上述定理中的"x 是素数方幂"这一条件,从而证明了:方程(5. 8. 3)仅有有限多组解 (x, y, m, n) 适合 $y \equiv 1 \pmod{x}$，而且这些解都满足 $x^m < C_1$. 同时,他还对方程

$$\frac{x^m + 1}{x + 1} = y^n, \quad x, y, m, n \in \mathbb{N}, x > 1,$$

$$y > 1, m > 1, 2 \nmid m, n > 1 \qquad (5.8.26)$$

得到了同样的结果.

设 a 是大于 1 的整数,b 是与 a 互素的整数. 根据初等数论中的 Euler 定理可知 $b^{\varphi(a)} \equiv 1 \pmod{a}$，其中 $\varphi(a)$ 是 a 的 Euler 函数. 由此可知必有正整数 n 可使同余关系

$$b^n \equiv 1 \pmod{a} \qquad (5.8.27)$$

成立. 适合(5. 8. 27)的最小正整数 n 称为整数 b 对模 a 的次数. 1985 年,Edgar[46]曾经证明:如果 (x, y, m, n) 是方程(5. 8. 3)的解, 则其中的 m 必为 x 对模 y 的次数. 同时,Edgar 提出以下猜想:

猜想 5. 8. 3　如果 (x, y, m, n) 是方程(5. 8. 3)的解,则其中的 n 必为 y 对模 x 的次数.

显然,当 (x, y, m, n) 是方程(5. 8. 3)的解,其中 n 是素数时,如

果 n 不是 y 对模 x 的次数,则从 $y^n \equiv 1 \pmod{x}$ 立得 $y \equiv 1 \pmod{x}$. 因此,文献[88]根据定理 5.8.1 直接推知:方程(5.8.3)仅有有限多组解 (x, y, m, n) 满足 x 是素数方幂且 n 不是 y 对模 x 的次数. 同时,从文献[217]可知上述结果中的条件"x 是素数方幂"是可以去掉的.

1975 年,Cresenzo[40]讨论了有关有限单群的方程

$$|p^m - 2q^n| = 1, p, q \in \mathbb{P}^*, m, n \in \mathbb{N}, m > 1, n > 1.$$

$$(5.8.28)$$

他证明了:方程(5.8.28)除了 $(p, q, m, n) = (239, 13, 2, 4)$ 以外的解 (p, q, m, n) 都满足 $m = n = 2$. 此后,施武杰发现了上述结果在证明过程中的一处漏洞,指出该方程还有解 $(p, q, m, n) = (3, 5, 5, 2)$ 不满足条件 $m = n = 2$,而且其它不满足此条件的解 (p, q, m, n) 都适合 $p = 3$[195]. 由于方程(5.8.28)适合 $p = 3$ 的解都满足

$$\frac{3^m - 1}{3 - 1} = q^n, q \in \mathbb{P}^*, m, n \in \mathbb{N}, m > 2, n > 1,$$

$$(5.8.29)$$

因此孙琦[195]曾经提出:

问题 5.8.1 方程(5.8.29)是否仅有解 $(q, m, n) = (5, 5, 2)$?

因为方程(5.8.29)是方程(5.8.3)在 $x = 3$ 且 $y \in \mathbb{P}^*$ 时的特例,所以根据文献[180]中的结果可知:方程(5.8.29)仅有有限多组解 (q, m, n). 乐茂华[92]运用定理 5.8.1 的证明方法,具体算出该方程的解 (q, m, n) 都满足 $q < 10^{6 \cdot 10^9}$,$m < 1.4 \cdot 10^{15}$ 以及 $n < 1.2 \cdot 10^5$.

1991 年,施武杰[167]在讨论 K_4 单群的精细刻划时提了以下问题:

问题 5.8.2 方程

$$p^2 - 1 = 2^a 3^b q^n, p, q \in \mathbb{P}^*, p > 3, q > 3, a, b, n \in \mathbb{N}$$

$$(5.8.30)$$

以及方程组

$$\begin{cases} 2^m - 1 = p, \\ 2^m + 1 = 3q^n, \end{cases} p,q \in \mathbb{P}^*, p > 3, q > 3, m,n \in \mathbb{N};$$

$$\tag{5.8.31}$$

$$\begin{cases} 3^m + 1 = 4p, \\ 3^m - 1 = 2q^n, \end{cases} p,q \in \mathbb{P}^*, p > 3, q > 3, m,n \in \mathbb{N};$$

$$\tag{5.8.32}$$

$$\begin{cases} 3^m + 1 = 4p^n, \\ 3^m - 1 = 2q, \end{cases} p,q \in \mathbb{P}^*, p > 3, q > 3, m,n \in \mathbb{N}$$

$$\tag{5.8.33}$$

分别有哪些解？是否仅有有限多组解？

由于问题 5.8.2 中的方程和方程组适合 $n=1$ 的解都与 Mersenne 素数，Fermat 素数以及其它有类似形状的素数有关，所以这是一个非常困难的问题．同时，因为方程组(5.8.31)，(5.8.32)，(5.8.33)适合 $n>1$ 的解 (p,q,m,n) 分别与方程 (5.8.3)，(5.8.26)的适合 $x=2$ 或 3 的解 (x,y,m,n) 有关，而且方程(5.8.30)适合 $n>1$ 的解也有如此性质，所以这些方程和方程组都仅有有限多组解适合 $n>1$[51]，而且运用文献[92]中的方法可以具体算出这些解的上界．

另外，Edgar 还对方程(5.8.3)的素数解提出了以下更一般的问题(参见文献[63]的问题 D10)：

问题 5.8.3 方程(5.8.3)是否仅有解 $(x,y,m,n)=(3,5,5,2)$适合 $x,y \in \mathbb{P}^*$？

这也是一个迄今尚未解决的问题．

1986 年，Shorey[170,172]运用 Gel'fond-Baker 方法证明了：方程(5.8.3)仅有有限多组解 (x,y,m,n) 可使 x 是 n 次方幂．根据这一结果可以推知方程

$$\frac{x^m - 1}{x - 1} = y^n + 1, x,y,m,n \in \mathbb{N},$$

$$x > 1, y > 1, m > 2, n > 2 \tag{5.8.34}$$

仅有有限多组解 (x,y,m,n)．对此方程 Shorey[170,II]提出了以下

问题：

问题 5.8.4 方程(5.8.34)有哪些解(x,y,m,n)?

1994 年, 乐茂华[89]根据有关二项 Thue 方程解数的结果解决了上述问题. 他证明了:方程(5.8.34)无解(x,y,m,n).

$$\S 5.9 \quad 方程\ \frac{x^m-1}{x-1}=\frac{y^n-1}{y-1}$$

设 k 是大于 1 的整数,$N(k)$表示方程

$$k=\frac{x^m-1}{x-1},x,m\in\mathbb{N},x>1,m>2 \qquad (5.9.1)$$

的解(x,m)的个数. 1916 年, Ratat[145]和 Goormaghtigh[58]分别证明了:$N(31)=2$ 以及 $N(8191)=2$.同时,Goormaghtigh[58]提出了以下猜想:

猜想 5.9.1 当 $k\neq31$ 或 8191 时,必有 $N(k)\leqslant1$.

又设 $N'(k)$是方程(5.9.1)适合 $x\in\mathbb{P}$ 的解(x,m)的个数. 对此,Bateman 和 Stemmler[11]曾经提出:

猜想 5.9.2 当 $k\neq31$ 时,必有 $N'(k)\leqslant1$.

这是两个迄今尚未解决的问题,具体的数值算例说明它们分别在 $k<10^4$ 以及 $k<10^{10}$时成立. 1989 年,Shorey[173,175]运用初等数论方法给出了 $N(k)$有关 $k-1$ 的不同素因数个数 $\omega(k-1)$的上界. 他证明了:

$$N(k)\leqslant\begin{cases}\max(2\omega(k-1)-3,0),&当\ \omega(k-1)\leqslant4\ 时,\\2\omega(k-1)-4,&当\ \omega(k-1)>4\ 时;\end{cases}$$

而且当 $k\neq31$ 或 8191,$\omega(k-1)\leqslant5$ 时,方程(5.9.1)至多有 1 组解(x,m)适合 $2\nmid m$;特别是当 k 是奇素数时,必有 $N(k)\leqslant1$. 另外,Loxton[110]证明了:对于任何正数 δ,必有 $N(k)<C_1(\delta)(\log k)^{1/2+\delta}$.

从(5.9.1)可知:当 $N(k)>1$ 时,方程

$$\frac{x^m-1}{x-1}=\frac{y^n-1}{y-1},x,y,m,n\in\mathbb{N},x>y>1,n>m>2$$

$$(5.9.2)$$

有解 (x,y,m,n) 适合 $(x^m-1)/(x-1)=k$. 因此,上述的猜想 5.9.1 和 5.9.2 分别等价于以下两个猜想:

猜想 5.9.3 方程(5.9.1)仅有解 $(x,y,m,n)=(5,2,3,5)$ 和 $(90,2,5,13)$.

猜想 5.9.4 方程(5.9.1)仅有解 $(x,y,m,n)=(5,2,3,5)$ 适合 $x,y\in\mathbb{P}$.

由于到目前为止对方程(5.9.2)的解知之甚少,所以关于以上两个猜想仅有一些很弱的结果. 根据文献[173：Ⅱ]中的分析,综合 Kanold[72],Davenport,Lewis 和 Schinzel[43],Balasubramanian 和 Shorey[7],Shorey[168],Schinzel 和 Tijdeman[163]等人的结果可知:如果方程(5.9.2)的 4 个未知数 x,y,m,n 中至少有两个是给定的,则该方程仅有有限多组这样的解 (x,y,m,n). 然而,人们至今还无法解决以下问题:

问题 5.9.1 当 x,y,m,n 中有一个数给定时,方程(5.9.2)是否仅有有限多组这样的解 (x,y,m,n)?

对此,乐茂华[102]通过讨论广义 Ramanujan-Nagell 方程的解数,运用 Gel'fond-Baker 方法对于 $m=3$ 的情况得到了以下结果:

定理 5.9.1 方程(5.9.2)仅有解 $(x,y,m,n)=(5,2,3,5)$ 和 $(90,2,3,13)$ 可使 $m=3$ 且 y 是素数的方幂.

证 当 $m=3$ 且 y 是素数方幂时,必有 $y=p^r$,其中 p 是素数,r 是正整数. 从(5.9.2)可得

$$(p^r-1)(2x+1)^2+(3p^r+1)=4p^{rn}, n>3.$$

$$(5.9.3)$$

现分以下四种情况进行讨论:

情况(i) 当 $p=2$ 且 $r=1$ 时,从(5.9.3)可得

$$(2x+1)^2+7=2^{n+2}, n>3. \qquad (5.9.4)$$

根据 Nagell 的著名结果,从(5.9.4)可知此时方程(5.9.2)仅有解 $(x,y,m,n)=(5,2,3,5)$ 和 $(90,2,3,13)$.

情况(ii) 当 $p=2$ 且 $r>1$ 时,设 $D_1=2^r-1,D_2=3\cdot2^r+1$. 从 (5.9.3)可知方程

$$D_1X^2 + D_2 = 2^{Z+2}, X, Z \in \mathbb{N} \qquad (5.9.5)$$

有解$(X,Z)=(2x+1,rn)$适合$Z>3r$. 由于根据定理 3.4.1 可知此时方程(5.9.5)仅有解$(X,Z)=(1,r)$和$(2^{r+1},3r)$,故不可能.

情况(iii) 当p是奇素数且$p^r \equiv 1 \pmod 4$时,设$D_1=(p^r-1)/4, D_2=(3p^r+1)/4$. 从(5.9.3)可得

$$D_1(2x+1)^2 + D_2 = p^{rn}, n > 3. \qquad (5.9.6)$$

从(5.9.6)可知此时方程

$$D_1X^2 + D_2 = p^Z, X, Z \in \mathbb{N} \qquad (5.9.7)$$

有解$(X,Z)=(2x+1,rn)$适合$Z>3r$. 然而,根据定理 3.4.1 可知此时方程(5.9.7)仅有解$(X,Z)=(1,r)$和$(2p^r+1,3r)$,故不可能.

情况(iv) 当p是奇素数且$p^r \equiv 3 \pmod 4$时,设$D_1=(p^r-1)/2, D_2=(3p^r+1)/2$. 从(5.9.3)可得

$$D_1(2x+1)^2 + D_2 = 2p^{rn}, n > 3. \qquad (5.9.8)$$

从(5.9.8)可知此时方程

$$D_1X^2 + D_2 = 2p^Z, X, Z \in \mathbb{N} \qquad (5.9.9)$$

有解$(X,Z)=(2x+1,rn)$适合$Z>3r$. 但是,运用 Gel'fond-Baker 方法可以证明此时方程(5.9.9)仅有解$(X,Z)=(1,r)$和$(2p^r+1, 3r)$,故不可能. 综上所述立得本定理. 证完.

§5.10 关于连续正整数的几个问题

数论中有很多问题都与含有连续正整数的指数型超椭圆方程有关,本节将介绍这方面的几个问题.

1875 年,Lucas[113]曾经提出:是否仅有正整数$k=24$可使平方和$1^2+2^2+\cdots+k^2$仍是平方数? 由于$1^2+2^2+\cdots+k^2=k(k+1)(2k+1)/6$,所以运用方程的语言,该问题可表述为:当$m=n=2$时,方程

$$x(x+1)\cdots(x+m) = (m+1)!y^n, x,y,m,n \in \mathbb{N},$$
$$x > 1, y > 1, n > 1 \qquad (5.10.1)$$

是否仅有解$(x,y,m,n)=(48,140,2,2)$适合 $2\mid x$? 1918 年,Watson[211]首先肯定地回答了这个问题. 此后, Ljunggren, 马德刚、徐肇玉和曹珍富、Anglin, Cucurezeanu, Pintér 等人分别给出了该结果的较为初等的证明(参见文献[63]中的问题 D3).

1939 年, Erdös[47]对方程(5.10.1)提出了以下更一般的问题:

猜想 5.10.1 方程(5.10.1)仅有解$(x,y,m,n)=(48,140,2,2)$适合$(m,n)\neq(1,2)$.

对此, Erdös[48]运用初等方法证明了:方程(5.10.1)没有适合$m\geq 3$的解(x,y,m,n). 至此,猜想 5.10.1 尚未解决的部分可表述为:

猜想 5.10.2 方程
$$x(x+1)=2y^n, x,y,n\in\mathbb{N}, x>1, y>1, n>2 \tag{5.10.2}$$

以及
$$x(x+1)(x+2)=6y^n, x,y,n\in\mathbb{N}, x>1, y>1, n>1 \tag{5.10.3}$$

均无解(x,y,n).

1986 年,曹珍富[26]运用初等数论方法证明了:方程(5.10.2)没有适合 $2\mid n$ 的解(x,y,n). 1990 年,乐茂华[81·1]首先运用 Gel'-fond-Baker 方法讨论了猜想 5.10.2 中的两个方程. 他证明了:

定理 5.10.1 方程(5.10.2)和(5.10.3)分别仅有有限多组解(x,y,n),而且这些解都满足$n<C_1$以及$x<C_2$.

证 首先考虑方程(5.10.2). 设(x,y,n)是该方程的一组解. 由于 $\gcd(x,x+1)=1$,故从(5.10.2)可得
$$x=\begin{cases} y_1^n, \\ 2y_2^n, \end{cases} x+1=\begin{cases} 2y_2^n, \text{当}\ 2\nmid x\ \text{时}, \\ y_1^n, \text{当}\ 2\mid x\ \text{时}, \end{cases} \tag{5.10.4}$$
其中y_1,y_2是适合$y_1 y_2=y$的正整数. 从(5.10.4)立得
$$y_1^n-2y_2^n=\pm 1. \tag{5.10.5}$$
从(5.10.5)可知

$$0 < \left| n\log\frac{y_1}{y_2} - \log 2 \right| < \frac{4}{y_1^n + 2y_2^n}. \qquad (5.10.6)$$

设 $\Lambda = n\log(y_1/y_2) - \log 2$. 因为 $y_1 > y_2$, 故从引理 1.8.1 可知

$$\log|\Lambda| > -C_3(\log y_1)(\log n). \qquad (5.10.7)$$

结合 (5.10.6), (5.10.7) 可得 $n < C_1$. 同时, 根据定理 2.2.1, 从 (5.10.5) 可知 $y_1 < C_4(n)$. 于是从 (5.10.2) 可得 $x < \sqrt{2y^n + 1} < \sqrt{2}\, y_1^n < C_5(n) < C_2$.

以下考虑方程 (5.10.3). 设 (x,y,n) 是该方程的一组解. 从 (5.10.3) 可得

$$x = d_1 y_1^n, \quad x+1 = d_2 y_2^n, \quad x+2 = d_3 y_3^n, \qquad (5.10.8)$$

其中 d_1, d_2, d_3 以及 y_1, y_2, y_3 分别是适合 $d_1 d_2 d_3 = 6$ 以及 $y_1 y_2 y_3 = y$ 的正整数. 当 $d_2 = 1$ 或 2 时, 从 (5.10.8) 可得

$$y_i^n - 2y_j^n = \pm 1, i, j \in \{1,2,3\}. \qquad (5.10.9)$$

此时, 根据上节的分析, 从 (5.10.9) 可知定理成立. 当 $d_2 = 3$ 时, 从 (5.10.8) 可得

$$y_i^n - 3y_2^n = \pm 1, i \in \{1,3\}. \qquad (5.10.10)$$

运用同样的方法, 从 (5.10.10) 亦可得 $n < C_1$ 以及 $x < C_2$. 定理证完.

关于定理 5.10.1 中的常数, 文献 [81: I] 具体算出 $C_1 < \exp\exp 7$ 以及 $C_2 < \exp\exp\exp\exp 9$. 此后, Terai[198] 改进为 $C_1 < 4250$ 以及 $C_2 < \exp 10^{5.85 \cdot 10^6}$. 最近, Győry[64] 根据 Darmon 和 Merel[42] 有关类 Fermat 方程以及 Bennett 和 de Weger[12] 关于二项 Thue 方程的结果, 证明了方程 (5.10.2) 和 (5.10.3) 均无解. 至此, 猜想 5.10.1 和 5.10.2 已被全部解决.

对于正整数 x, m, 二项式系数

$$\binom{x+m}{m+1} = \frac{x(x+1)\cdots(x+m)}{(m+1)!}. \qquad (5.10.11)$$

从 (5.10.11) 可知方程 (5.10.1) 可写成

$$\binom{x+m}{m+1} = y^n, x, y, m, n \in \mathbb{N}, x > 1, y > 1, n > 1.$$

$$(5.10.12)$$

设 a,b,c 是给定的正整数. Brindza[17]，袁平之[216]等人运用 Gel'-fond-Baker 方法讨论了比(5.10.12)更一般的方程

$$a\binom{x}{m} = by^n + c, x, y, m, n \in \mathbb{N}, \mathrm{x} > \mathrm{m}, \mathrm{y} > 1, \mathrm{n} > 1.$$

$$(5.10.13)$$

1938 年，Rigge[148]和 Erdös[47]分别独立地运用初等方法证明了：多个连续正整数的乘积不可能是平方数. 上述结果可表述为：方程

$$x(x+1)\cdots(x+m) = y^n, x, y, m, n \in \mathbb{N}, n > 1$$

$$(5.10.14)$$

没有适合 $n=2$ 的解 (x,y,m,n). 对于上述方程，Erdös，Johnson，Obláth，Rigge 等人分别讨论了 $n > 2$ 时的情况(参见文献[123]的第 28 章). 1975 年，Erdös 和 Selfridge[50]证明了：方程(5.10.14)无解 (x,y,m,n). 从而完整地解决了该方程的求解问题.

设 k 是大于 1 的整数. 由于连续整数是等差数列的特殊情况，所以方程

$$x(x+k)\cdots(x+km) = y^n, x, y, m, n \in \mathbb{N}, \gcd(x,k)$$
$$= 1, n > 1 \qquad (5.10.15)$$

是方程(5.10.14)的自然推广. 对此，Erdös[47,Ⅱ]曾经提出：

猜想 5.10.3　对于任何的 k，方程(5.10.15)的解 (x,y,m,n) 都满足 $m < C_6$.

这是一个迄今尚未解决的问题. 对此，Marszalek[116]给出了 m 仅与 k 有关的上界. 他证明了：方程(5.10.15)的解 (x,y,m,n) 都满足

$$m < \begin{cases} e^{C_7 k^{3/2}}, & \text{当 } n=2 \text{ 时,} \\ e^{C_8 k^{7/2}}, & \text{当 } n=3 \text{ 时,} \\ C_9 k^{5/2}, & \text{当 } n=4 \text{ 时,} \\ C_{10} k, & \text{当 } n>4 \text{ 时.} \end{cases} \qquad (5.10.16)$$

此后，Shorey[173,174]，Shorey 和 Tijdeman[184]分别运用 Gel'fond-Baker 方法改进了上界(5.10.16)，并且解决了猜想 5.10.3 的一

些特殊情况. 例如, 文献[173:Ⅱ]证明了: 当方程(5.10.15)的解 (x,y,m,n)适合$m>C_{11}$时, 必有

$$m^{C_{12}(\log\log m)/(\log\log\log m)} < k. \qquad (5.10.17)$$

对于正整数m,x, 设$[x]_m=x(x-1)\cdots(x-m+1)$. 此时, 适合

$$[x]_m=\sum_{k=0}^{m}s(m,k)x^k, \quad x^m=\sum_{k=0}^{m}S(m,k)[x]_k \qquad (5.10.18)$$

的两类整数$s(m,k)$和$S(m,k)(k=0,1,\cdots,m)$分别称为第一类和第二类 Stirling 数. 从定义(5.10.18)可知它们与连续正整数的乘积有着密切的关系. Pintér[140,141], Brindza 和 Pintér[21]运用 Gel'-fond-Baker 方法分别讨论了这两类 Stirling 数中的完全方幂问题. 该问题可归结为某些形如(5.10.14)的方程的求解问题.

设$a_1,a_2,\cdots,a_m$以及$b_1,b_2,\cdots,b_n$分别是适合$0\leqslant a_1<a_2<\cdots<a_m$以及$0\leqslant b_1<b_2<\cdots<b_n$的整数. 方程

$$(x+a_1)(x+a_2)\cdots(x+a_m)=(y+b_1)(y+b_2)\cdots(y+b_n),$$
$$x,y\in\mathbb{N} \qquad (5.10.19)$$

是方程(5.10.14)的另一类型的推广. 关于该方程的早期工作可参见文献[181]的第 6 章. 近年来, Alemu[6], Balasubramanian, Ramachandran 和 Shorey[8], Barja[10], Grytczuk[60], Kiss[73], Pintér[142], Saradha 和 Shorey[154-157], Saradha, Shorey 和 Tijdeman[158-161], Shorey[169,174], Shorey 和 Tijdeman[182-185]等人对该方程进行了大量的研究, 其中不少结果的证明都用到了 Gel'-fond-Baker 方法.

最后介绍一下有关连续正整数齐次和的几个问题. 对于方程

$$1^m+2^m+\cdots+x^m=(x+1)^m, \quad x,m\in\mathbb{N}, x>1,$$
$$(5.10.20)$$

Bowen 曾经提出(参见文献[63]中的问题 D7):

猜想 5.10.4 方程(5.10.20)仅有解$(x,m)=(2,1)$.

这也是一个迄今尚未解决的问题. 对此, Schäffer[162]运用初等方法证明了: 对于给定的m, 方程(5.10.20)仅有有限多组解$(x,$

m). 同时,他还提出了以下更一般的猜想:

猜想 5.10.5 方程

$$1^m + 2^m + \cdots + x^m = y^n, x, y, m, n \in \mathbb{N}, x > 1, y > 1, n > 1$$

$$(5.10.21)$$

仅有解 $(x, y, m, n) = (24, 70, 2, 2)$ 适合 $(m, n) \neq (1, 2), (3, 2), (3, 4)$ 或 $(5, 2)$.

显然,上述猜想是本节开头提到的 Lucas 问题的另一类型的推广. 由于齐次和 $1^m + 2^m + \cdots + x^m$ 可表成 x 的 $m+1$ 次有理系数多项式,其系数均为 Bernoulli 数. 因此,Györy,Tijdman 和 Voorhoeve[65] 运用定理 5.3.1 的证明方法证明了:对于给定的正整数 m,当 $m \neq 1, 2, 3$ 或 5 时,方程 (5.10.21) 仅有有限多组解 (x, y, m, n). 此外,Brindza[15,16],Dilcher[44],Gebel,Pethö 和 Zimmer[56],Kano[71],Moree[124,125],Moree,te Riele 和 Urbanowicz[126],Stroeker[191],Stroeker 和 Tzanakis[193],Urbanowicz[206],Voorhoeve,Györy 和 Tijdeman[210] 等人还讨论了比 (5.10.21) 更一般的有关齐次和的方程.

参 考 文 献

[1] Aaltonen M., Inkeri K., Catalan's equation $x^p - y^q = 1$ and related congruences, Math Comp, 1991, 56: 359—370.

[2] Aigner A., Die diophantische Gleichung $x^2 + 4D = y^p$ im Zusammenhang mit Klassenzahlen, Monatsh Math, 1968, 72: 1—5.

[3] Alemu Y., On the diophantine equation $x(x+1) \cdots (x+n) = y^2 - 1$, SINET, 1995, 18: 1—22.

[4] André-Jeannin R., On the equations $U_n = U_q x^2$, where q is odd, and $V_n = V_q x^2$, where q is even, Fibonacci Quart, 1992, 30: 133—135.

[5] Antoniadis J. A., Generalized Fibonacci numbers and some diophantine equations, Fibonacci Quart, 1985, 23: 199—213.

[6] Antoniadis J. A., Fibonacci and Lucas numbers of the form $3z^2 \pm 1$, Fibonacci Quart, 1985, 23: 300—307.

[7] Balasubramanian R., Shorey T. N., On the equation $a(x^m - 1)/(x - 1) = b(y^n - 1)/(y - 1)$, Math Scand, 1980, 46: 177—182.

[8] Balasubramanian R. ,Shorey T. N. ,On the equation $f(x+1)\cdots f(x+k)=f(y+1)\cdots f(y+mk)$,Indag Math (NS),1993,4:257—267.

[9] Balasubramanian R. , Shorey T. N. , Squares in products from a block of consecutive integers,Acta Arith,1993,65:213—220.

[10] Barja Pérez J. ,Molinelli J. M. ,Blanco Ferro A. ,Finiteness of the number of solutions of the diophantine equation $\begin{pmatrix} x \\ n \end{pmatrix} = \begin{pmatrix} y \\ 2 \end{pmatrix}$,Bull Soc Math Belg Sér A, 1993,45:39—43.

[11] Bateman P. T. ,Stemmler R. M. ,Waring's problem for algebraic number fields and primes of the form $(p^r-1)/(p^d-1)$,Illinois J Math,1962,6:142—156.

[12] Bennett M. A. ,de Weger B. M. M. ,On the diophantine equation $|ax^n-by^n|=1$. to appear.

[13] Blass J. ,On the diophantine equation $Y^2+K=X^5$,Bull Amer Math Soc,1974, 80:329.

[14] Blass J. ,Steiner R. ,On the equation $y^2+k=x^7$,Utilitas Math,1978,13:293—297.

[15] Brindza B. ,On some generalizations of the diophantine equation $1^k+2^k+\cdots+x^k=y^z$,Acta Arith,1984,44:99—107.

[16] Brindza B. ,Power values of sums $1^k+2^k+\cdots+x^k$,In:Number Theory Vol I , Budapest,1987,Colloq Math Soc János Bolyai,51,Amsterdam:North-Holl-and, 1990:595—611.

[17] Brindza B. ,On a special superelliptic equation,Publ Math Debrecen,1991,39: 159—162.

[18] Brindza B. , Erdös P. , On some diophantine problems involving powers and factorials,J Austral Math Soc Ser A,1991,51:1—7.

[19] Brindza B. , Evertse J-H. , Györy K. , Bounds for the solutions of some diophantine equations in terms of discriminants,J Austral Math Soc Ser A,1991, 51:8—26.

[20] Brindza B. ,Györy K. ,Tijdeman R. ,The Fermat equation with polynomial values as base variables,Invent Math,1985,80:139—151.

[21] Brindza B. ,Pintèr A. ,On the power values of Stirling numbers,Acta Arith, 1991,60:169—175.

[22] Brown E. ,Diophantine equations of the form $x^2+D=y^n$,J Reine Angew Math, 1975,274/275:385—389.

[23] Brown E. ,Diophantine equation of the form $ax^2+Db^2=y^p$, J Reine Angew Math,1977,291:118—127.

[24] Bugeaud Y. , On the diophantine equation $x^2 - p^m = \pm y^n$, Acta Arith, 1997, 80: 213—223.

[25] Bugeaud Y. , On the diophantine equation $x^2 - 2^m = \pm y^n$, Proc Amer Math Soc, to appear.

[26] Cao Z-F. , On the diophantine equation $x^{2n} - Dy^2 = 1$, Proc Amer Math Soc, 1986, 98:11—16.

[27] 曹珍富,方程 $x^2 + 2^m = y^n$ 和 Hugh Edgar 问题,科学通报,1986,31:555—556.

[28] 曹珍富,关于丢番图方程 $Cx^2 + 2^m D = y^p$. 科学通报,1992,37:2106.

[29] 曹珍富,关于丢番图方程 $Cx^2 + 2^{2m} D = k^n$,数学年刊(A 辑),1994,15:235—240.

[30] 曹珍富,关于虚二次域类数的可除性,数学学报,1994,37:50—52.

[31] 曹珍富,丢番图方程与实二次域类数的可除性,数学学报,1994,37:625—631.

[32] Cassels J. W. S. , On the equation $a^x - b^y = 1$, Amer J Math, 1953, 75:159—162; II:Math Proc Cambridge Philos Soc, 1960, 56:97—103.

[33] Catalan E. , Note extraite d'une lettre adressée à l'éditeur, J Reine Angew Math, 1844, 27:192.

[34] Cohn J. H. E. , On square Fibonacci numbers, J London Math Soc, 1964, 39: 537—540.

[35] Cohn J. H. E. , The diophantine equation $x^2 + 2^k = y^n$. Arch Math(Basel), 1992, 59:341—344.

[36] Cohn J. H. E. , The diophantine equation $x^2 + 19 = y^n$. Acta Arith, 1992, 61:193—197.

[37] Cohn J. H. E. , The diophantine equation $x^2 + 3 = y^n$, Glasgow Math J, 1993, 35: 203—206.

[38] Cohn J. H. E. , The diophantine equation $x^2 + C = y^n$, Acta Arith, 1993, 65:367—381.

[39] Cowles M. J. , On the divisidility of class number of imaginary quadratic fields, J Number Theory, 1980, 12:113—115.

[40] Cresenzo P. , A diophantine equation which arises in the theory of finite groups, Adv Math, 1975, 17:25—29.

[41] Čudnovskiǐ G. V. , Some analytic methods in the theory of diophantine approximations, Math Inst Acad Sci Ukrainian SSR Kiev, Preprint 74—9, 1974.

[42] Darmon H. , Merel. L. , Winding quotients and some variants of Fermat's Last Theorem, J Reine Angew Math, to appear.

[43] Davenport H. , Lewis D. J. , Schinzel A. , Equations of the form $f(x) = g(y)$, Quart J Math, 1961, 12:304—312.

[44] Dilcher K. ,On a diophantine equation involving quadratic characters,Compositio Math,1986,57:383—403.

[45] Edgar H. , On a theorem of Suryanarayana, In: Number Theory, New York: Pullman,1971:52—54.

[46] Edgar H. ,Problems and some results concerning the diophantine equation $1+A +A^2+\cdots+A^{x-1}=p^y$,Rocky Mountain J Math,1985,15:327—329.

[47] Erdös P. ,Note on the product of consecutive integers I ,J London Math Soc, 1939,14:194—198; II :ibid,1939,14:245—249; III :Indag Math,1955,17:85—90.

[48] Erdös P. ,On a diophantine equation,J London Math Soc,1951,26:176—178.

[49] Erdös P. ,Graham R. L. ,Old and New Problems and Results in Combinatorial Number Theory,Geneva,1980.

[50] Erdös P. ,Selfridge J. L. ,The product of consecutive integers is never a power, Illinois J Math,1975,19:292—301.

[51] Estes D. ,Guralnick R. , Schacher M. ,Straus E. ,Equations in prime powers, Pacific J Math,1985,118:359—367.

[52] Evertse J-H. , Upper Bounds for the Numbers of Solutions of Diophantine Equations,Math Centre Tract 168,Centr Math Comp Soc,Amsterdam,1983.

[53] Feit W. ,Some consequences of classification of finite simple groups, In: Proc Sympos Pure Math 37, Amer Math Soc,1980:175—181.

[54] Finkelstein R. ,On Fibonacci numbers which are one more than a square,J Reine Angew Math,1973,262/263:171—178.

[55] Finkelstein R. ,On Lucas numbers which are one more than a square,Fibonacci Quart,1975,13:340—342.

[56] Gebel J. ,Pethö A. ,Zimmer H. G. ,Computing integral points on elliptic curves, Acta Arith,1994,67:177—196.

[57] Glass A. M. W. ,Meronk D. B. ,Okada T. ,Steiner R. P. ,A small contribution to Catalan's equation,J Number Theory,1994,47:131—137.

[58] Goormaghtigh R. ,L'Intermediaire des Mathématiciens,1917,24:88.

[59] Gross B. ,Rohrlich D. ,Some results on the Mordell-Weil group of the Jacobian of the Fermat curve,Invent Math,1978,44:201—224.

[60] Grytczuk A. ,On a conjecture of Erdös on binomial coefficients,Studia Sci Math Hungar,1994,29:241—244.

[61] Guo Y-D. ,Le M-H. ,A note on the exponential diophantine equation $x^2-2^m=y^n$,Proc Amer Math Soc,1995,123:3627—3629.

[62] Guralnick R. , Subgroups including the same permutation representation, J Algebra,1983,81:312—319.

[63] Guy R. K. ,Unsolved Problems in Number Theory,New York:Springer-Verlag, 1994.

[64] Győry K. ,On the diophantine equation $\binom{n}{k}=x^l$,Acta Arith,1997,80:289—295.

[65] Győry K. , Tijdeman R. , Voorhoeve M. ,On the equation $1^k+2^k+\cdots+x^k=y^z$, Acta Arith,1980,37:233—240.

[66] Hall M. Jr. ,Combinatorial Theory,London:Blaisdell,1967.

[67] Herschfeld A. , The equation $2^x-3^y=d$,Bull Amer Math Soc (N S),1936,42: 231—234.

[68] 华罗庚,数论导引,北京:科学出版社,1979.

[69] Inkeri K. ,On Catalan conjecture,J Number Theory,1990,34:142—152.

[70] Joó I. ,Phong B. M. ,On two diophantine equations concerning Lucas sequences, Publ Math Debrecen,1988,35:301—307.

[71] Kano H. ,On the equation $s(1^k+2^k+\cdots+x^k)+r=by^z$, Tokyo J Math,1990, 13:441—448.

[72] Kanold H-J. , Über eine diophantische Gleichungen,Math Ann,1956,132:246—255.

[73] Kiss P. ,Pure powers and power classes in recurrence sequences,Math Slovaca, 1994,44:525—529.

[74] Ko C. ,On the diophantine equation $x^2=y^n+1,xy\neq0$,Sci Sinica,1964,14:457—460.

[75] Kotov S. V. , Über die maximale Norm der Idealteiler des Polynoms $\alpha x^m+\beta y^n$ mit algebraischen Koeffizienten,Acta Arith,1976,31:219—230.

[76] Lagarias J. C. ,Weisser D. P. ,Fibonacci and Lucas cubes,Fibonacci Quart,1981, 19:39—43.

[77] Langevin M. ,Quelques applications de nouveaux résultats de van der Poorten, Sém Delange-Pisot-Poitou,Paris:1975/1976,Exp G12,11pp.

[78] 乐茂华,一类虚二次域类数的可除性,科学通报,1987,32:724—727.

[79] Le M-H. ,On the divisibility of the class number of the imaginary quadratic field $\mathbb{Q}\left(\sqrt{a^2-4k^m}\right)$,Acta Math Sinica (N S),1989,5:80—86.

[80] 乐茂华,实二次域$\mathbb{Q}\left(\sqrt{(1+4k^{2n})/a^2}\right)$类数的可除性,数学学报,1990,33:565—574.

[81] 乐茂华,Baker 方法的若干应用 I ,长沙铁道学院学报,1990,8(2):20—26；Ⅱ：ibid,1990,8(3):65—74；Ⅲ:ibid,1991,9(1):95—100；Ⅳ:ibid,1991,9(2):87—92；Ⅴ:ibid,1992,10(1):73—77；Ⅵ:ibid,1992,10(2):80—85；Ⅶ:ibid,1992,10(3):84—88;Ⅷ:1992,10(4):96—101；Ⅸ:ibid,1993,11(1):107—112；Ⅹ:ibid,1993,11(2),83—86；Ⅺ:ibid,1993,11(3):67—70;Ⅻ:ibid,1993,11(4):52—55；ⅩⅢ.湖南师范大学自然科学学报,1994,17(4):1—3;ⅩⅣ.湛江师范学院学报（自然科学版）,1995,16(1):1—5.

[82] Le M-H. ,A note on the diophantine equation $ax^m - by^n = k$,Indag Math (N S),1992,3:185—191.

[83] Le M-H. ,A diophantine equation concerning the divisibility of the class number for some imaginary quadratic fields,Indag Math (N S),1993,4:67—70.

[84] Le M-H. ,On the diophantine equations $d_1 x^2 + 2^{2m} d_2 = y^n$ and $d_1 x^2 + d_2 = 4y^n$,Proc Amer Math Soc,1993,118:67—70.

[85] Le M-H. ,A note on the diophantine equation $(x^m - 1)/(x - 1)$,Acta Arith,1993,64:19—28.

[86] Le M-H. ,A note on the diophantine equation $x^2 + 4D = y^p$,Monatsh Math,1993,116:283—285.

[87] Le M-H. ,A note on the diophantine equation $x^{p-1} - 1 = py^q$,C R Math Rep Acad Sci Canada,1993,15:121—124.

[88] 乐茂华,关于丢番图方程$(x^m - 1)/(x - 1) = y^n$,数学学报,1993,36:590—599.

[89] Le M-H. ,A note on the diophantine equation $(x^m - 1)/(x - 1) = y^n + 1$,Math Proc Cambridge Philos Soc,1994,116:385—389.

[90] Le M-H. ,The diophantine equation $x^2 + D^m = 2^{n+2}$,Comment Univ St Pauli,1994,43:127—133.

[91] Le M-H. ,On the diophantine equation $2^n + px^2 = y^p$,Proc Amer Math Soc,1995,123:231—236.

[92] Le M-H. ,A diophantine equation concerning finite groups,Pacific J Math,1995,169:335—342.

[93] Le M-H. ,On the diophantine equation $D_1 x^2 + D_2^m = 4y^n$. Monatsh Math,1995,120:121—125.

[94] Le M-H. ,On the diophantine equation $x^{p-1} + (p - 1)! = p^n$,Publ Math Debrecen,1996,48:145—149.

[95] 乐茂华,一类超椭圆曲线的整点个数,数学学报,1996,39:289—293.

[96] 乐茂华,关于丢番图方程$x^2 \pm 2^m = y^n$,数学进展,1996,25:328—333.

[97] 乐茂华,关于丢番图方程$D_1 x^2 + 2^m D_2 = p^n$ 的解数,数学进展,1997,26:43—49.

[98] Le M-H. ,A note on the diophantine equation $x^2+7=y^n$,Glasgow Math J,1997, 39:59—63.

[99] 乐茂华,关于丢番图方程 $x^2+D=y^n$,数学学报,1997,40:839—844.

[100] Le M-H. ,A complete determination of solutions of the diophantine equation $x^2+D=y^n$ for $D\in\{43,67,163\}$,to appear.

[101] Le M-H. ,A note on the diophantine equation $D_1x^2+D_2=2y^n$,Publ Math Debrecen,1997,51:191—198.

[102] Le M-H. ,On the diophantine equation $(x^3-1)/(x-1)=(y^n-1)/(y-1)$, Trans Amer Math Soc,to appear.

[103] 乐茂华,郭永东,关于丢番图方程 $x^2+2^m=y^n$,科学通报,1997,42:1255—1257.

[104] Lebesgue V. A. ,Sur l'impossibilité,en nombres entiers,de l'équation $x^m=y^2+1$,Nouv Ann Math(1),1850,9:178—181.

[105] LeVeque W. J. ,On the equation $a^x-b^y=1$,Amer J Math,1952,74:325—331.

[106] Ljunggren W. ,Noen setninger om ubestemte likninger av formen $(x^n-1)/(x-1)=y^q$,Norsk Mat Tidsskr,1943,25:17—20.

[107] Ljunggren W. , Über einige Arcustangensgleichungen die auf interessante unbestimmte Gleichungen führen,Ark Mat Arst Fys,1943,29A(13):1—11.

[108] Ljunggren W. ,On the diophantine equation $x^2+D=y^n$,Norske Vid Selsk Forh Trondheim,1944,17(23):93—96.

[109] London H. ,Finkelstein R. ,On Fibonacci and Lucas numbers which are perfect powers,Fibonacci Quart,1969,7:476—481;Correction:ibid,1970,8:248.

[110] Loxton J. H. ,Some problems involving powers of integers,Acta Arith,1986, 46:113—123.

[111] 陆洪文,连分数与类数及其它,中国科学(A辑),1983,13:627—636.

[112] 陆洪文,一类实二次域类数的可除性,数学学报,1985,28:756—762.

[113] Lucas E. ,Problem 1180,Nouv Ann Math (2),1875,14:336.

[114] Luo M. ,On triangular Fibonacci numbers,Fibonacci Quart,1989,27:98—108.

[115] Luo M. ,On triangular Lucas numbers,In:Applications of Fibonacci Numbers, Vol 4,Winston-Salem,NC,1990,Dordrecht:Kluwer Acad Publ,1991:231—240.

[116] Marszalek R. , On the product of consecutive elements of an arithmetic progression. Monatsh Math,1985,100:215—222.

[117] McDaniel W. L. ,Square Lehmer numbers,Colloq Math,1993,66:85—93.

[118] Mignotte M. ,Sur l'équation de Catalan I ,C R Acad Sci Paris Sér I Math, 1992,314:165—168;II:Theor Comput Sci,1994,123:145—149.

[119] Mignotte M. , A criterion on Catalan's equation, J Number Theory, 1995, 52: 280—283.

[120] Mignotte M. , Mathematial Reviews, 96f: 11048.

[121] Mignotte M. , On the diophantine equation $D_1 x^2 + D_2^m = 4y^n$, Portugal Math, 1997, 54: 457—460.

[122] Mignotte M, de Weger B. M. M. , On the diophantine equations $x^2 + 74 = y^5$ and $x^2 + 86 = y^5$, Glasgow Math J, 1996, 38: 77—85.

[123] Mordell L. J. , Diophantine Equations, London: Academic Press, 1969.

[124] Moree P. , On arithmetic progressions having only few different prime factors in comparison with their length, Acta Arith, 1995, 70: 295—312.

[125] Moree P. , Diophantine equations of Erdös-Moser type, Bull Austral Math Soc, 1996, 53: 281—292.

[126] Moree P. , te Riele H. J. J. , Urbanowicz J. , Divisibity properties of integers x, k satisfying $1^k + \cdots + (x-1)^k = x^k$, Math Comp, 1994, 63: 799—815.

[127] Nagell T. , Note sur l'équation indéterminée $(x^n - 1)/(x - 1) = y^q$. Norsk Mat Tidsskr, 1920, 2: 75—78.

[128] Nagell T. , Contributions to the theory of a category of diophantine equations of the second degree with two unknowns, Nova Acta Regiae Soc Sci Upsaliensis (4), 1955, 16(2): 1—38.

[129] Nemes I. , On the solution of the diophantine equation $G_n = P(x)$ with sieve algorithm, In: Computational Number Theory, Debrecen, 1989, Berlin: de Gruyter, 1991: 303—311.

[130] Nemes I. , Pethö A. , Polynomial values in linear recurrences, Publ Math Debrecen, 1984, 31: 229—233.

[131] Osada H. , Note on the class number of the maximal real subfield of a cyclotomic field, Manuscripta Math, 1987, 58: 215—227.

[132] Osada H. , Terai N. , Generalization of Lucas' theorem for Fermat's quotient, C R Math Rep Acad Sci Canada, 1989, 11: 115—120.

[133] Perlis R. , On the class number of arithmetically equivalent fields, J Number Theory, 1978, 10: 489—509.

[134] Pethö A. , Perfect powers in second order linear recurrences, J Number Theory, 1982, 15: 5—13.

[135] Pethö A. , Full cubes in the Fibonacci sequence, Publ Math Debrecen, 1983, 30: 117—127.

[136] Pethö A. , The Pell sequence contains only trivial perfect powers, In: Sets, Graphs and Numbers, Budapest, 1991, Colloq Math Soc János Bolyai, 60. Amsterdam: North-Holland, 1992: 561—568.

[137] Pillai S. S. , On the inequality $0 < a^x - b^y \leqslant n$. J Indian Math Soc (1), 1931, 19: 1—11.

[138] Pillai S. S. , On the equation $a^x - b^y = c$, J Indian Math Soc (N S), 1936, 2: 99—122; Correction: ibid, 1937, 2: 215.

[139] Pillai S. S. , On the equation $2^x - 3^y = 2^X + 3^Y$, Bull Calcutta Math Soc, 1945, 37: 15—20.

[140] Pintèr Á. , On some arithmetical properties of Stirling numbers, Publ Math Debrecen, 1992, 40: 91—95.

[141] Pintèr Á. , On a diophantine equation problem concerning Stirling numbers, Acta Math Hungar, 1994, 65: 361—364.

[142] Pintèr Á. , A note on the diophantine equation $\begin{pmatrix} x \\ 4 \end{pmatrix} = \begin{pmatrix} y \\ 2 \end{pmatrix}$, Publ Math Debrecen, 1995, 47: 411—415.

[143] Rabinowicz S. , The solution of $y^2 \pm 2^n = x^3$, Proc Amer Math Soc, 1976, 62: 1—6.

[144] Rabinowicz S. , The solution of $3y^2 \pm 2^n = x^3$, Proc Amer Math Soc, 1978, 69: 213—218.

[145] Ratat R. , L'lntermediaire des Mathématiciens, 1916, 23: 150.

[146] Ribenboim P. , Catalan's Conjecture, Boston, MA: Academic Press Inc, 1994.

[147] Ribenboim P. , McDaniel W. L. , Square classes of Lucas sequences, Portugal Math, 1991, 48: 469—473.

[148] Rigge O. , Über ein diophantisches Problem, IX Skan Math Kongr Helsing fors, 1938.

[149] Robbins N. , On Fibonacci numbers which are powers, Fibonacci Quart, 1978, 16: 515—517; II : ibid, 1983, 21: 215—218.

[150] Robbins N. , Fibonacci and Lucas numbers of the form $\omega^2 - 1, \omega^3 \pm 1$. Fibonacci Quart, 1981, 19: 369—373.

[151] Robbins N. , On Fibonacci numbers of the form px^2, where p is a prime, Fibonacci Quart, 1983, 21: 266—271.

[152] Robbins N. , Fibonacci numbers of the form $px^2 \pm 1$, $px^3 \pm 1$, where p is a prime, In: Applications of Fibonacci Numbers, San Jose, CA, 1986. Dordredt: Kluwer Acad Publ, 1988: 77—88.

[153] Robbins N. , Fibonacci numbers of the form cx^2, where $1 \leqslant c \leqslant 1000$, Fibonacci Quart, 1990, 28: 306—315.

[154] Saradha N. , Shorey T. N. , The equation $(x+1) \cdots (x+k) = (y+1) \cdots (y+mk)$ with $m=3, 4$, Indag Math(N S), 1991, 2: 489—510.

[155] Saradha N. , Shorey T. N. , On the equation $(x+1) \cdots (x+k) = (y+1) \cdots (y+mk)$, Indag Math (N S), 1992, 3: 79—90.

[156] Saradha N. , Shorey T. N. , On the equation $x(x+d) \cdots (x+(k-1)d) = y(y+d) \cdots (y+(mk-1)d)$, Indag Math(N S), 1992, 3: 237—242.

[157] Saradha N. , Shorey T. N. , On the equation $x(x+d_1) \cdots (x+(k-1)d_1) = y(y+d_2) \cdots (y+(mk-1)d_2)$, Proc Indian Acad Sci Math Sci, 1994, 104: 1—12.

[158] Saradha N. , Shorey T. N. , Tijdeman R. , On arithmetic progressions with equal products, Acta Arith, 1994, 68: 89—100.

[159] Saradha N. , Shorey T. N. , Tijdeman R. , On arithmetic progressions of equal lengths with equal products, Math Proc Cambridge Philos Soc, 1995, 117: 193—201.

[160] Saradha N. , Shorey T. N. , Tijdeman R. , On the equation $x(x+1) \cdots (x+k-1) = y(y+d) \cdots (y+(mk-1)d)$, m=1, 2, Acta Arith, 1995, 71: 181—196.

[161] Saradha N. , Shorey T. N. , Tijdeman R. , On values of a polynomial at arithmetic progressions with equal products, Acta Arith, 1995, 1: 67—76.

[162] Schäffer J. J. , The equation $1^p + 2^p + \cdots + n^p = m^q$, Acta Math, 1956, 95: 155—189.

[163] Schinzel A. , Tijdeman R. , On the equation $y^m = P(x)$, Acta Arith, 1976, 31: 199—204.

[164] Schlickewei H. P. , Schmidt W. M. , Equations $au_n^l = bu_m^k$ satisfied by members of recurrence sequences, Proc Amer Math Soc, 1993, 118: 1043—1051.

[165] Schwarz W. , A note on Catalan's equation, Acta Arith, 1995, 72: 277—279.

[166] Scott R. , On the equation $p^x - b^y = c$ and $a^x + b^y = c^z$, J Number Theory, 1993, 44: 153—165.

[167] 施武杰, 关于单 K_4-群, 科学通报, 1991, 36: 1281—1283.

[168] Shorey T. N. , On the equation $a(x^m - 1)/(x-1) = b(y^n - 1)/(y-1)$ (II), Hardy-Ramanujan J, 1984, 7: 1—10.

[169] Shorey T. N. , On the ratio of values of a polynomial, Proc Indian Acad Sci (Math Sci), 1984, 93: 109—116.

[170] Shorey T. N. , On the equation $z^q = (x^n - 1)/(x-1)$. Indag Math, 1986, 48: 345—351.

[171] Shorey T. N. ,On the equation $ax^m - by^n = k$,Indag Math,1986,48:353—358.

[172] Shorey T. N. ,Perfect powers in values of certain polynomials at integer points, Math Proc Cambridge Philos Soc,1986,99:195—207.

[173] Shorey T. N. ,Some exponential diophantine equations(I),In:Baker A ed. , New Advances in Transcendence Theory,Cambridge:Cambridge Univ Press, 1988: 352—365; II : In: Number Theory and Related Topics, Bombay: Tata Institute of Fundamental Research,1988:217—229.

[174] Shorey T. N. ,Perfect power in product of integers from a block of consecutive integers,Acta Arith,1987,49:71—79.

[175] Shorey T. N. ,Integers with identical digits,Acta Arith,1989,53:187—205.

[176] Shorey T. N. ,On a conjecture that a product of k consecutive positive integers is never equal to a product of mk consecutive positive integers except for 8. 9. 10 = 6! and related questions, In: Number Theory, Paris, 1992—1993, London Math Soc Lecture Note Ser 215, Cambridge: Cambridge Univ Press, 1995: 231—244.

[177] Shorey T. N. , Stewart C. L. , On divisors of Fermat, Fibonacci, Lucas and Lehmer numbers II ,J London Math Soc(2),1981,23:17—23.

[178] Shorey T. N. ,Stewart C. L. ,On the diophantine equation $ax^{2l} + bx^l y + cy^2 = d$ and pure powers in recurrence sequences,Math Scand,1983,52:24—36.

[179] Shorey T. N. , Stewart C. L. , Pure powers in recurrence sequences and some related diophantine equations,J Number Theory,1987,27:324—352.

[180] Shorey T. N. ,Tijdeman R. ,New applications of diophantine approximations to diophantine equations, Math Scand,1976,39:5—18.

[181] Shorey T. N. , Tijdeman R. , Exponential Diophantine Equations,Cambridge: Cambridge Univ Press,1986.

[182] Shorey T. N. , Tijdeman R. , Perfect powers in arithmetical progression, J Madras Univ,1988,B51:173—180; II :Compositio Math,1992,82:107—117.

[183] Shorey T. N. , Tijdeman R. , On the greatest prime factor of an arithmetical progression, In: A Tribute to Paul Erdös, Cambridge: Cambridge Univ Press, 1990: 385—389; II : Acta Arith, 1990, 53: 499—504; III : In: Approximations diophantinnes et nombres transcendants, Lummy, 1990, Berlin: de Gruyter, 1992:275—280.

[184] Shorey T. N. , Tijdeman R. , Perfect powers in products of terms in an arithmetical progression,Compositio Math, 1990, 75:307—344; II :ibid, 1992, 82:119—136; III :Acta Arith,1992,61:391—398.

[185] Shorey T. N. , Tijdeman R. , On the number of prime factors of a finite arithmetical progression, Acta Arith, 1992, 61: 375—390.

[186] Shorey T. N. , van der Poorten A. J. , Tijdeman R. , Schinzel A. , Applications of the Gel'fond-Baker method to diophantine equations, In: Baker A. , Masser D. W. , eds. , Transcendence Theory: Advances and Applications, London: Academic Press, 1977: 59—78.

[187] Sprindžuk V. G. , Classical Diophantine Equations in Two Unknowns, Moskva: Nauka, 1982 (Russian).

[188] Steiner R. , On nth powers in the Lucas and Fibonacci series, Fibonacci Quart, 1978, 16: 451—458.

[189] Steiner R. , On Fibonacci numbers of the form $x^2 + 1$, In: A Collection of Manuscripts Related to the Fibonacci Sequence, Fibonacci Assoc, Santa Clara Cal, 1980: 208—210.

[190] Stewart C. L. , On some diophantine equations and related linear recurrence sequences, In: Théorie de Nombres, Prog Math, 1982, 22: 317—321.

[191] Stroeker R. J. , On the sum of consecutive cubes being a perfect square, Compositio Math, 1995, 97: 295—307.

[192] Stroeker R. J. , Tijdeman R. , Diophantine Equations, Computational Methods in Number Theory, Centr Math Comp Soc, Amsterdam, 1982: 321—369.

[193] Stroeker R. J. , Tzanakis N. , Solving elliptic diophantine equations by estimating linear forms in elliptic logarithms, Acta Arith, 1994, 67: 177—196.

[194] Styer R. , Small two-variable exponential diophantine equations, Math Comp, 1993, 60: 811—816.

[195] 孙琦,有限群中一个未解决的丢番图方程,数学研究与评论,1986,6(2): 20.

[196] Tanahashi K. , On certain class number of real quadratic fields, In: Characteristics of Arithmetic Fields, Proc Sympos Res Inst Math Sci, Kyoto Univ, Kyoto, 1975: 108—131 (Japanese).

[197] Terai N. , Generalization of Lucas' theorem for Fermat's quotient II , Tokyo J Math, 1990, 13: 277—287.

[198] Terai N. , On a diophantine equation of Erdös. Proc Japan Acad Ser A Math Sci, 1994, 70: 213—217.

[199] Tijdeman R. , Applications of the Gel'fond-Baker method to rational number theory, In: Topics in Number Theory, Proc Conf Debrecen 1974, Colloq Math Soc János Bolyai 13, Amsterdam: North-Holland, 1976: 399—416.

[200] Tijdeman R. , On the equation of Catalan, Acta Arith, 1976, 29: 197—209.

[201] Tijdeman R. , On the Fermat-Catalan equation, Jahresber Deutsche Math Verein,1985,87:1—18.

[202] Toyoizumi M. , On the diophantine equation $y^2 + D^m = p^n$, Acta Arith,1983,42: 303—309.

[203] Turk J. , Polynomial values and almost powers, Michigan Math J, 1983, 29: 213—220.

[204] Turk J. , On the difference between perfect powers, Acta Arith, 1986, 45:289—307.

[205] Uehara T. , On class numbers of imaginary quadratic and quartic fields, Arch Math, 1983, 41:256—260.

[206] Urbanowicz J. , Remarks on the equation $1^k + 2^k + \cdots + (x-1)^k = x^k$, Indag Math, 1988, 50:343—348.

[207] Urbanowicz J. , On the equation $f(1) \cdot 1^k + f(2) \cdot 2^k + \cdots + f(x)x^k + R(x) = by^z$, Acta Arith, 1988, 51:349—368.

[208] Urbanowicz J. , On diophantine equations involving sums of powers with quadratic characters as coefficients I , Compositio Math, 1994, 92:249—271.

[209] van der Poorten A. J. , Effectively computable bounds for the solutions of certain diophantine equations, Acta Arith, 1977, 33:195—207.

[210] Voorhoeve M. , Győry K. , Tijdeman R. , On the diophantine equation $1^k + 2^k + \cdots + x^k + R(x) = y^z$, Acta Arith, 1979, 143:1—8.

[211] Watson N. , The problem of the square pyramid, Messenger of Math, 1918/1919, 48:1—22.

[212] Williams H. C. , On Fibonacci numbers of the form $k^2 + 1$, Fibonacci Quart, 1975, 13:213—214.

[213] Wolfskill J. , Bounding squares in second order recurrence sequences, Acta Arith, 1989, 54:127—145.

[214] Wylie O. , Solution of the problem:In the Fibonacci series $F_1 = 1, F_2 = 1, F_{n+1} = F_n + F_{n-1}$, the first, second and twelfth terms are squares. Are there any others? Amer Math Monthly, 1964, 71:220—222.

[215] Yu K-R. , Liu D-H. , A complete resolution of a problem of Erdős and Graham, Rocky Mountain J Math, 1996, 26:1235—1244.

[216] Yuan P-Z. , On a special diophantine equation $a \begin{pmatrix} x \\ n \end{pmatrix} = by^r + c$, Publ Math Debrecen, 1994, 44:137—143.

[217] 袁平之,关于丢番图方程$(x^m - 1)/(x - 1) = y^n$的一个注记,数学学报,1996, 39:784—789.

[218] 张贤科,实二次域关联的丢番图方程的解,科学通报,1991,36:1772—1775.

[219] 张贤科,实二次域理想类群的子群的决定,科学通报,1991,36:1847—1849.

[220] 张贤科,实二次域的方程与半单和最小连分数,科学通报,1995,40:865—867.

第六章　S-单位方程

设 $p_1, p_2, \cdots, p_r$ 是适合 $p_1 < p_2 < \cdots < p_r$ 的素数，$S = S(p_1, p_2, \cdots, p_r) = \{\pm p_1^{m_1} p_2^{m_2} \cdots p_r^{m_r} \mid m_1, m_2, \cdots, m_r$ 均为非负整数$\}$. 对于大于 1 的正整数 n，设 $a_1, a_2, \cdots, a_{n+1}$ 是互素的非零整数. 本章主要讨论形如

$$a_1 x_1 + a_2 x_2 + \cdots + a_n x_n = a_{n+1} x_{n+1}, x_1, x_2, \cdots, x_n, x_{n+1} \in S,$$
$$\gcd(x_1, x_2, \cdots, x_n, x_{n+1}) = 1$$

的方程. 由于此类方程的未知数都在指数位置，因此称为纯指数型方程.

同时，集合 S 中任意两个数的商称为 S 单位，全体 S 单位的集合记作 S_U. 由于上述方程等价于未知数为 S 单位的方程

$$a_1 y_1 + a_2 y_2 + \cdots + a_n y_n = a_{n+1}, y_1, y_2, \cdots, y_n \in S_U,$$

所以该方程也称为有理数域上的 S 单位方程，简称 S 单位方程.

§6.1　方程 $a^x + b^y = c^z$

设 a, b, c 是两两互素的正整数，适合 $b > a > 1$ 以及 $c > 1$. 方程

$$a^x + b^y = c^z, x, y, z \in \mathbb{N} \tag{6.1.1}$$

是一类最基本的 S 单位方程. 1933 年，Mahler[26;1]运用 p-adic 形式的丢番图逼近方法证明了该方程仅有有限多组解 (x, y, z). 由于 Mahler 的方法是非实效的，所以无法得出解的可有效计算的上界. 1940 年，Gel'fond[14]最先给出了实效性的结果. 运用 Gel'fond-Baker 方法可以证明：

定理 6.1.1　对于任何给定的正整数 a, b, c 方程(6.1.1)仅有有限多组解 (x, y, z)，而且这些解都满足 $\max(x, y, z) < C_1 A^2 (\log$

$A)^2(\log \log A)^2.$

证 设(x,y,z)是方程(6.1.1)的一组解. 当$x=\max(x,y,z)$且$b<c$时, 从(6.1.1)可知:对于正整数a的任何素因数p, 都有

$$\mathrm{ord}_p(c^z - b^y) \geqslant x. \qquad (6.1.2)$$

同时, 因为$\gcd(a,bc)=1$, 故从引理1.8.4可知

$$\mathrm{ord}_p(c^z - b^y) = \mathrm{ord}_p(b^{-y}c^z - 1) < C_2 \frac{p^2}{\log p}(\log b)(\log c) \qquad (6.1.3)$$

$$(\log \log c)(\log \max(y,z)) < C_2 \frac{p^2}{\log p}(\log A)^2(\log \log A)(\log x).$$

由于$p \leqslant a \leqslant A$, 所以结合(6.1.2), (6.1.3)可得

$$\max(x,y,z) = x < C_1 p^2 (\log A)^2 (\log \log A)^2$$
$$\leqslant C_1 A^2 (\log A)^2 (\log \log A)^2.$$

由此可知此时定理成立. 同理可证$x=\max(x,y,z)$且$b>c$以及$x \neq \max(x,y,z)$的情况. 定理证完.

设N是给定的正整数. 运用初等数论方法和代数数论方法, 可以对较小的N在$\max(a,b,c) \leqslant N$的范围内具体找出方程(6.1.1)的全部解. 例如, 任建华和张建康[34]、曹珍富[6]分别对适合$\max(a,b,c) \leqslant 16$的正整数a,b,c以及适合$\max(a,b,c) \leqslant 97$的素数a,b,c给出了该方程的全部解(x,y,z).

当a,b,c是不同的素数时, 运用初等方法可以对方程(6.1.1)的解数作出精确的估计. 有关这方面的最好结果是由Scott[40]得到的. 他证明了:当$c=2$时, 除了$(a,b,c)=(3,5,2)$和$(3,13,2)$这两种情况以外, 方程(6.1.1)至多有1组解(x,y,z);当$c \neq 2$时, 该方程至多有2组解(x,y,z). 最近, 乐茂华[24]对于一般的奇数c讨论了方程(6.1.1)的解数和解的上界. 他运用初等方法证明了:当$2 \nmid c$时, 方程(6.1.1)至多有$2^{\omega(c)+1}$组解(x,y,z), 其中$\omega(c)$是c的不同素因数的个数, 而且这些解都满足

$$z < \frac{2ab}{\pi}\log(2eab); \qquad (6.1.4)$$

特别是当 c 是奇素数时,

$$z < \frac{2\sqrt{ab}}{\pi} \log(2e\sqrt{ab}). \tag{6.1.5}$$

1994 年,Terai[50;1]对于方程(6.1.1)的解数提出了以下猜想:

猜想 6.1.1　方程(6.1.1)至多有 1 组解(x,y,z)适合 $x>1$,$y>1$,$z>1$.

从文献[19],[40]中的分析可知:当 c 是素数时,猜想 6.1.1 是成立的. 在一般情况下,这仍是个尚未解决的问题.

设 r,s 是适合 $2\mid rs$ 以及 $\gcd(r,s)=1$ 的正整数. 当 n 是大于 1 的正整数时,如果 a,b,c 是可表成

$$a = \left| \sum_{i=0}^{[n/2]} (-1)^i \binom{n}{2i} r^{n-2i} s^{2i} \right|, \quad b = \left| \sum_{i=0}^{[(n-1)/2]} (-1)^i \binom{n}{2i+1} \right.$$
$$\left. r^{n-2i-1} s^{2i+1} \right|, \quad c = r^2 + s^2 \tag{6.1.6}$$

的正整数,则方程(6.1.1)显然有解$(x,y,z)=(2,2,n)$. 对此,Terai[50]、乐茂华[23]分别运用初等方法证明了:当 $n=3$ 或 5,r 和 s 满足某些条件时,方程(6.1.1)仅有解$(x,y,z)=(2,2,n)$. 上述结果支持了猜想 6.1.1 的正确性. 同时,我们有以下较弱的猜想:

猜想 6.1.2　对于任何大于 1 的正整数 n,如果 a、b、c 满足(6.1.6),则方程(6.1.1)仅有解$(x,y,z)=(2,2,n)$.

另外,对于互素的正整数 a,b,Mignotte[28],Mabkhout[25]还讨论了方程

$$a^n + b^n = z^2, n, z \in \mathbb{N}. \tag{6.1.7}$$

他们分别对所有适合 $a+b \le 16$ 以及 $a+b \le 25$ 的正整数 a,b,找出了该方程的全部解(n,z).

§6.2　Jeśmanowicz 猜想

如果正整数 a,b,c 满足

$$a^2 + b^2 = c^2, \gcd(a,b) = 1, 2 \mid b, \qquad (6.2.1)$$

则称 (a,b,c) 是一组本原 Pythagoras 数或商高数. 根据文献[17] 中的定理 11.6.1 可知: 任何一组本原 Pythagoras 数 (a,b,c) 都可表成

$$a = r^2 - s^2, b = 2rs, c = r^2 + s^2, \qquad (6.2.2)$$

其中 r,s 是适合

$$r > s, \gcd(r,s) = 1, 2 \mid rs \qquad (6.2.3)$$

的正整数. 1956 年, Jeśmanowicz[18] 曾经对此提出以下猜想:

猜想 6.2.1 如果 (a,b,c) 是本原 Pythagoras 数, 则方程 (6.1.1) 仅有解 $(x,y,z) = (2,2,2)$.

比较 (6.1.6), (6.2.2) 可知: 猜想 6.2.1 是猜想 6.1.2 在 $n = 2$ 时的特例. 这是一个迄今尚未解决的问题. 对此, Jeś manowicz, Sierpinski, Józefiak, Podsypanin, Dem'janenko, Grytczuk, Grelak, 柯召和孙琦等人曾分别运用初等方法解决了一些特殊情况, 有关这方面的早期工作可参见文献[21]. 以下介绍 Gel'fond-Baker 方法在该问题中的应用.

1993 年, Takakuwa[46], Takakuwa 和 Asaeda[48] 运用代数数论方法证明了: 当 (6.2.2) 中的正整数 r,s 满足 $2 \parallel r, s = 3, r$ 无平方因数且虚二次域 $\mathbb{Q}(\sqrt{-3r/2})$ 的类数是 2 的方幂时, 方程 (6.1.1) 仅有解 $(x,y,z) = (2,2,2)$. 1995 年, 郭永东和乐茂华[15] 运用 Gel'fond-Baker 方法对上述结果作了较大的改进. 他们证明了:

定理 6.2.1 当 (6.2.2) 中的正整数 r、s 满足 $2 \parallel r, s = 3$ 且 $r \geqslant 6000$ 时, 方程 (6.1.1) 仅有解 $(x,y,z) = (2,2,2)$.

证 首先, 运用初等数论方法可知: 在定理的题设条件下, 如果 (x,y,z) 是方程 (6.1.1) 的一组适合 $(x,y,z) \neq (2,2,2)$ 的解, 则必有 $2 \mid x, y = 1, 2 \nmid z$ 以及 $x > z$. 此时, 从 (6.1.1) 可得

$$a^x + b = c^z. \qquad (6.2.4)$$

由于 $s = 3$, 故从 (6.2.2) 可得 $c = a + 18$ 以及

$$\log c = \log a + \delta_1, \qquad (6.2.5)$$

其中 δ_1 适合

$$0 < \delta_1 = \frac{18}{r^2} \sum_{k=0}^{\infty} \frac{1}{2k+1} \left(\frac{9}{r^2} \right)^{2k} < \frac{20}{r^2}. \qquad (6.2.6)$$

又从(6.2.4)可知

$$z\log c - x\log a = \delta_2, \qquad (6.2.7)$$

其中 δ_2 适合

$$0 < \delta_2 = \frac{12r}{a^x + c^z} \sum_{k=0}^{\infty} \frac{1}{2k+1} \left(\frac{6r}{a^x + c^z} \right)^{2k} < \frac{8r}{a^x}. \quad (6.2.8)$$

另外,由于从(6.2.2),(6.2.4)可知 $9^{x-z} \equiv 1 \pmod{r}$,故有

$$x - z > \frac{\log(4r)}{\log 9}. \qquad (6.2.9)$$

结合(6.2.5)—(6.2.9)可得

$$z = \frac{(x-z)\log a + \delta_2}{\delta_1} > \frac{r^2 \log(4r)}{20\log 9} \log a. \qquad (6.2.10)$$

设 $\Lambda = z\log c - x\log a$. 根据引理 1.8.4 可知

$$\log|\Lambda| > -C_1 (\log a)(\log c)(\log x)^2. \qquad (6.2.11)$$

于是从(6.2.7),(6.2.8),(6.2.11)可得

$$C_2 (\log c)(\log x)^2 > x. \qquad (6.2.12)$$

从(6.2.12)可以算出

$$x < C_3 (\log c)(\log\log c). \qquad (6.2.13)$$

最后,从(6.2.10)和(6.2.13)可以算出 $r < 6000$. 定理证完.

1996 年,乐茂华[22]运用定理 6.2.1 的证明方法进一步证明了:当(6.2.2)中的正整数 r,s 满足 $2 \parallel r, s \equiv 3 \pmod 4$ 以及 $r \geqslant 81s$ 时,方程(6.1.1)仅有解 $(x,y,z)=(2,2,2)$. 根据这一结果,定理 6.2.1 中的条件"$r \geqslant 6000$"可改进为"$r \geqslant 243$". 最近,Takakuwa[47]利用上述结果并借助计算机证明了:当 $2 \parallel r$ 且 $s=3,7,11$ 或 15 时,猜想 6.2.1 成立.

另外,Terai[49]还对本原 Pythagoras 数提出了以下猜想:

猜想 6.2.2　如果本原 Pythagoras 数 (a,b,c) 可表成 (6.2.2),则方程

$$x^2 + a^y = c^z, x,y,z \in \mathbb{N} \qquad (6.2.14)$$

仅有解$(x,y,z)=(b,2,2)$.

对此,Terai[49]运用代数数论方法证明了:当a,c是适合$a\equiv1$(mod4),$a^2+1=2c$的奇素数,c在虚二次域$K=\mathbb{Q}(\sqrt{-a})$中完全分裂,而且K中主理想数$[c]$的素理想因子的阶d满足$d=1$或$2|d$时,猜想6.2.2成立.1995年,乐茂华[20]运用Gel′fond-Baker方法得出了较一般的结果.他证明了:当$a>8\cdot10^6,a\equiv\pm3(\mathrm{mod}8)$且$c$是奇素数的方幂时,方程(6.2.14)仅有解$(x,y,z)=(b,2,2)$.上述结果的证明过程基本上与定理6.2.1相同.

§6.3　方程$a_1x_1+a_2x_2+\cdots+a_nx_n=0$

设k是正整数.对于适合$p_1<p_2<\cdots<p_r$的素数$p_1,p_2,\cdots,p_r$,设$S^+=S^+(p_1,p_2,\cdots,p_r)=\{p_1^{m_1}p_2^{m_2}\cdots p_r^{m_r}|m_1,m_2,\cdots,m_r$均为非负整数$\}$.十九世纪末,St$\phi$rmer[45]讨论了方程

$$z-y=k, y,z \in S^+. \qquad (6.3.1)$$

他根据Pell方程的基本性质证明了:当$k=1$或2时,该方程仅有有限多组解(y,z).设$\{a_m\}_{m=0}^{\infty}$是将S^+中所有的数按从小到大的顺序排列而成的数列.1918年,Pólya[33]证明了:当$m\to\infty$时,$a_{m+1}/a_m\to1$.由此可知,对于任何给定的k,方程(6.3.1)都仅有有限多组解(y,z).此后,Siegel[41]和Mahler[26:I]进一步给出了差$a_{m+1}-a_m$的非实效性下界.他们证明了:对于任何适合$0<\delta<1$的正数δ,当$m>C_1^*(\delta)$时,必有

$$a_{m+1}-a_m > a_m^{1-\delta}. \qquad (6.3.2)$$

1973年,Tijdeman[51]运用Gel′fond-Baker方法证明了以下实效性的结果:

定理6.3.1　当$a_m\geqslant3$时

$$a_{m+1}-a_m > \frac{a_m}{(\log a_m)^{C_1(p_r)}}. \qquad (6.3.3)$$

证　不妨假定$a_{m+1}<2a_m$.根据数列$\{a_m\}_{m=0}^{\infty}$的定义可知

$$a_m = p_1^{u_1} p_2^{u_2} \cdots p_r^{u_r}, a_{m+1} = p_1^{v_1} p_2^{v_2} \cdots p_r^{v_r}, \qquad (6.3.4)$$

其中 $u_i, v_i (i=1,2,\cdots,r)$ 是适当的非负整数. 从 (6.3.4) 可得

$$\frac{a_{m+1}}{a_m} - 1 = p_1^{v_1-u_1} p_2^{v_2-u_2} \cdots p_r^{v_r-u_r} - 1. \qquad (6.3.5)$$

因为

$$\max_{i=1,2,\cdots,r} |v_i - u_i| \leqslant \max_{i=1,2,\cdots,r} (u_i, v_i)$$

$$\leqslant \frac{\log a_{m+1}}{\log 2} < \frac{\log(2a_m)}{\log 2},$$

所以根据引理 1.8.1 可得

$$\log(p_1^{v_1-u_1} p_2^{v_2-u_2} \cdots p_r^{v_r-u_r} - 1) > C_2(r, p_r) \log a_m. \quad (6.3.6)$$

由于从文献 [35] 可知 $p_r > r \log r$, 故从 (6.3.6) 可知 (6.3.3) 成立.
定理证完.

根据上述定理可以直接推出方程 (6.3.1) 的解的可有效计算的上界.

如果将 (6.3.1) 中的 k 看作未知数, 则可得一般的方程

$$x + y = z, x, y, z \in S^+, \gcd(x, y, z) = 1. \quad (6.3.7)$$

运用 Mahler[26:Ⅰ] 的结果可知上述方程仅有有限多组解 (x, y, z), 并且可得解的非实效性上界. 1969 年, Coates[7] 运用 Gel′fond-Baker 方法给出了解的可有效计算的上界. 他证明了: 方程 (6.3.7) 的解 (x, y, z) 都满足 $z < \exp\exp(C_3 p_r)$. 这一结果的证明过程基本上与定理 6.1.1 相同.

设 a_1, a_2, a_3 是互素的非零整数. Sprindžuk, Györy, Lang, Kotov 和 Trelina 等人分别讨论了更一般的方程

$$a_1 x_1 + a_2 x_2 + a_3 x_3 = 0, x_1, x_2, x_3 \in S, \gcd(x_1, x_2, x_3) = 1.$$
$$\qquad (6.3.8)$$

对此, Györy[16] 证明了: 方程 (6.3.8) 仅有有限多组解 (x_1, x_2, x_3), 而且这些解都满足

$$\max(|x_1|, |x_2|, |x_3|) < \exp(r^{C_4 r} p_r^{4/3} \log A), \quad (6.3.9)$$

其中 $A = \max(3, |a_1|, |a_2|, |a_3|)$.

关于方程 (6.3.8) 的解数, Evertse[11] 运用 p-adic 形式的丢番

图逼近方法证明了:该方程至多有 $6 \cdot 7^{2r+3}$ 组解 (x_1, x_2, x_3). 由此可知方程(6.3.8)的解数与其中的系数 a_1, a_2, a_3 无关. 同时,由于 Erdös,Stewart 和 Tijdeman[10]对于 $a_1 = a_2 = a_3 = 1$ 这一情况证明了:存在适当的素数 $p_1, p_2, \cdots, p_r$,可使方程(6.3.8)至少有 $e^{c_5 \sqrt{r/\log r}}$ 组解 (x_1, x_2, x_3). 因此 Evertse 的上述结果已经相当接近于解数的最佳上界了. 在这方面,Stewart 曾经提出以下猜想:

猜想 6.3.1 方程(6.3.8)至多有 $e^{r^{2/3}}$ 组解 (x_1, x_2, x_3).

这里应该指出,以上给出的解数上界都是对任意的情况而言的. 实际上,该方程在绝大多数的情况都不会有很多的解. 例如,Evertse,Györy,Stewart 和 Tijdeman[12]证明了:对于给定的素数 $p_1, p_2, \cdots p_r$,除了有限多组互素的非零整数 (a_1, a_2, a_3) 以外,方程(6.3.8)至多有 2 组解 (x_1, x_2, x_3).

设 n 是大于 3 的正整数,$a_1, a_2, \cdots, a_n$ 是互素的非零整数. 方程

$$a_1 x_1 + a_2 x_2 + \cdots + a_n x_n = 0, x_1, x_2, \cdots, x_n \in S$$

$$(6.3.10)$$

是方程(6.3.8)的自然推广,称为 n 项 S 单位方程,简称 n 项方程. 它与数论和群论中的很多重要问题有着密切的联系,所以受到广泛的关注(参见文献[13],[39]).

关于方程(6.3.10)的解数,Schlickewei[36],Dubois 和 Rhin[8]分别运用 p-adic 形式的丢番图逼近方法证明了:该方程仅有有限多组解 $(x_1, x_2, \cdots, x_n)$ 适合 $\gcd(x_i, x_j) = 1 (1 \leqslant i < j \leqslant n)$. 此后,van der Poorten 和 Schlickewei[53]进一步证明了:该方程仅有有限多组解 $(x_1, x_2, \cdots, x_n)$ 满足

$$\gcd(x_1, x_2, \cdots, x_n) = 1 \qquad (6.3.11)$$

以及

$$a_{i_1} x_{i_1} + \cdots + a_{i_m} x_{i_m} \neq 0, m < n, \{i_1, \cdots, i_m\} \subset \{1, 2, \cdots, n\}.$$

$$(6.3.12)$$

以上有关方程(6.3.10)的解数有限性的两个条件(6.3.11)和

(6.3.12)都是必要的．因为只要方程(6.3.10)有 1 组解，则它显然会有无限多组适合 $\gcd(x_1,x_2,\cdots,x_n)>1$ 的解 $(x_1,x_2,\cdots,x_n)$．另外，例如当 $n=6$，$a_1=a_2=\cdots=a_6=1$，$S=S(2,3)$ 时，方程(6.3.10)有无限多组解

$$(x_1,x_2,x_3,x_4,x_5,x_6)=(2^{k_1+1},2^{k_1},-2^{k_1}\cdot 3,$$
$$2^3\cdot 3^{k_2},3^{k_2},-3^{k_2+2}),k_1,k_2\in\mathbb{N} \qquad (6.3.13)$$

满足(6.3.11)以及 $a_1x_1+a_2x_2+a_3x_3=a_4x_4+a_5x_5+a_6x_6=0$．

1990 年，Schlickewei[37]根据 Schmidt[38]有关子空间理论的定量结果，在一般情况下给出了方程(6.3.10)的解数的可有效计算的上界．他证明了：该方程至多有 $(8(r+1))2^{26n+4}(r+1)^6$ 组解 $(x_1,x_2,\cdots,x_n)$ 满足(6.3.11)和(6.3.12)．

关于方程(6.3.10)的解的上界，目前只能对 $n=4$ 且 $r\leqslant 2$ 的情况给出实效性的结果．1983 年，Vojta[54]运用 Gel'fond-Baker 方法对于上述情况证明了：方程(6.3.10)适合条件(6.3.11)和(6.3.12)的解 (x_1,x_2,x_3,x_4) 都满足 $\max(|x_1|,|x_2|,|x_3|,|x_4|)<C_6(A,p_r)$，其中 $A=\max(3,|a_1|,|a_2|,|a_3|,|a_4|)$．此后，Tijdeman 和王连祥[52]，王连祥[55]，Skinner[42]，莫德泽和 Tijdeman[30]，莫德泽[29]等人分别给出了一些具体的上界．这些结果的证明方法基本上与定理 6.1.1 相同，而且由此所得的上界通常是相当大的．在一般情况下，我们有以下猜想：

猜想 6.3.2 当 $n>3$ 时，方程(6.3.10)适合条件(6.3.11)和(6.3.12)的解 $(x_1,x_2,\cdots,x_n)$ 都满足 $\max(|x_1|,|x_2|,\cdots,|x_n|)<\exp(r^{C_7}p_r^{C_8 n}\log A)$，其中 $A=\max(3,|a_1|,|a_2|,\cdots,|a_n|)$．

同时应该指出：当 $n=4$ 时，Alex，Brenner，Foster 等人运用初等数论方法，对于 $r\leqslant 3$ 以及较小的素数 p_1,p_2,p_3 找出了方程(6.3.10)的全部解．例如，Alex 和 Foster[4]证明了：方程

$$1+x_1+x_2=x_3,x_1,x_2,x_3\in S^+(2,3,7),x_1\leqslant x_2,$$
$$(6.3.14)$$

恰有 174 组解 (x_1,x_2,x_3)，其中最大的一组解是 $(x_1,x_2,x_3)=(12096,250047,262144)$．有关这方面的详细情况可参考文献

[1]、[2]、[3].

§6.4 Oesterlè-Masser abc-猜想

设 a,b,c 是适合
$$a + b = c, \gcd(a,b,c) = 1, a \leqslant b \qquad (6.4.1)$$
的正整数；又设 G 是乘积 abc 的不同素因数的乘积．对此，Oesterlè[32]曾经提出：

问题 6.4.1 对于适合(6.4.1)的正整数 a,b,c，是否存在可有效计算的绝对常数 C_1 使得 $c < G^{C_1}$?

另外，Masser[27]还进一步提出了以下猜想：

猜想 6.4.1 当正整数 a,b,c 适合(6.4.1)时，对于任何正数 δ 都有 $c < C_2(\delta)G^{1+\delta}$.

上述猜想称为 Oesterlè-Masser abc-猜想．显然，假如能够证明该猜想成立，则包括著名的 Fermat 猜想在内的一大批数论难题都可以立刻获得解决(参见文献[9],[39],[43])．因此这是一个很有意义但又非常困难的问题，目前只能得到一些很弱的结果．1986 年，Stewart 和 Tijdeman[43]运用 Gel′fond-Baker 方法证明了：

定理 6.4.1 当正整数 a,b,c 满足(6.4.1)时，必有 $\log c < C_3 G^{C_4}$.

证 设 a,b,c 分别有标准分解式
$$a = u_1^{\alpha_1}u_2^{\alpha_2}\cdots u_r^{\alpha_r}, b = v_1^{\beta_1}v_2^{\beta_2}\cdots v_s^{\beta_s},$$
$$c = w_1^{\gamma_1}w_2^{\gamma_2}\cdots w_t^{\gamma_t}. \qquad (6.4.2)$$
因为从(6.4.1)可知 $\gcd(a,b,c) = 1$，所以(6.4.2)中的 $u_1, u_2, \cdots, u_r, v_1, v_2, \cdots, v_s, w_1, w_2, \cdots, w_t$ 是不同的素数，$\alpha_1, \alpha_2, \cdots, \alpha_r, \beta_1, \beta_2, \cdots, \beta_s, \gamma_1, \gamma_2, \cdots, \gamma_t$ 是适当的正整数．此时
$$G = u_1 u_2 \cdots u_r \, v_1 v_2 \cdots v_s \, w_1 w_2 \cdots w_t. \qquad (6.4.3)$$
对于正整数 n，设 p_n 是第 n 个素数，$q_n = p_1 p_2 \cdots p_n$. 由于从文献[35]可知：$p_n > n \log n$. 所以有 $q_n > n^n/2$. 因此从(6.4.3)可知

$$G > \frac{k^k}{2}, \qquad\qquad (6.4.4)$$

其中 $k = r + s + t$.

设 $p = \max(u_1, u_2, \cdots, u_r, v_1, v_2, \cdots, v_s, w_1, w_2, \cdots, w_t)$, $B = \max(\beta_1, \beta_2, \cdots, \beta_s)$. 因为 $a \leqslant b$, 故从(6.4.2)可得

$$\log \frac{c}{2} \leqslant \log b = \sum_{i=1}^{s} \beta_i \log v_i \leqslant sB \log p < kB \log p. $$

$$(6.4.5)$$

同时, 根据引理 1.8.4, 从(6.4.2)可知

$$\beta_i = \mathrm{ord}_{v_i}(c-a) = \mathrm{ord}_{v_i}(u_1^{-\alpha_1} u_2^{-\alpha_2} \cdots u_r^{-\alpha_r} w_1^{\gamma_1} w_2^{\gamma_2} \cdots w_t^{\gamma_t} - 1)$$

$$< C_5(r+t)^{C_6(r+t)} p \log B, i = 1, 2, \cdots, s. \qquad (6.4.6)$$

由于 $r + t < k$, $p < G$ 以及 $\beta_i \leqslant B(i = 1, 2, \cdots, s)$, 故从(6.4.4), (6.4.6)可得

$$B < C_7 G^{C_8}. \qquad\qquad (6.4.7)$$

于是, 从(6.4.5), (6.4.7)立得 $\log c < C_3 G^{C_4}$. 定理证完.

关于定理 6.4.1 中的常数, 文献[43]具体算出 $C_4 \leqslant 15$. 此后, Stewart 和于坤瑞[44]进一步改进为 $C_4 \leqslant 2/3$.

另外, Stewart 和 Tijdeman[43]指出猜想 6.4.1 中的上界是不能再改进的. 因为他们证明了: 存在无限多组适合(6.4.1)的正整数 a, b, c, 可使 $c > Ge^{(4-\delta)\sqrt{\log G}/\log \log G}$.

对于适合(6.4.1)的正整数 a, b, c, 设

$$\rho(a, b, c) = \frac{\log(abc)}{\log G}, \alpha(a, b, c) = \frac{\log c}{\log G}. \qquad (6.4.8)$$

显然, 如果猜想 6.4.1 成立, 则对于充分大的 c, 必有 $\alpha(a, b, c) < 1 + \delta(\delta > 0)$. 因此, 寻找可使 $\rho(a, b, c)$ 和 $\alpha(a, b, c)$ 尽可能大的数组 (a, b, c) 成了一个有意义的计算问题. 文献[5]和[31]分别将适合 $\rho(a, b, c) \geqslant 3.8$ 以及 $\alpha(a, b, c) \geqslant 1.4$ 的数组 (a, b, c) 称为好的 abc - 数例. 对此, Nitaj[31]通过讨论指数型方程

$$Ax^n - By^n = Cz, x, y, z, n \in \mathbb{N}, \gcd(x, y) = 1, n \geqslant 3$$

$$(6.4.9)$$

的解(x,y,z,n),找出了 26 组满足 $\rho(a,b,c)>4$ 以及 $\alpha(a,b,c)>$ 1.49 的 abc-数例,这里 A,B,C 是给定的正整数.此后,Browkin 和 Brzeziński[5]找出了 90 组这样的数组,其中 $\rho(13 \cdot 19^6, 2^{30} \cdot 5,$ $3^{13} \cdot 11^2 \cdot 31)>4.41901, \alpha(2, 3^{10} \cdot 109, 23^5)>1.62991.$

设 n 是大于 2 的正整数,$a_1, a_2, \cdots, a_n$,是满足

$$a_1 + a_2 + \cdots + a_n = 0, \gcd(a_1, a_2, \cdots, a_n) = 1,$$

$$(6.4.10)$$

$$a_{i_1} + \cdots + a_{i_m} \neq 0, m < n, \{i_1, \cdots, i_m\} \subset \{1, \cdots, n\}$$

的非零整数;又设 G 是 $|a_1 a_2 \cdots a_n|$ 的不同素因数的乘积.对此,Schmidt[39]提出了比猜想 6.4.1 更一般的猜想:

猜想 6.4.2 当非零整数 $a_1, a_2, \cdots, a_n$ 满足(6.4.10)时,对于任何正数 δ,都有 $\max(|a_1|, |a_2|, \cdots, |a_n|) < C_9(n, \delta) G^{n-2+\delta}.$

然而,Browkin 和 Brzeziński[5]证明了:当 $n > 3$ 时,存在无限多组适合(6.4.10)的非零整数 $a_1, a_2, \cdots, a_n$,可使 $\max(|a_1|, |a_2|,$ $\cdots, |a_n|) > G^{2n-5-\delta}$. 因此 Schmidt 的猜想 6.4.2 是不正确的.对此,Browkin 和 Brzeziński[5]提出了以下猜想:

猜想 6.4.3 当非零整数 $a_1, a_2, \cdots, a_n$ 满足(6.4.10)时,对于任何正数 δ,都有 $\max(|a_1|, |a_2|, \cdots, |a_n|) < C_{10}(n, \delta) G^{2n-5+\delta}.$

参 考 文 献

[1] Alex L. J., Foster L. L., Exponential diophantine equations, In: Théorie des Nombres, Quebec, PQ, 1987, Berlin: Walter de Gruyter, 1989: 1—6.

[2] Alex L. J., Foster L. L., On the diophantine equation $1+X+Y=Z$, Rocky Mountain J Math, 1992, 22: 11—62.

[3] Alex L. J., Foster L. L., On the diophantine equation $w+x+y=z$ with $wxyz = 2^r 3^s 5^t$, Rev Mat Univ Complut Madrid, 1995, 8: 13—48.

[4] Alex L. J., Foster L. L., On the diophantine equation $1+x+y=z$ with $xyz = 2^r 3^s 7^t$, Forum Math, 1995, 7: 645—663.

[5] Browkin J., Brzeziński J., Some remarks on abc-conjecture, Math Comp, 1994, 62: 931—936.

[6] 曹珍富,关于 Diophantus 方程 $a^x + b^y = c^z$(Ⅰ),科学通报,1986,31:1688—1690; (Ⅱ):ibid,1988,33:237.

[7] Coates J. , An effective p-adic analogue of a theorem of Thue. Acta Arith, 1969, 15:279—305; Ⅱ ;ibid, 1970, 16:399—412.

[8] Dubois E. , Rhin G. , Sur la majoration de formes linéaires à coefficients algébriques réels et p-adiques, Démonstration d'une conjecture de K. Mahler, C R Acad Sci Paris, 1976, A282:1211—1214.

[9] Elkies N. D. , *ABC* implies Mordell, Internat Math Res Notices, 1991, (7):99—109.

[10] Erdös P. , Stewart C. L. , Tijdeman R. , On the number of solutions of the equation $x+y=z$ in S-units, Compositio Math, 1988, 66:37—56.

[11] Evertse H-J. , On equations in S-units and the Thue-Mahler equation, Invent Math, 1984, 75:561—584.

[12] Evertse H-J. , Györy K. , Stewart C. L. , Tijdeman R. , On S-unit equations in two unknowns, Invent Math, 1988, 92:461—477.

[13] Evertse H-J. , Györy K. , Stewart C. L. , Tijdeman R. , S-unit equations and their applications, In: Baker A ed. , New Advances in Transcendence Theory, Cambridge: Cambridge Univ Press, 1988:110—174.

[14] Gel'fond A. O. , Sur la divisibilité de la difference des puissances de deux nombres entiers par une puissance d'un idéal premier, Mat Sbornik, 7, 1940, 49:7—25.

[15] Guo, Y-D. , Le M-H. , A note on Jeśmanowicz' conjecture concerning Pythagorean numbers, Common Math Univ St Pauli, 1995, 43:225—228.

[16] Györy K. , On the number of solutions of linear equations in units of an algebraic number field, Comment Math Helv, 1979, 54:583—600.

[17] 华罗庚, 数论导引, 北京: 科学出版社, 1979.

[18] Jeśmanowicz L. , Several remarks on Pythagorean numbers, Wiadom Mat(2), 1955/1956, 1:196—202(Polish).

[19] 乐茂华, 关于丢番图方程 $a^x+b^y=c^x$, 长春师范学院学报(自然科学版), 1985, 2 (2):50—62.

[20] Le M-H. , A note on the diophantine equation $x^2+b^y=c^x$, Acta Arith, 1995, 69: 253—257.

[21] Le M-H. , A note on Jeśmanowicz' conjecture, Colloq Math, 1995, 69:47—51.

[22] Le M-H. , On Jeśmanowicz' conjecture concerning Pythagorean numbers, Proc Japan Acad Ser A Math Sci, 1996, 72:97—98.

[23] Le M-H. , A note on the diophantine equation $(m^3-3m)^x+(3m^2-1)^y=(m^2+1)^x$, Proc Japan Acad Ser A Math Sci, 1997, 73:148—149.

[24] Le M-H. , A note on the number of solutions of the diophantine equation $a^x+b^y=c^x$, Proc Japan Acad Ser A Math Sci, to appear.

[25] Mabkhout M. , E quations diophantiennes exponentielles, Thése, Univ Louis Pasteur,Strasbourg:1993,94pp.

[26] Mahler K. ,Zur Approximation algebraischer Zahlen Ⅰ,Math Ann,1933,107: 691—730; Ⅱ :ibid,1933,108:37—55.

[27] Masser D. W. ,Open problems, In: Analytic Number Theory,London: Imperial College,1995:27—35.

[28] Mignotte M. ,On a class of equations of the form $a^n + b^n = z^2$,Rend Sem Fac Sci Univ Cagliari,1992,62:15—19(Italian).

[29] 莫德泽,具有四项的指数丢番图方程(Ⅱ),数学学报,1994,37:482—490.

[30] Mo D-Z. ,Tijdeman R. ,Exponential diophantine equations with four terms,Indag Math(N S),1992,3:47—57.

[31] Nitaj A. ,Un algorithme pour déterminer de bonnes relations abc, C R Acad Sci Paris Ser Ⅰ Math,1993,317:811—815.

[32] Oesterlé J. , Nouvelles approaches du Théoréme Fermat,Sem Bourbaki, 1987/ 1988,No. 694:1—21.

[33] Pólya G. ,Zur arithmetischen Untersuchung der Polynome,Math Z,1918,1:143 —148.

[34] 任建华,张建康,关于不定方程 $a^x + b^y = c^z$,西北大学学报(自然科学版),1989, 19:12—22.

[35] Rosser B. ,The n-th prime is greater than $n \log n$,Proc London Math Soc(2), 1938,45:21—44.

[36] Schlickewei H. P. ,Über die diophantische Gleichung $x_1 + x_2 + \cdots + x_n = 0$,Acta Arith,1977,33:183—185.

[37] Schlickewei H. P. ,An explicit upper bound for the number of solutions of the S-unit equations,J Reine Angew Math,1990,406:109—120.

[38] Schmidt W. M. , The subspace theorem in diophantine approximations, Compositio Math,1989,69:121—173.

[39] Schmidt W. M. ,Diophantine Approximation and Diophantine Equations,Lecture Notes in Math 1467,Berlin:Springer-Verlag,1991.

[40] Scott R. ,On the equations $p^x - b^y = c$ and $a^x + b^y = c^z$,J Number Theory,1993, 44:153—165.

[41] Siegel C. L. ,Approximation algebraischer Zahlen,Math Z,1921,10:173—213.

[42] Skinner C. ,On the diophantine equation $ap^x + bq^y = c + dp^z q^w$,J Number Theory, 1990,35:194—207.

[43] Stewart C. L. ,Tijdeman R. ,On the Oesterlè-Masser conjecture,Monatsh Math, 1986,102:251—257.

[44] Stewart C. L. ,Yu K-R,On the *abc* conjecture,Math Ann,1991,291:225—230.

[45] Størmer C. ,Sur une équation indéterminée,C R Acad Sci Paris,1898,127:752—754.

[46] Takakuwa K. ,On a conjecture on Pythagorean numbers Ⅲ ,Proc Japan Acad Ser A Math Sci,1993,69:345—349.

[47] Takakuwa K. ,A remark on Jeśmanowicz' conjecture,Proc Japan Acad Ser A Math Sci,1996,72:109—110.

[48] Takakuwa K. ,Asaeda Y. ,On a conjecture on Pythagorean numbers Ⅰ ,Proc Japan Acad Ser A Math Sci,1993,69:252—255; Ⅱ ;ibid,1993,69:287—290.

[49] Terai N. ,The diophantine equation $x^2+q^m=p^n$. Acta Arith,1993,63:351—358.

[50] Terai N. ,The diophantine equation $a^x+b^y=c^z$ I ,Proc Japan Acad Ser A Math Sci,1994,70:22—26; Ⅱ ;ibid,1995,71:109—110.

[51] Tijdeman R. ,On integers with many small prime factors,Compositio Math, 1973,26:319—330.

[52] Tijdeman R. ,Wang L-X. ,Sums of products of powers of given prime numbers, Pacific J Math,1988,132:177—193.

[53] van der Poorten A. J. ,Schlickewei H. P. ,The growth conditions for recurrence sequences,Macquarie Univ Math Report 82—0041,North Ryde,Australia,1982.

[54] Vojta P. ,Integral points on Varieties,Thesis,Harvard Univ,1983.

[55] Wang L-X. ,Four terms equations,Indag Math,1989,51:355—361.

人 名 索 引

以下按字母顺序,列出书中引用论著的作者姓名以及引文出现的章节,其中§0.0,§ *.0,§ *.* * 分别表示在绪论、第 * 章的前言以及第 * 章第 * * 节中的引文.

A

Aaltonen M.	§5.5
af Ekenstam A.	§2.1
Aigner A.	§5.1
Alemu Y.	§5.10
Alex L. J.	§6.3
Alter R.	§3.0
André-Jeannin R.	§5.4
Antoniadis J. A.	§5.4
Apéry R.	§3.1
Arno S.	§1.5
Asaeda Y.	§6.2
Avanesov È. T.	§2.1

B

Baker A.	§0.0, §1.0, §1.5, §1.7, §1.8, §2.1, §4.1, §4.2, §4.5,§4.6
Balasubramanian R.	§5.9,§5.10
Barja J. M.	§5.10
Bateman P. T.	§5.9

$\S 4.2$, $\S 4.3$

W

Wagner C.	$\S 1.5$
Waldschmidt M.	$\S 0.0$, $\S 1.8$, $\S 2.1$
Walsh P. G.	$\S 4.6$
王连祥	$\S 6.3$
Watson N.	$\S 5.10$
Weisser D. P.	$\S 5.4$
Wiles A.	$\S 0.0$, $\S 2.1$
Williams H. C.	$\S 5.4$
Wolfskill J.	$\S 3.3$
Woods A. C.	$\S 4.1$
Wüstholz G.	$\S 1.7$, $\S 1.8$, $\S 4.6$
Wylie O.	$\S 5.4$

X

向青	$\S 3.3$
许太金	$\S 3.5$

Y

于坤瑞	$\S 1.8$, $\S 5.7$, $\S 6.4$
袁平之	$\S 5.8$, $\S 5.10$

Z

Zagier D.	$\S 1.5$, $\S 4.1$

《现代数学基础丛书》已出版书目